特集

## Cyclone V SoC & Zynq搭載評価ボードで今すぐ試せる
# Linux/Android×FPGA

**FPGAマガジン**

　クロック周波数が数百MHz以上で動作するARM Cortex-A9デュアルコアCPUを内蔵したFPGAが登場し，安価な評価ボードの販売も開始され，誰もが今すぐ使えるようになりました．この高性能なFPGAを，どのように使いこなせばよいでしょうか？

　スマートフォンの爆発的な普及で，一般の人にも"Android"という名称が浸透しています．ほとんどのスマートフォンにはCPUとしてARMプロセッサが採用され，ベースのOSとしてはLinuxが動いています．LinuxやAndroidはオープン・ソース・ソフトウェアなので，十分なCPUパワーとメモリをもった評価ボードであれば，誰でも自由にARMコア内蔵FPGAでLinuxやAndroidを走らせることが可能です．

　特集ではAltera社製Cyclone V SoC搭載評価ボードとXilinx社製Zynq搭載評価ボードを使って，それぞれLinuxを動かし，Androidを起動してみます．Android上では，LEDを点灯制御するアプリケーションを走らせ，LCDタッチ・パネル上で"LED ONボタン"や"LED OFFボタン"をタッチすると，評価ボード上のLEDがON/OFFする様子を試すことができます．

　最後に，安価なLinuxボードBeagleBoneの拡張コネクタにFPGAボードを接続し，CPUだけでは処理できない機能をFPGAを使って拡張するために必要な，外部バスの使い方についても解説します．

# FPGAマガジン No.5

## 特集 Linux/Android×FPGA

**プロローグ** クロック周波数GHzクラス, メモリ数百Mバイトの性能を生かすには高機能OSを使うべし
**ARMコア内蔵FPGAにはLinux & Androidを使おう!** …… 4
編集部

**第1章** [GUIとしてAndroidを使おう!]
Linuxベースのシステムに
GUIメニュー画面を実装する各種方法
**LinuxのGUIシステムとAndroid採用のメリット** …… 6
片岡 啓明

**第2章** [アルテラSoCではじめてのLinux!]
開発環境VineLinuxのインストールから
busyboxのコンパイルまで
**アルテラSoC評価ボードHelioでLinuxを動かそう** …… 16
鳥海 佳孝

**第3章** [カスタマイズLinuxの作成 自由自在!]
Linaroで構築するオリジナル・ディストリビューションZynq Linux Platform
**Zynq評価ボードZedBoardでLinuxを動かそう** …… 36
石原 ひでみ

**第4章** [アルテラSoCでAndroidを動かす!]
ARM Cortex-A9搭載!全部入り最新FPGAの研究 〜アルテラSoC編〜
**Androidアプリケーションからハードウェアを制御する方法** …… 52
伊藤 裕之

**第5章** [ZynqでAndroidを動かす!]
ARM Cortex-A9搭載!全部入り最新FPGAの研究 〜Xilinx編〜
**Zynq搭載FPGA評価ボードでAndroidを起動する** …… 62
鈴木 量三朗

**Appendix** [BeagleBoneをモジュール部品として活用]
組み込み型高速画像処理システム開発プラットホームを
BeagleBone+FPGA基板で構成
**BeagleBoneの外部バスにFPGAをつないで機能アップ!** …… 70
江崎 雅康, 寺西 修

# CONTENTS

表紙・目次デザイン／竹田 壮一朗　表紙写真撮影／矢野 渉

## 最新技術

[OpenCLはGPUだけじゃない]
Altera社製FPGA Stratix VをOpenCLで開発できる
### OpenCL for FPGAの最適化テクニック
大澤 俊晴 ……………………………… 77

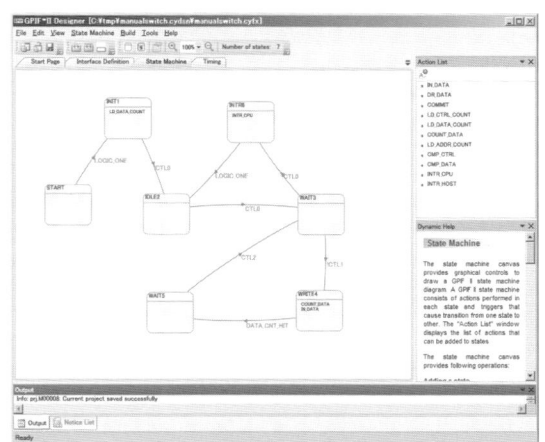

[手軽にUSB 3.0接続を実現するならFX3!]
DMAとステート・マシン，GPIF II Designerの使い方を理解しよう
### USB 3.0対応EZ-USB FX3のGPIF II活用の基礎
馬場 鉄平 ……………………………… 108

[これからはFPGAでもAXIの時代!]
システムLSI向けのオンチップ・バスの業界標準仕様
### SoC標準バスAMBA＆AXIバスの紹介
中島 理志, 野尻 尚稔 ………………… 116

## 基礎解説

[サンプル・デザインを活用して開発期間を短縮!]
定番＆最新FPGAの研究　～Altera編～
### Development Kit Example Designを流用したDDR系メモリ搭載システムの開発例
伊藤 圭 ………………………………… 84

[FPGA開発でもシミュレータを使おう!]
定番＆最新FPGAの研究　～Xilinx編～
### Xilinx社製FPGA開発ツール標準添付のISEシミュレータの使い方
丹下 昌彦 ……………………………… 102

[IC 1個でもここまでやれる]
カメレオンIC PSoCの研究
### PSoC 4 Pioneer KitでPmodモジュールを制御する
浅井 剛 ………………………………… 128

[IPコアの活用技法を体験]
無償で使えてよりどりみどり！オープン・ソースIPコアの研究
### 画面表示コントローラを実装してディスプレイ表示！
横溝 憲治 ……………………………… 136

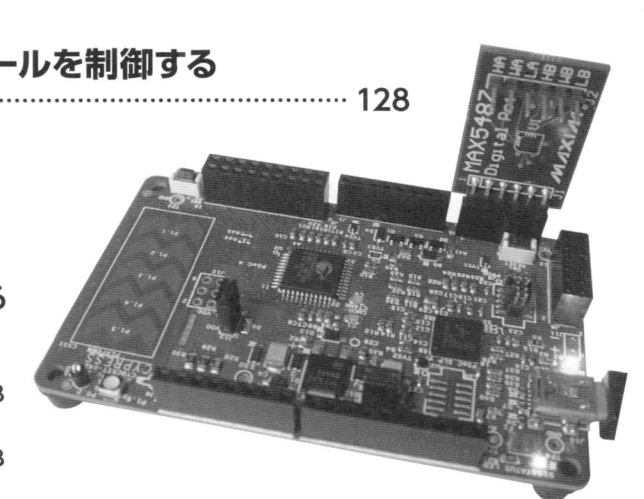

[いつでもどこでも読める]
"PDF版"FPGAマガジンのご案内 ……… 143

読者プレゼント ………………………… 143

| プロローグ | クロック周波数GHzクラス，メモリ数百Mバイトの性能を生かすには高機能OSを使うべし |

# ARMコア内蔵FPGAにはLinux & Androidを使おう！

編集部

● ARMコア内蔵FPGAが誰でも使えるようになってきた！

　Altera社とXilinx社のFPGAベンダ大手2社から，ARM Cortex-A9デュアルコア内蔵FPGA（以下ARMコア内蔵FPGA）が登場しました．しかし登場当初は入手が難しかったり，活用するための情報が少ないなど，手を出すのに二の足を踏んでいた人も多いことでしょう．

　そんな状況も，徐々に解消されてきています．すぐに使えるよう評価ボードの入手も容易な状況になりました．いよいよ，誰でもすぐに使える時代になってきたのです．写真1に，安価で入手性も容易な代表的な評価ボードを示します．

● 高性能CPUに高機能周辺機能

　これらARMコア内蔵FPGAは，800MHzから1GHzといった高速クロックで動作し，MMU（Memory Management Unit）を内蔵しているため仮想記憶やメモリ保護も可能です．しかもそれがデュアルコア・プロセッサを内蔵しているのです．また評価ボードには256Mバイトや512Mバイトといった大容量のDDR系メモリを搭載し，ギガビットEthernetやSDカード，USBホスト機能にも対応しています．

　Ethernetを使うには，TCP/IPプロトコル・スタックが必要です．Webサーバやメールといった基本的なサービスだけでなく，昨今では認証やセキュリティ保護に関連するプロトコルやサービスも要求されます．

　SDカードを使うには，ファイル・システムが必要です．標準的に採用されているのは，Windowsで使われているFAT（File Allocation Table）です．

　USBホスト機能を使うには，USBホスト・スタックと各種クラス・ドライバが必要です．またUSBキーボードやマウスを接続するならHID（Human Interface Device）ドライバが，USBフラッシュ・メモリなどのUSBストレージを使うにはマスストレージ・クラス・ドライバが必要です．さらに複数のUSB周辺機器を同時に接続するには，USBハブ・クラス・ドライバがなければUSBハブを使うこともできません．

● ARMコア内蔵FPGAにはLinux & Androidを使う

　これら高性能CPUと高機能周辺機能を生かし，高度なネットワークや豊富なUSB周辺機器を使えるようにするにはどうすればよいでしょうか？　そこで本書で推奨するのが"Linux & Android"です！　特集で

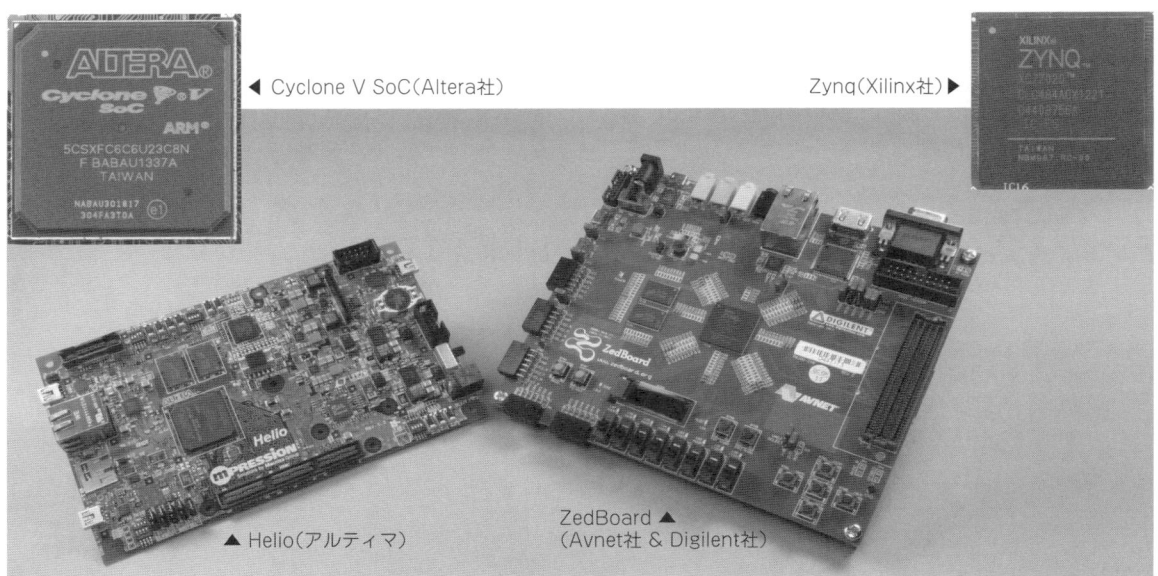

◀ Cyclone V SoC（Altera社）　　　Zynq（Xilinx社）▶

▲ Helio（アルティマ）　　ZedBoard ▲
（Avnet社 & Digilent社）

写真1　安価で誰でもすぐに使えるARMコア内蔵FPGA評価ボード

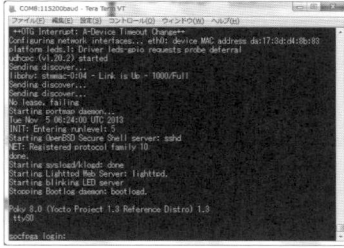
図1 評価ボードHelioで起動したLinux

写真2 評価ボードHelioで起動したAndroidとLED点灯制御アプリケーションの動作

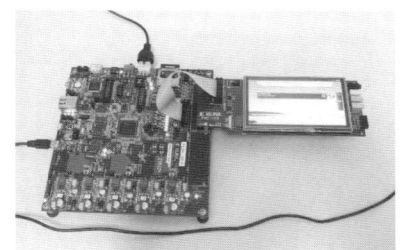
写真3 評価ボードZC702(Xilinx社)で起動したAndroid

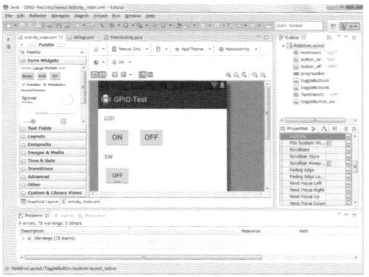
図2 Androidアプリケーションの開発画面

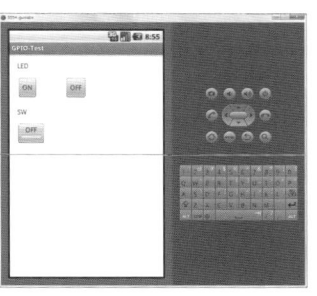
図3 Androidアプリケーションのエミュレーション画面

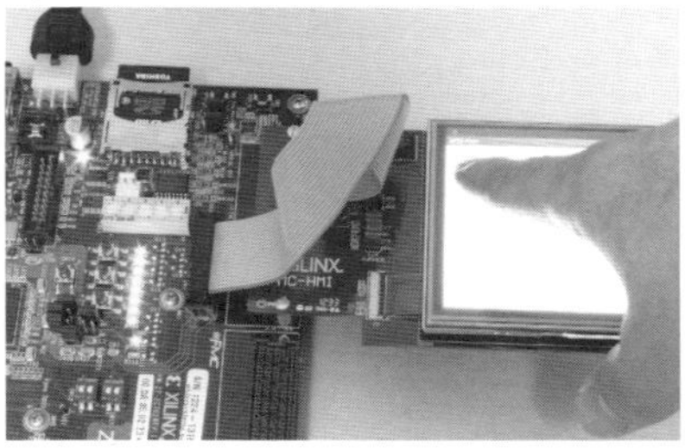

(a) システム全体像　　(b) Android画面
写真5 画面を外付けディスプレイに表示した例

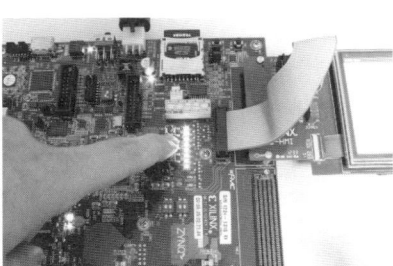
(a) LED ONボタンをタッチするとLEDが点灯

(b) LED OFFボタンをタッチするとLEDが消灯

(c) スイッチを押すとSWステータスがONと表示される

写真4 Androidアプリケーションの動作

は，ARMコア内蔵FPGA評価ボードを使ってLinuxとAndroidを実際に動かすまでを解説します．

● 特集構成

まず第1章では，LinuxのGUIシステムとAndroid採用のメリットなどについて，基礎知識について解説します．

そして第2章と第3章で，AndroidのベースとなるLinuxを起動させるまでを詳しく解説します(図1)．

続く第4章と第5章では，Androidを起動してLEDのON/OFF制御アプリケーションを動かすまでを解説します．第4章ではCyclone V SoC評価ボードHelio(写真2)を，第5章ではZynq評価ボードZC702(写真3)をターゲット・ボードとして使用します．さらに統合開発環境Eclipse(図2)を使ってアプリケーションを開発し，Androidエミュレータ(図3)を使ってデバッグします．最終的に評価ボード上のLEDを点灯制御するところまでを解説します(写真4)．

なお，Androidが対応しているのはLCDだけではありません．外付けディスプレイでも画面を表示させることができます(写真5)．外付けディスプレイ表示時は，操作にはマウスを使います．

特集 GUIとしてAndroidを使おう！

## 第1章 Linuxベースのシステムに GUI メニュー画面を実装する各種方法
# LinuxのGUIシステムと Android採用のメリット

片岡 啓明 Hiroaki Kataoka

　スマートフォンが普及した昨今では，タッチパネル機能付きLCDモニタを装備した機器に対してもリッチなGUI（Graphical User Interface）によるメニューが要求されるようになりました．Linuxベースの組み込みシステムに，GUIによる操作画面を実装する方法にはいろいろなものがあります．ここではまず，Linux上でGUIを構築する各種の方法について解説します．後半ではAndroidのGUIシステムの構成について解説します．

## 1. LinuxにおけるGUI構成

　本特集のテーマであるAndroidについて述べる前に，まずはLinuxにおけるGUIのシステム構成について触れておきましょう．一般的な構成を示したものが図1になります．
　さまざまな切り口があるかと思いますが，ここではLinux内部をGUIフロントエンドとバックエンドの大きく二つの層に分けてみました．

● GUIのバックエンド

　図1の下側に位置するバックエンド層は，よりハードウェアに近い基本的な処理を行います．通常，この部分は特定のハードウェアに依存した実装が行われる層と特定のハードウェアに依存しない抽象化された層（HAL, Hardware Abstraction Layer）を持ちます．
　まず出力であるグラフィックスに関していうと，こ こではよりプリミティブな描画の処理，つまり単純な矩形や線の描画から，画像の転送，変形，合成などが行われます．これらの処理を行うソフトウェアにもさまざまなものがあります．代表的なものから順に見ていきましょう．

(1) Linuxフレーム・バッファ

　Linuxフレーム・バッファは，Linuxカーネル2.1から正式に採用された描画のためのドライバ・インターフェースです．通常2D描画のアクセラレーションとビデオ・モード（解像度，リフレッシュ・レートなど）を変更する機能を持っています．C言語で書いたソフトウェアからグラフィックスを扱う場合，Linuxでは最もシンプルな方法といえるでしょう．
　フレーム・バッファの特徴は，グラフィックス・デバイスの持つビデオ・メモリをプロセスの仮想メモリ空間にマップすることによって，C言語のmemcpyなどの一般的なメモリ・アクセスで描画が行える点にあります．また，IOCTLシステム・コールからデバイス特有の機能を使用することも可能です．

(2) DirectFB

　DirectFBは，2Dのグラフィックス向けのコンパクトなライブラリです．描画にハードウェア・アクセラレーションを使用することを目的としてデザインされており，組み込みLinuxではよく利用されます．
　このLinuxフレーム・バッファが描画向けの最小限のインターフェースしか用意していないのに対して，DirectFBはもう少し高レベルなAPIを提供します．例えば，ウィンドウ・システムやレイヤ合成，画像，テキストのレンダリングなど2Dの描画で必要になる機能を一通り備えています．

(3) Window System

　X Window System（以下X）は，クライアント・サーバ方式で動作するようにデザインされたウィンドウ・システムです．PC Linuxでは，GUIのバックエンドとしてXは欠かせない存在です．クライアントと

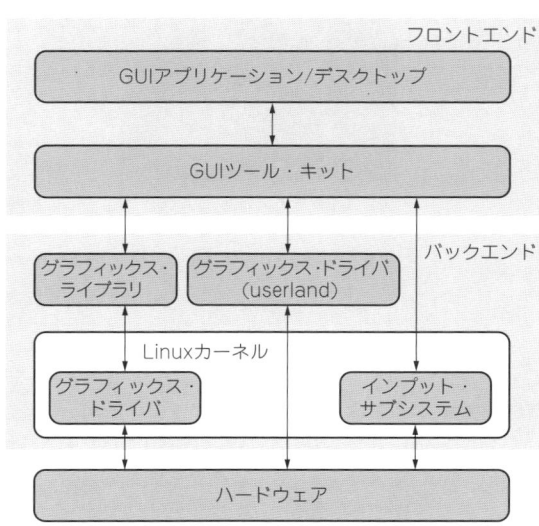

図1　LinuxにおけるGUI

図2 WaylandのWebページ
http://wayland.freedesktop.org/

図3 OpenGL ESのWebページ
http://www.khronos.org/opengles/

サーバはソケットで通信を行います．Xサーバが実際のデバイスに対して描画を行い，各ウィンドウの合成も行います．XクライアントはXサーバと通信を行うためのライブラリ（Xlibなど）を含んだアプリケーションです．

クライアント・サーバ方式なので，XサーバとXクライアントがネットワークを介してリモートで通信することも可能です．また，複数のクライアントと通信できるのでマルチユーザなシステムに適しています．

これまではコンパクトなシステムが必要とされる組み込みシステムでは敬遠されてきたと思いますが，ハードウェアの進歩に伴い，Xを快適に動作させることが可能になってきているといえます．なお，Androidの対抗勢力ともいえる組み込みLinuxプラットホームのTizenは，Xをサポートしています．

(4) Wayland

Waylandは，X Window Systemを置き換えることを目的に，より効率的なウィンドウ・システムを目指して作られました（図2）．いくつかのLinuxの主要なディストリビューションはWaylandへの移行を明言しており，さらにX.orgのメンバが開発に参加していることもあり，将来的に完全にXを置き換える可能性があります．

(5) OpenGL ES/EGL

OpenGL ESとEGLは，オープンな業界標準APIを策定している非営利団体であるクロノス・グループが策定しているAPIです（図3）．

OpenGL ESは，デスクトップ向けの3D描画APIであるOpenGLの組み込み向けのサブセットAPIです．OpenGLといえば3Dゲームの印象が強いでしょうが，2Dの平面上に描画して表示することでGUI描画のバックエンドとしても当然使用できます．

EGLはOSごとに異なるウィンドウの初期化処理や，グラフィックス・サーフェースへのアクセス方法を規定したAPIを持ちます．OpenGL/ESでの描画は最終的にハードウェアの持つフレームバッファに転送されなければなりませんが，その方法をプラットホームに依存しないよう抽象化したのがEGLです．OpenGL/ESだけでなくOpenVGなど描画のためのAPIの中心となってグラフィックス・ハードウェアによる表示を管理します．

クロス・プラットホームであることや，モバイル向けのSoCにも高性能なGPUが搭載されるようになった最近の状況とも相まってOpenGL ES/EGLをサポートするシステムは増えてきているようです．

● GUIのフロントエンド

フロントエンドは，ユーザが通常目にするウィンドウやボタン，チェックボックスなどのGUIコンポーネントを表示し，ユーザによる操作を受け付ける層です．以下では，GUIツールキットをはじめとして，GUIアプリケーションを作成するための環境をいくつか挙げています．コンポーネント数の多い複雑なものからシンプルなものまで，ここで挙げたもの以外にもさまざまな選択肢があります．

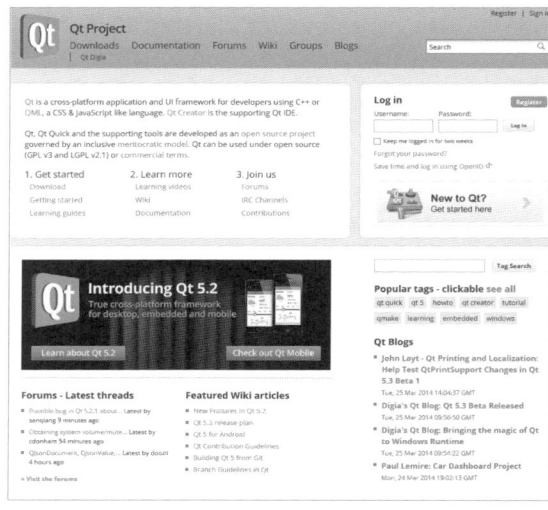

図4　QtのWebページ
http://qt-project.org/

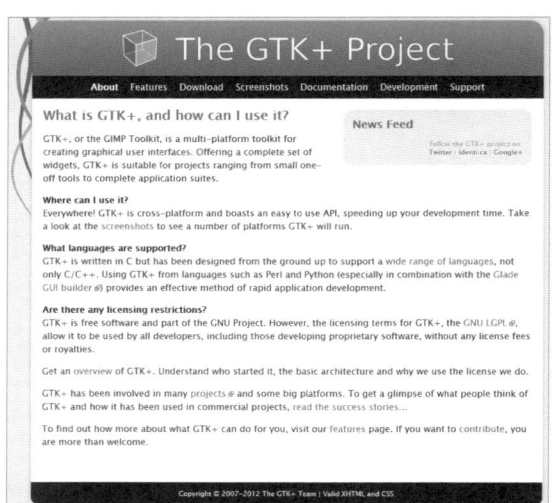

図5　GTK＋のWebページ
http://www.gtk.org/

### (1) Qt

Qt（キュート）はQtプロジェクトによって開発されているクロス・プラットホームなGUIツール・キットです（図4）．GUIツール・キットとしては恐らく最もユーザ数が多く（50万人以上ともいわれている），開発も活発に進められています．C++で実装されています．

QtはGUIコンポーネントだけでなく，例えばネットワークやファイル，データベースなどを扱うモジュールも含んでおり，アプリケーションを作るための十分な機能を備えています．執筆時点の最新バージョンはQt5.2で，Android/iOS向けアプリのサポートも追加されています．

最近のQtは，QPAと呼ばれるプラットホーム依存部分の抽象化が洗練されてきており，描画のバックエンドもコンフィグレーションで多くの種類の中から選択できるようになっています．

### (2) GTK＋

GTK＋はGNUプロジェクトの一部として開発されているGUIツール・キットです（図5）．当初GIMPという画像編集ソフトウェアのために開発され，その後Gnomeデスクトップのベースに採用されました．Cで実装されていますが，インターフェースはオブジェクト指向的になっています．

GTK＋自体はGObjectという基本ライブラリを用いて実装されています．単体ではGUI以外の機能は持ちませんが，GStreamerなど他のGObjectベースのライブラリとの親和性が高いのが特徴です．また，Qtに比べオープンソース開発者に好まれる傾向があるようです．その他，JavaのGUIであるSwingやSWTもLinux上の実装ではGTK＋を利用しています．

通常，GTK＋の描画のバックエンドはXに限られますが，Linuxフレーム・バッファを利用するGTKFBや，DirectFBを使用するGTK-DFBという別のバージョンも存在します．

### (3) FLTK

FLTKはBill Spitzak氏により開発されたGUIツール・キットです（図6）．他のGUIツールキットと比べてビルドされたバイナリが小さく（100Kバイト程度），全体的にシンプルなのが特徴です．C＋＋で実

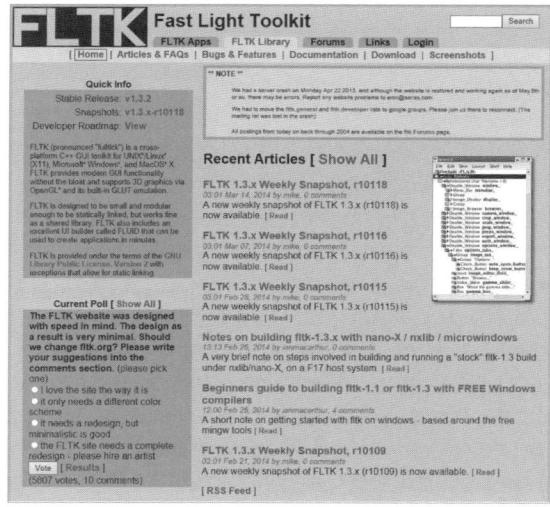

図6　FLTKのWebページ
http://www.fltk.org/index.php

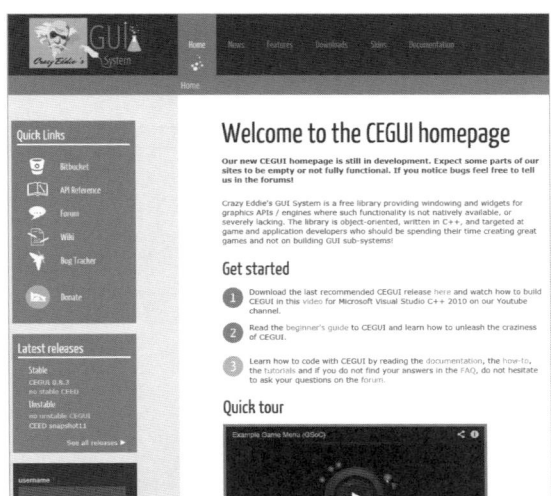

図7 CEGUIのWebページ
http://cegui.org.uk/

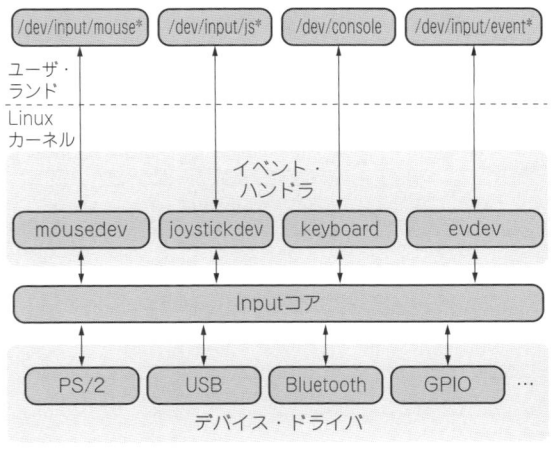

図8 Linuxの入力システム

装されています．

シンプルな分，大きく複雑化した他のGUIツールキットに比べて内部の動作を理解するのは容易であるといえます．描画は基本的にはXに依存しています．描画のバックエンドとしてX以外のサポートがあれば，シンプルな組み込みシステムには向いているでしょう．

(4) CEGUI

CEGUIはPaul D. Turner氏によって主にゲーム向けに実装されたGUIツール・キットです（図7）．C++で実装されています．ゲーム向けとはいえ，ゲーム以外のアプリケーションのGUIとしても利用できます．

OpenGLをはじめとした3D描画ライブラリを描画のバックエンドにしているため，ウィンドウ自体に3Dのエフェクトを施すといったことも当然可能です．他のツールキットに比べ，見た目を派手にするには向いています．ただし，まだ発展途上のライブラリであり（現在のバージョンは0.8.3），自分でソースをメンテナンスできるようでないと使用するのは難しいかもしれません．

(5) HTML5

具体的なソフトウェアではありませんが，今やHTML5もGUIフロントエンドの選択肢の一つとしてありえるものでしょう．

以前はWebページ記述用途専用の言語だったHTMLが，HTML5によってそれまで実現できなかったプラットホームに依存する部分，例えばストレージやマルチメディア，デバイスへのアクセスなどを仕様に盛り込んで標準化したことで，単なるWebページではなくアプリケーションの実装言語として実用に耐えるものになってきました．

これまでであれば上記に挙げたようなGUIツール・キットで開発していたアプリケーションを，HTML5やJavaScript，CSSの組み合わせで実装する機会も増えていると思います．実際にHTML5（をサポートするブラウザ）をアプリケーションの基盤とするプラットホームが既に世に出始めています（例えばChromium OSやFireFox OS，Tizenなど）．

● 入力について

Linuxの場合，マウスやキーボード，タッチ・パネルなどからの入力は，図8に示したInput Subsystemに処理が集約されます．

まず，ハードウェアに一番近いところでPS/2やUSBなどの周辺機器ごとのデバイス・ドライバがあり，それらを制御するためのinputコアと呼ばれる部分が存在します．そこからユーザランドに向けたインターフェースとして，入力デバイスの種類ごとにイベントを送るためのイベント・ハンドラが定義されます．中でもevdevはジェネリックなイベント・ハンドラであり，マウスやキーボード，それ以外のタッチ・イベントなども総合的に扱うことができます．

同じようにAndroidの入力の場合もevdevからのイベントを受けて処理をしています．Linuxのイベントは，Androidのイベントに変換され，Androidフレームワークのコア部分を通ってアプリケーションの処理に受け渡されます．タッチ・パネル操作がメインのAndroidですが，キーボードやマウスのサポートもバージョン3（Honeycomb）の頃から追加されました．

図9 Android Framework

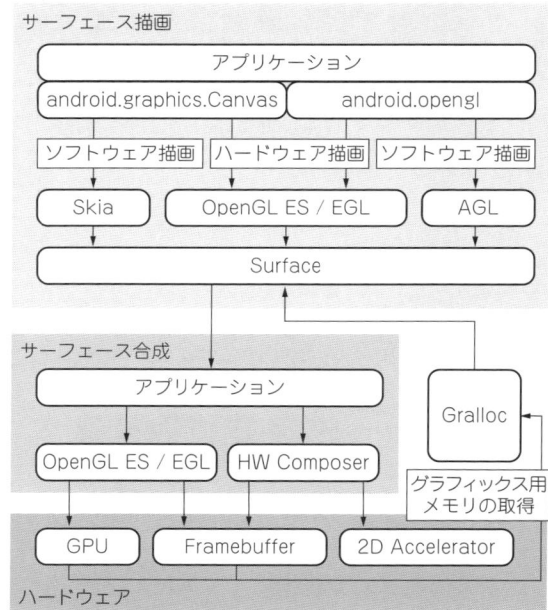

図10 Android Graphic Stack

## 2. AndroidのGUI

● 今ならAndroidが旬！

LinuxのGUI環境について一通り見てきたところで，Androidに話を移しましょう．まずは全体のアーキテクチャを図9に示します．

Androidの最大の特徴は，アプリケーションがJavaで書かれていることでしょう．コードはJavaで書きますが，それを実行するのはJVMではなくAndroid独自のDalvik仮想マシンです．Javaのコードはコンパイル時にJavaバイト・コードからDalvikのバイト・コードに変換され，仮想マシンでの実行時にJITコンパイルされて実行されます．Javaを採用したことで多くの開発リソース（開発者，ライブラリ）を利用できるようになり，また仮想マシンでの実行によりハードウェア間の差異の吸収，後方互換性，システムの堅牢性などの利点を得ているといえます．

さて，図にあるのは機能のうちのほんの一部です．実際のAndroidは非常に多くの機能を持っています．ここではそれらの機能の詳細について触れることはしませんが，GUIにおける最重要な要素であるグラフィックスについては少し詳しく見ておきましょう．もしAndroidを特定のハードに移植する際にもポイントになると思います．

● AndroidのGUIバックエンド

AndroidのGUIバックエンドにおけるグラフィック

ス・スタックを示したものが図10です．Androidでは描画を高速に行うためのさまざまな工夫がされています．その一つがOpenGL ESとEGLによるGPUでの描画で，Androidでハードウェア・アクセラレーション描画を行うための中心的役割を担っています．

• SurfaceFlinger

Androidのアプリケーションが行う描画は，Surfaceという任意のサイズをもった画像用のバッファに対して行われます．SurfaceFlingerはアプリケーションの持つSurfaceそれぞれを合成し，最終的な1枚の出力画像として表示する役目を持ったシステム・サービスです．

Surfaceへの描画は，ソフトウェアとハードウェアのどちらかで行うことができます．ハードウェアによる描画ではOpenGL ES/EGLによってGPUで行われます．

• Hardware Composer

既に述べたように，通常，描画されたSurfaceはSurfaceFlingerがOpenGL ESで合成を行います．ただし，OpenGL ESで合成を行うのではなく，2Dのアクセラレータが使える環境ではそちらを使用する，Hardware Composerという抽象インターフェースが用意されています．

通常2Dの転送・合成処理は頻繁に行われるため，GPUで2Dの処理も全て行うのではなく，GPUとは別の2D専用のハードウェアで転送・合成を行ってGPUの負荷を軽減するのが主な目的です．また，2D専用

のハードはGPUに比べ一般的に電力消費を抑えられるため，省電力化の意味もあります．

• Gralloc

Grallocは一言で言ってしまえばGPUや2Dアクセラレータ，ビデオ・デコーダなどのグラフィックス・ハードウェアで扱う物理メモリにアクセスするための抽象インターフェースです．SurfaceFlingerやmediaserverなどグラフィックス用のメモリを必要とするシステム・サービスから利用されます．用途がいろいろあるとはいえ，ARMのようにUMA（Unified Memory Architecture）なシステムでは同じDDRメモリにアクセスすることになるでしょう．

● AndroidのGUIフロントエンド

AndroidにおけるGUIツール・キットともいえるのが，Javaのandroid.viewパッケージとandroid.widgetパッケージにあるクラス群です．Viewはアプリケーションの描画領域を表しており，Viewを継承する形でボタンやテキスト入力エリアなどのWidgetが実装されています．また，ViewやWidgetをどこに配置するかというレイアウト情報はxmlで定義することが可能です．この辺りは一般的なGUIツール・キットと機能的には変わりません．

## 3. Androidの進化の歴史

Androidの最初のバージョンである1.0は2008年9月に公開されました．そして，執筆時点の最新版は，2013年10月に公開されたバージョン4.4になります．ここではAndroidがどのように機能を進化させてきたか，各バージョンごとに見てみましょう．

● 1.0 ～ 1.5（Cupcake）～ 1.6（Donut）2008年9月～2010年5月

バージョン1.0が世に出た時点の主な特徴は次の通りです．

• LinuxベースのオープンソースなOSであること
• Dalvik仮想マシンによるJavaアプリケーションの

図11　Android 1.6

---

### コラム1　libHybris

Androidの描画は，OpenGL ES/EGLにより高速化を図る仕組みであるため，スマートフォン/タブレット向けのSoCはGPUとOpenGL ES/EGL用のドライバを搭載しています．それらのハードウェアを，Android以外のLinuxベースのシステムから使いたいという要求は当然ながらあるでしょう．しかし，AndroidはBionicという独自のlibcを使用しているため，Linuxで一般的に使用されるglibcベースのシステムとは互換性がありません．

つまり，例え同じLinuxで同じCPUであっても，Android用にビルドされたバイナリは，glibcベースのLinuxからは利用できないのです．また，OpenGL ES/EGLのドライバなど通常プロプライエタリなドライバではソースは公開されず，バイナリを利用するしか手はありません．

これを解決しようとするのがCarsten Munk氏によって書かれたlibHybrisです．libHybrisはAndroid用にビルドされたライブラリを動的にロードし，Bionic libcに対する一部の関数呼び出しをglibcへの関数呼び出しに変えてしまいます．これによりglibcベースのLinuxからAndroid用のライブラリが利用でき，それらのライブラリからハードウェアの機能が利用できるようになります．

Linuxの主要ディストリビューションの一つであるUbuntuは，モバイル向けのUbuntu TouchでこのlibHybrisを使ってAndroid向けのLinux OS上での動作を実現しています．

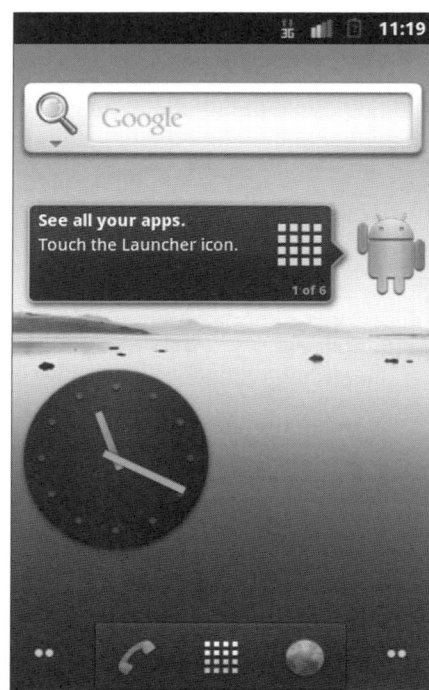

図12　Android 2.3

図13　Android 3.2

実行
- 組み込み向けに最適化されたBSDライセンスのlibc
- 充実した開発環境とツール
- カメラ/メディア・フレームワーク
- Webkitベースのブラウザ
- 各種センサのサポート
- Androidマーケット（現Google Play）によるコンテンツ配信

　Androidに由来するソースは基本的にBSDライセンスで，ソース・コード公開の義務がないことも端末ベンダを引き込む大きな要因であったと思います．
　1.0から1.xへのバージョンアップでは，それほど大きな変更はありません．むしろ，1.0の時点で既にかなりの完成度を持っていたともいえます．図11にAndroid 1.6のデスクトップ画面を示します．

● 2.0/2.1 (Eclair) 〜 2.2 (Froyo) 〜 2.3 (Gingerbread) 2009年10月〜2011年9月

　2.0から2.3までの主な変更点は次の通りです．
- HTML5（Database API, Application cache, Geolocation API, HTML5Video）のサポート
- Live壁紙のサポート
- JavaScriptエンジンがGoogle Chromeでも使われていたV8になり高速になる
- Dalvik仮想マシンのJIT（Just In Time）コンパイル対応
- Dalvik仮想マシンのGC改善（concurrent gc）
- デザリング対応
- Adobe Flash対応
- NDKからのOpenGL ES/OpenSL ESの使用
- OpenGL ES 2.0
- SIPプロトコル・スタックによるVoIPサポート
- NFCのサポート
- ジャイロ・センサ，回転ベクトル・センサ，リニア加速度センサのサポート
- 複数のカメラ制御をサポート
- OpenCoreに代わる新しいメディア・フレームワーク（Stageflight）
- Bluetooth接続機器の制御

　図12にAndroid 2.3のデスクトップ画面を示します．

● 3.0/3.1/3.2 (Honeycomb) 2011年2月〜2011年8月

　3.0のHoneycombになり，Androidソース・コードの公開が一時的に停止されました．これは，3.0からタブレットやTVなど高解像度デバイスに向けたUIの最適化が行われたものの，その影響でスマートフォン向けの動作が安定しなかったからといわれています．
　3.0から3.2までの主な変更点は次の通りです．
- タブレット向けの最適化/UIの改良
- アニメーション・フレームワーク
- OpenGLによるハードウェア描画のサポート
 （ブラウザなどで2D描画のハードウェア・アクセラレーションが可能になった）
- レンダースクリプト
 （GPUのシェーダをプログラムするための機能）
- HLS（HTTP Live Streaming）のサポート
- MTP/PTPサポート
- DRMフレームワーク
- マウス/キーボード・サポート

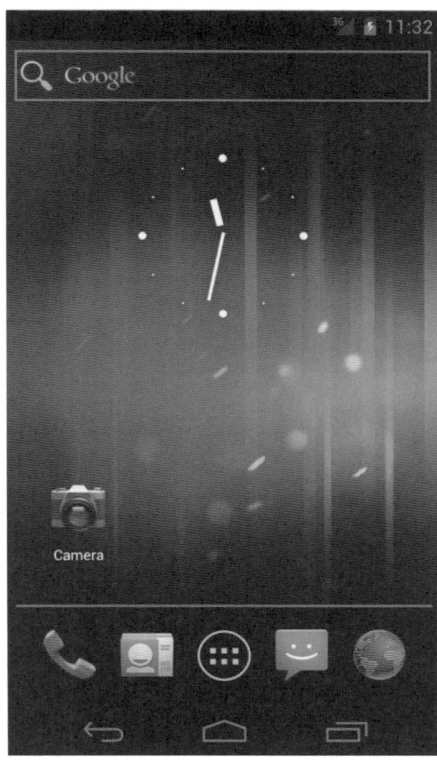

図14　Android 4.0

図15　Android 4.4

- USBホスト・モードのサポート
- USB APIの追加
  （アプリからのUSBスタックの制御）
- RTP（Realtime Transfer Protocol）APIの追加

　図13にAndroid 3.2のデスクトップ画面を示します．

● 4.0（ICS）～ 4.1/4.2/4.3（JellyBean）2011年10月～2013年7月

　4.0からは再びソース・コードが公開されるようになりました．3.0からのUIを受け継いだ4.0のデバイスでは，それまでの「メニュー」，「ホーム」，「戻る」といったハード・キーが姿を消しました．これらは画面下部に表示されるアクション・バー上の仮想ボタンに置き換わっています．

　4.0から4.3までの主な変更点は次の通りです．

- スマートフォンとタブレット向けUIの統合
- ビジュアル・エフェクト
- カメラの顔検出
- Wi-Fi P2Pのサポート
  （デバイス同士をWi-Fiで接続する/Bluetoothの代替）
- 温度センサ/湿度センサ
- VSYNCの制御による描画タイミングの向上
- トリプル・バッファリングによる描画
- タップに対する応答速度の向上
- 音声検索
- HTML5ビデオの改善
- メディア・コーデックへのアクセス
- マルチユーザのサポート
- OpenGL ES 3.0

　図14にAndroid 4.0のデスクトップ画面を示します．

● 最新4.4（KitKat）2013年10月～

　現在リリースされている最新版のAndroidが4.4になります．4.4では，メモリ搭載量の少ないローエンドなデバイスでも動作するよう最適化が図られています．マーケットを見越しての改善のようですが，最適化によって動作がより快適になることが予想できます．

- システム全体にわたるメモリ使用量の最適化
- 音声による操作の改善
- ワイヤレス印刷機能
- バッチ処理によるセンサへのアクセスの省電力化
- 歩数計センサ
- フルスクリーン表示のサポート
- ステータス・バーなどのシステムUIの透過表示
- NDKからのRenderScriptの利用

・Chromiumベースの WebView

**図15**にAndroid 4.4のデスクトップ画面を示します．

携帯情報端末向けのOSとして登場し，この5年の間に瞬く間に勢力を拡大しました．今では世界のスマートフォン市場の8割のシェアを持つともいわれています．さらに今後家電や車載への搭載も見込まれており，今後もAndroidがどのように最先端の技術を取り込んで進化していくのか注目していきたいところです．

## 4. Android NDK

● C/C++でもアプリケーションを記述できるNDK

Android NDK（Native Development Kit）は，Androidアプリでネイティブ・コードによる処理を行うための開発キットです．執筆時点のバージョン9cではx86，ARM，MIPS向けのコード生成をサポートしています．

NDKにはC/C++コンパイラ，アセンブラ，リンカなどのビルド・ツール群，それにbionic libcをはじめとするライブラリとそのヘッダ・ファイルが含まれています．NDKからOpenGL ESを利用することや，レンダースクリプトというGPUをプログラミングするための機能を利用することもできます．

主に含まれるものは次の通りです．

・コンパイラ・アセンブラ・リンカなどのビルド・ツール群
・libc ライブラリ・ヘッダ
・libm ライブラリ・ヘッダ
・C++標準ライブラリ（STL）ヘッダ
・liblog（logcatによるログ出力）ライブラリ・ヘッダ
・OpenGL ES ライブラリ・ヘッダ
・OpenSL ライブラリ・ヘッダ

---

### コラム2　Android ADK

● Android端末と周辺機器をUSBで接続

Android ADK（Accessory Development Kit）は，Androidデバイスに接続して使用するアクセサリと呼ばれるデバイス開発のための開発キットです．アクセサリは，AndroidデバイスにUSBで接続して利用することが想定された補助的なデバイスのことです．Androidデバイスとアクセサリは AOA（Android Open Accessory）プロトコルと呼ばれるごくシンプルなプロトコルにより接続と認識を行います．USBによる外部機器の接続と聞くと，アクセサリ側がUSBデバイスかと思うかもしれませんが，アクセサリの場合はUSBホストとしての動作が要求されます（**図A**）．

Androidバージョン3.1（API Level 12）から，AndroidフレームワークにUSBパケットを直接扱える機能が追加されたおかげで，アプリからUSBで接続された機器と通信が行えるようになりました．ADKもそれをきっかけに登場しました．それまでもUSB接続自体は行えましたが，主にPCと接続するためのもので，アプリからUSB外部機器を制御することは不可能でした（なお，サポート・ライブラリを使用すれば2.3.4以降のAndroidデバイスでもADKが利用可能になる）．

● 周辺機器側にはArduinoがよく使われる

アクセサリのハードウェアには，オープンなハードウェア規格であるArduinoがよく利用され，ADK対応のボードが既にいくつも世に出ていますが，必ずしもArduinoである必要はありません．USBホストとして動作できUSB給電が行える機器であればアクセサリとして動作できます．AndroidがUSBホストをサポートしたのはバージョン3.1以降であるため，それ以前Androidデバイスでも利用できるようにしようと思うと，アクセサリ側がUSBホストとなるのは当然ともいえるでしょう．

なお，アクセサリがArduinoベースのボードであるメリットとしては，ADKに含まれるリファレンス実装がArduinoに向けたものであるため，移植が容易に行える点にあります．

● 接続の概要

バージョン1.0のAOAプロトコルは非常にシンプルです．接続の概要を次に示します．

(1) Androidデバイスがアクセサリに対してVendorID/ProductIDを送信
(2) アクセサリがAndroidデバイスに対して"Get Protocol"要求を送信

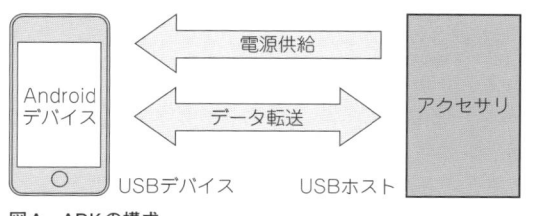

**図A**　ADKの構成

なお，これらはAndroidのバージョンによって変更されている部分があるため，使う機能によって新しいバージョン向けにコンパイルしたネイティブ・コードが古いバージョンでは動作しないなど互換性については注意が必要になってきます．

● NDKが必要な場面

NDKを使用するケースとしては，Javaコードで実行したのでは遅くなってしまうような大量の計算を行うような場合や，Javaからは実行できない処理，例えばメモリに直接アクセスしたりアセンブラで書かれたルーチンを実行する場合などが考えられます．またC/C++で書かれた既存のソース資産を再利用する場合にもNDKを使用することになるでしょう．なお，NDKでJavaコードとの連携を行う場合，例えばネイティブ・コードからJavaメソッドをコールバックするような場合，JNIの知識も必要になってきます．

FPGAを搭載したAndroidデバイス上で，Androidアプリからは FPGAを制御する場合，NDKを使用することはひとつの選択肢となるでしょう．Androidをソースからビルドした環境があれば，Androidのソース・ツリー上に自分のアプリ（Java/C/C++コード）を追加してビルドすることもできますが，そうでない場合NDKを使う方がより簡単な方法といえます．

ただし，ハードウェアの制御となるとユーザ空間のプロセスから/dev/memなどによって物理メモリに直接アクセスすることになるため，セキュリティの面ではあまり得策とはいえないかもしれません．本格的に対応しようとした場合，FPGA専用のカーネル・ドライバを用意するなど，プラットホーム自体に手を入れる必要が出てきます．

かたおか・ひろあき　（有）シンビー

---

（3）Androidデバイスがアクセサリに対してプロトコル・バージョンを送信
（4）アクセサリがAndroidデバイスに対して機器固有の識別情報，およびアクセサリ・モードの開始要求を送信
（5）Androidデバイス（アプリ）とアクセサリ間で通信開始（データ形式は自由）

最初に送信するVendorID/ProductIDで，アクセサリはAndroidデバイスが既にアクセサリ・モードに入っているかどうかを判断します．次の値が渡されてアクセサリ・モードと判断された場合は，上記手順の（2）〜（4）はスキップされます．

・VendorID：0x18D1（Google）

ProductIDは，Androidデバイス側のサポートする機能により，次のオプションがあります．

・ProductID：
0x2D00（Accessory）
0x2D01（Accessory + ADB）
0x2D02（Audio）
0x2D03（Audio + ADB）
0x2D04（Accessory + Audio）
0x2D05（Accessory + Audio + ADB）

0x2D02から0x2D05まではAOAプロトコル・バージョン2.0から利用可能です．2.0からはUSBオーディオ（44.1kHz/16ビット/ステレオPCMのみサポート）とHID（Human Interface Device）のサポートが追加されています．

プロトコルの詳細についてはADKファームウェアのリファレンス実装のソースを見た方がよいでしょう．ソースが格納されたgitリポジトリへのアクセス方法は，次のURLにあります．

・http://developer.android.com/tools/adk/adk2.html#src-download

プロトコル概要の説明は，次のページで確認できます．

・http://source.android.com/accessories/aoa.html
・http://source.android.com/accessories/aoa2.html

● ADKはもう古い？

図Aをよく見ると分かるようにADKによる接続では，USBシステムとして見た場合のホストとデバイスの関係が逆転しています．USBホスト機能がなかったAndroid 2.x時代に，無理矢理USBで接続しようとした結果の苦肉のシステムで，技術的には筋がよくありません．

現在市販されているAndroid端末は，USBホスト機能を搭載したものがほとんどです．またAndroidのバージョンは3.xまたは4.xとなり，USBホスト機能を正式にサポートしています．よって，これからAndroid端末とUSB接続する周辺機器を設計する場合はADKは採用せず，FPGAマガジンNo.2の特集第5章のようなシステムを採用すべきでしょう．

特集　アルテラSoCではじめてのLinux！

## 第2章　開発環境VineLinuxのインストールからbusyboxのコンパイルまで
# アルテラSoC評価ボードHelioでLinuxを動かそう

鳥海 佳孝 Yoshitaka Toriumi

> 安価なアルテラSoC評価ボードとして，Cyclone V SoC搭載評価ボードHelio（アルティマ）が発売されました．ここでははじめてHelioボードを使う人向けに，クロス開発環境の構築方法から，HelioボードでLinuxを起動させる手順，さらに簡単なLinuxアプリケーションを作成して動作を確認するところまでを詳しく解説します．ここでの解説は，今後Helioボードを活用するうえでのベースとなる環境構築となります．

　スマートフォンやタブレットなどの携帯端末の搭載CPUは，そのほとんどがARMプロセッサの時代となってきました．そしてFPGAの世界でも，ARM社のARM Cortex-A9プロセッサをCPUコアとして搭載したものが登場しています．

　今回筆者は，Altera社のCyclone V SoCを搭載した評価ボード"Helioボード"（**写真1**）に触れる機会を得ることができたので，まずはHelioでLinuxを起動させて，Linuxアプリケーションの開発環境までを構築してみたいと思います．

　今後，FPGA部分にオリジナルの回路を実装し，そのデバイス・ドライバを書いて，アプリケーションから制御するまでの記事の掲載を予定しているので，そのベースとなるLinuxシステムを構築します．

## 1. ビルド済みバイナリをすぐに動かしてみる！

### ● イメージ・ファイルのダウンロード

　Helioに関する情報は，次のWebサイトが一番詳しく掲載されています（**図1**）．

- http://www.rocketboards.org/foswiki/Documentation/MacnicaHelioSoCEvaluationKit

　このWebサイトには既にSDカードに書き込めるあらかじめビルドされたイメージがあるので，それをダウンロードします．ボードのバージョン（Rev.1.2またはRev.1.3）によってダウンロードするファイルが異なるので，お手元のボードのバージョン番号に合わせて

ボードのバージョン（Rev.）はここに明記されている．写真のボードはRev.1.3．

**写真1**　Cyclone V SoC搭載評価ボードHelio（アルティマ社）
http://www.altima.jp/products/devkit/altima/helio/

イメージをダウンロードしてください．筆者の手元にあるボードはRev.1.3なので，これ以降はRev1.3を用いた場合について説明します．執筆時点で最新のイメージ・ファイルは，helio_gsrd_sdimage_v3.9.tar.gzとなるので，これをダウンロードします（Linux kernel 3.9, Mar. 3, 2014）．

● イメージ・ファイルの解凍

ダウンロードが完了したら，このファイルを解凍します．Linux環境がある方はLinux上で，

```
$tar zxvf helio_gsrd_sdimage_v3.9.tar.gz
```

と実行すれば，カレント・ディレクトリにhelio_gsrd_sdimage_v3.9.imgというファイルが出来上がります．Linux環境がない場合は，Windows上で圧縮解凍ツールを使用して解凍してください．ファイルがtar.gz形式なので，これに対応する圧縮解凍ソフトを用意してください．筆者はjZipと呼ばれるソフトを愛用しています．次のWebサイトからダウンロード可能です．

• http://www.jzip.com/

インストールする際にjZipとは直接関係のないものがインストールされるようなので，気になる場合はチェックを外す，または同意しないようにしてください．インストールが完了したら，ダウンロードしたSDカード・イメージのファイル（helio_gsrd_sdimage_v3.9.tar.gz）を，メニュー「File」→「Open Archive...」で開き，次に「Extract」ボタンを押して，任意のフォルダに解凍します．すると解凍先にはhelio_gsrd_sdimage_v3.9.tarというファイルが生成されているはずです．生成されたら再度，helio_gsrd_sdimage_v3.9.tarをメニュー「File」→「Open Archive...」で開き，「Extract」ボタンを押して任意のフォルダに解凍します．この2度目の解凍でhelio_gsrd_sdimage_v3.9.imgが生成されていればOKです．

このファイルがSDカードに書き込む，あらかじめビルドされたイメージになります．

● microSDカードに書き込むためのソフトのダウンロード

筆者の手元のHelioのボードには，当初からmicroSDカードが付属していました．もしmicroSDカードが手元にない場合は，microSDカードを準備してください．また，microSDカードにイメージを書き込むので，microSDの読み書きができるSDカード・リーダが必要になります．ノートPCなどに内蔵されている場合は問題ありませんが，デスクトップPCを使っていてリーダを持っていない場合は，microSDカードの読み書きできる装置を準備してください．

microSDカードとこれらの機器が準備できたら，次

図1　RocketBoardsのHelioのページ

にmicroSDカードにイメージ・ファイルを書き込むためのソフトを準備しましょう．Helioのマニュアル（Helio_Getting_Started_1.0.pdf．前述のHelioのWebサイトのDocumentationからダウンロード可能）によれば，Win32DiskImagerと呼ばれるソフトで書き込むように指示されているので，これをダウンロードします．

• http://sourceforge.jp/projects/sfnet_win32diskimager/

このページにある，執筆時点で最新のWindows版ソフトwin32diskimager-v0.9-binary.zipをダウンロードして，任意のフォルダに解凍します．解凍するとWin32DiskImagerの下に，Win32DiskImager.exeの実行ファイルができているので確認してください．

● バイナリ・イメージの書き込み

まず，microSDカードをSDカード・リーダにセットします．次に，前述したWin32DiskImager.exeをダブルクリックして実行します．実行画面からHelioのSDカード・イメージを選択します．選択し，SDカードの入ったドライブがきちんと認識されていることが確認できたら「Write」ボタンを押し，Confirm画面が現れたら，「Yes」をクリックして書き込みを開始します（図2）．

書き込みの終了までに，筆者の手元の環境では5～6分ほど要しました．書き込みが完了すると書き込み

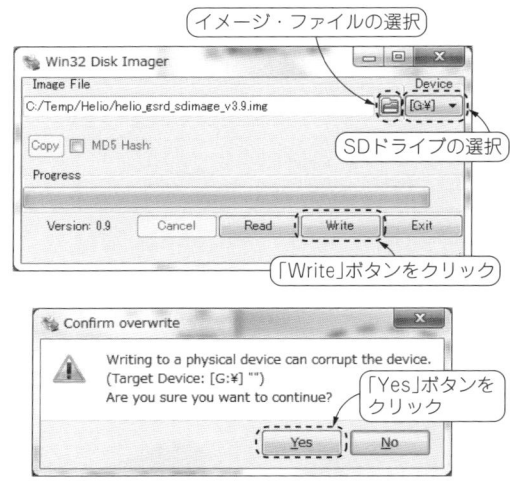

図2 SDカードへの書き込み

終了の画面が現れるので，「OK」をクリックします．これで書き込みは終了です．

書き込んだmicroSDカードを，Helioのボード（ターゲット・ボード）に挿します．

● USB-シリアル・ポートの設定

次にHelioのUARTと使用しているPC（ホスト・マシンと呼ぶ）とを接続します．このとき，USB-シリアルのドライバを要求されたら，次のWebサイトからドライバのインストーラ（CP210x_VCP_Windows.zip）をダウンロードして，解凍後インストーラを実行してインストールを完了させておいてください．

- http://www.silabs.com/products/mcu/Pages/USBtoUARTBridgeVCPDrivers.aspx

● ネットワークの接続

次に，ネットワークを使用したい場合は，Helioをネットワーク・ハブを介するか，あるいは直接ホスト・マシンと，ネットワーク・ケーブルで接続します（図3）．筆者の場合は閉じた環境でいろいろ試したいので，ホスト・マシンとHelioを直接接続して行っています．その都度，自分の環境に合わせて読み替えてください．

● ターミナル・ソフトの設定

シリアル・コンソールを使用するためには，シリアル・ターミナル・ソフトが必要になります．Windows XPまではハイパーターミナルと呼ばれていたソフトウェアがOSに標準で付属していましたが，Windows 7からはなくなっています．ハイパーターミナルがない場合は，次のWebサイトからターミナル・ソフトTera Termをインストールしておきましょ

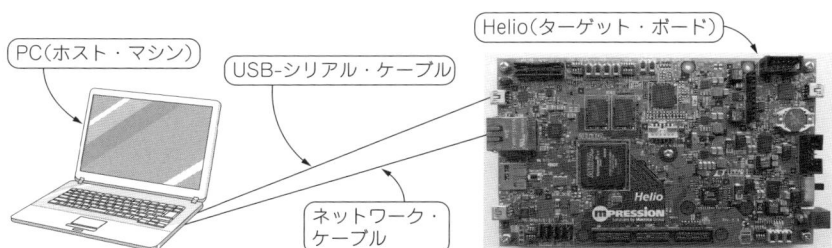

（a）PCとHelioを直接ネットワークケーブルで接続

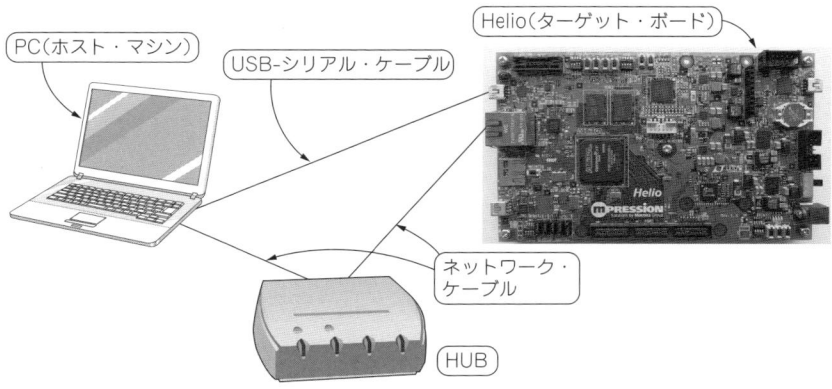

（b）PCとHelioをHUBを介してネットワーク・ケーブルで接続

図3 ホスト・マシンとターゲット・ボードの接続

う．執筆時点で最新のバージョンはteraterm-4.82.exeです．
- http://sourceforge.jp/projects/ttssh2/

図4のようにTera Termを立ち上げます．立ち上げたときに図4(a)のようにCOMポートが認識できていれば，USB-シリアルのドライバがうまくインストールされていることになります．確認できない方は，ボードとのUSB-シリアル・ケーブルの物理的な接続や，ドライバのインストールなどをよく確かめてみてください．

Tera Termを起動して，シリアルのCOMポートを選択できたら，次に通信速度を選択します．Helioのマニュアル（Helio_Getting_Started_1.0.pdf）には，通信速度は57,600bpsに設定するようなことが書かれていますが，ダウンロードしてきたPre Buildのイメージの V3.9 からは115,200bpsに変更になっているようです．したがって図4(c)のように通信速度を115,200bpsに設定します．

● Linuxのブート

ここまで準備できたら，Helioのボードの電源を投入します．電源投入後，図5のようにプロンプトが表示されれば，ブートに成功です．

うまく立ち上がらない場合には，まずはボー・レートの設定が115,200bpsになっているかどうかを確かめて，正しく設定されている場合は，もう一度SDカードを書き直すなど試してみてください．

立ち上げに成功したら早速ログインしてみましょう．次のようにrootを入力してパスワードなしでログインできます．

```
socfpga login: root
root@socfpga:~# ls
README   altera
```

とりあえずここまでで，FPGAのSoCボードでLinuxを立ち上げることに成功しました．めでたし，めでたしというところでしょうか．

## 2. Linuxマシンを準備する

● Linuxマシンの必要性

Helio（ターゲット・ボード）を，単にこのまま中身はいじらずにLinuxマシンとして使用するのであれば，あまりその価値がありません．やはり，組み込みボードですからI/O制御を行うなどしないとこのボードを使用するうまみがありません．ただそれも，最近話題の安価なARMのCPUボード，「Raspberry Pi」でできることなので，SoCのFPGAのメリットを生かす必要があると筆者は思います．

それは何かというと，例えばソフトウェアで遅い部分を，ハードウェアに置き換えようとしたときに，前

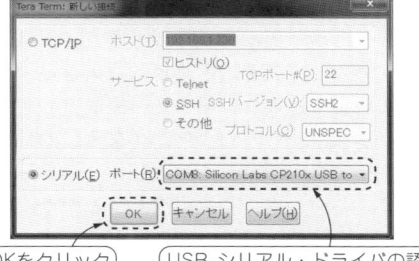

(a) シリアル・ポートを指定して起動

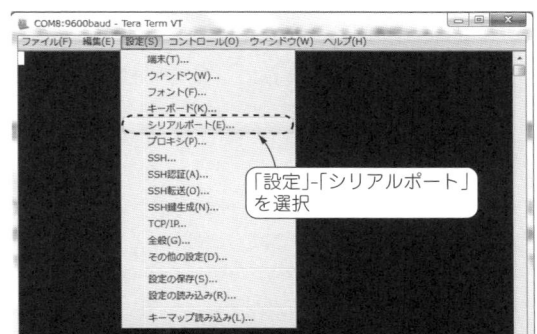

(b) シリアル・ポートの設定

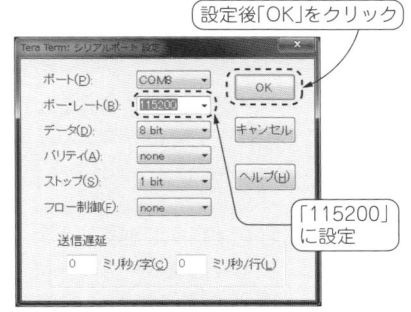

(c) 通信速度などの設定

図4 Tera Termの起動

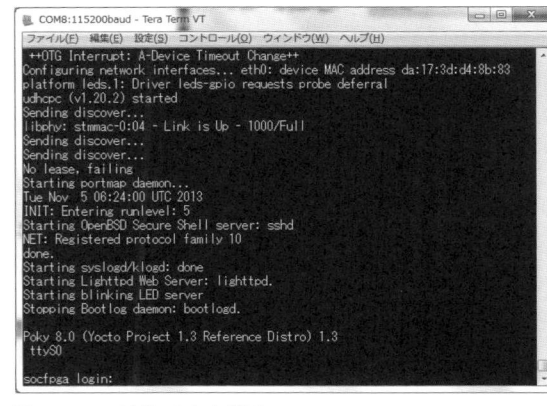

図5 Linuxがブートした様子

述の「Raspberry Pi」のボードでは，外側にもう一つハードウェアのボードなどが必要となり，システムは早くなるものの，システムの物理的な大きさが大きくなってしまいます．これは組み込み製品としては痛いところです．ところが今回のようなSoCのFPGAであれば，ハードウェアをSoCのFPGAに作ることができるので，ハードウェアを追加してもハードウェアの部品点数という意味では，何も変わりません．この部分こそ，SoCのFPGAで行う最大のメリットだと筆者は考えています．このようにカスタムのハードウェアの追加を行うと，必然的にそのドライバを作成し，カーネルに組み込まなければいけなくなります．そのときには，Windows上からでは開発などは行えないので，どうしてもLinuxマシン上での開発を余儀なくされます．

また，Helioのボードは，IPアドレスをDHCPサーバからもらうようにデフォルトで設定されています．今回のような閉じた環境では，このほかにもさまざまなネットワーク用のサーバが必要になります．これらのサーバ構築はLinuxの方が構築しやすいので，やはりLinuxマシンが必要になります．

● Linux環境の構築方法

Linuxマシンの構築構築には，大きく分けて次の3種類あると筆者は思っています．
(1) VMwareのような仮想環境を使ってLinuxマシンを構築
(2) USBなどのストレージ・デバイスにLinuxをインストールし，PCのブート時にそのデバイスを選択
(3) 使わなくなったPC（Windows XPなど）にLinuxをインストール

それぞれメリットとデメリットがあります．アルテラSoCの開発では，FPGA開発ツールであるQuartus IIも使用することになるので，Windows環境を利用している方が多いと思います．WindowsとLinuxを行き来する必要が生じるので，(1)のVMwareによるLinuxマシンの構築を行うことにしましょう．

● VMwareとVine Linuxのダウンロード

次のWebサイトからVMwareをダウンロードします．
・https://my.vmware.com/jp/web/vmware/free#desktop_end_user_computing/vmware_player/6_0

上記のページにある，「VMware Player and VMware Player Plus for Windows」の横にある「ダウンロード」ボタンをクリックしてダウンロードします．ダウンロードしたらインストールを行い，デスクトップにVMwareのアイコンが生成されたら完了です．

次に構築するLinuxのディストリビューションを決めます．最近多く見受けられるのが「ubuntu」のディストリビューションだと思います．その他，「CentOS」や「Fedora Core」などが比較的多いように思います．今回は，独断と偏見で次のような理由からVine Linuxを使用することにします．
(1) 日本語のディストリビューションなので，インストール後の日本語環境の設定がほとんど必要ない
(2) 4GバイトのDVDまたはUSBメモリに収まる軽量なコア・オペレーティング・システム
(3) 筆者が使い慣れている

(3)が最大の理由というのは言うまでもありませんが，日本人に一番優しいディストリビューションだと思っています．Vine Linuxは，次のWebサイトからダウンロードします．
・http://vinelinux.org/

残念ながら紙面の都合で，Vine Linuxのインストール方法については省略します．本書サポート・ページに，Vine Linuxのインストール方法についての解説PDFを用意する予定です．

● 各種サーバの起動

ホスト・マシンのLinux環境では，次の各種サーバを起動しておいてください．
・DHCPサーバ
　IPアドレスの解決のため
・Sambaサーバ
　Windows環境とのファイル共有のため
・FTPサーバ
　ファイル転送のため
・NFSサーバ
　ネットワーク経由のファイル・システムを使うため

## 3. クロス・コンパイラのインストール

● CodeSourceryのダウンロード

プログラムをコンパイルするためのクロス・コンパイラとしては，もちろんAltera社のSoC用のものがあります．しかしFPGAに内蔵されているCPUは，ARM Cortex-A9なので，このCPU用のコンパイラでクロス・コンパイルできるはずです．

そこで今回は比較的軽量なコンパイラとして，Mentor Graphics社から提供されているCodeSourcery Liteを使用することにします．まずは次のWebサイトからダウンロードします（図6）．
・http://www.mentor.com/embedded-software/sourcery-tools/sourcery-codebench/editions/lite-edition/

図6(d)のウィンドウが現れると，登録したEメール・アドレスにメールが送られてきます．そのアドレスを使ってアクセスします（図7）．

ダウンロードのページにある"Sourcery CodeBench

Lite 2013.11-33"をクリックし［図8（a）］，次のページのLinux版（IA32 GNU/Linux Installer）をクリックしてダウンロードします［図8（b）］．ダウンロード・ファイル名はarm-2013.05-24-arm-none-linux-gnueabi.binです．Windows上でダウンロードを行った場合には，Samba経由でLinux環境上に転送します．

● Sourcery CodeBenchのインストール
次のようにコマンドを実行します．

```
[root@Vine621 ~]# cd  /home/tori
[root@Vine621 tori]# ./arm-2013.11-33-
arm-none-linux-gnueabi.bin
Extracting installer ...
Starting installer ...
```

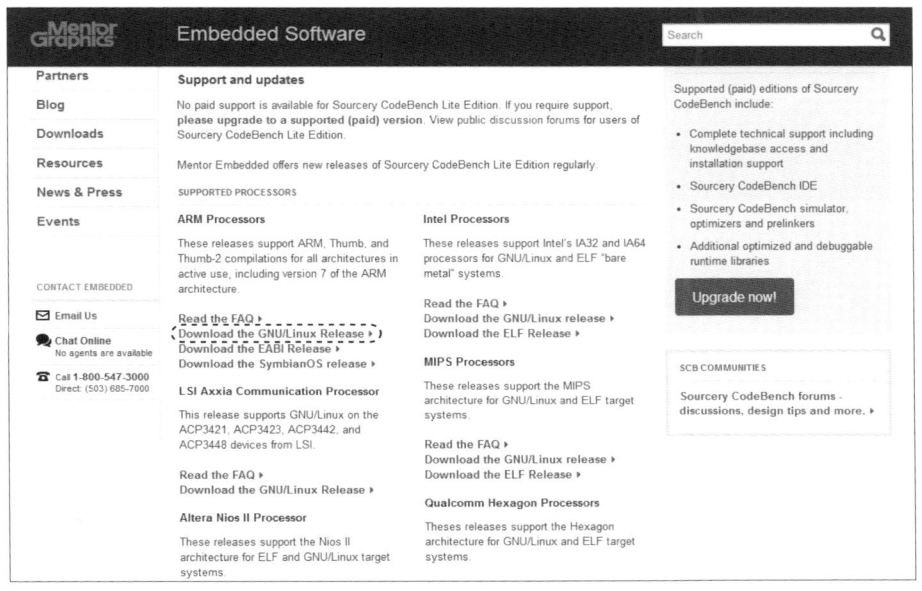

（a）ダウンロード・ページ

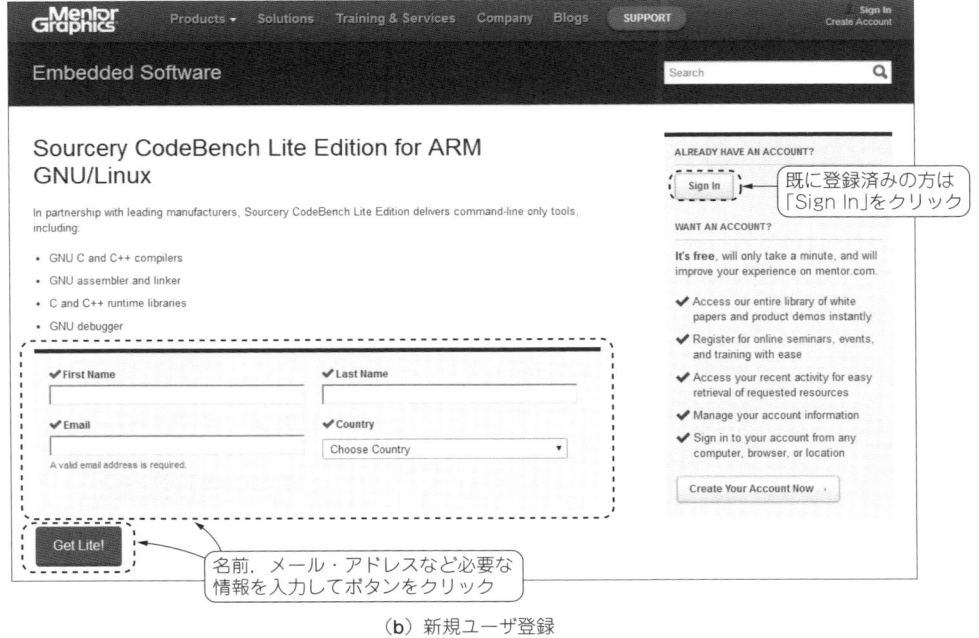

（b）新規ユーザ登録

図6　Sourcery CodeBench（Lite版：フリー）のダウンロード

するとインストーラが起動します．

Sourcery CodeBenchのインストール画面を図9に示します．インストールが完了すると，
`/opt/MentorGraphics/Sourcery_CodeBench_Lite_for_ARM_GNU_Linux/`
の下にコンパイラがインストールされます．

● コマンド・パスの設定

次に一般ユーザで，次のようにしてコマンド・パスに追加します．

```
[tori@Vine621 ~]$ export PATH=/opt/MentorGraphics/Sourcery_CodeBench_Lite_for_ARM_GNU_Linux/bin/:$PATH
[tori@Vine621 ~]$ which arm-none-linux-gnueabi-gcc
/opt/MentorGraphics/Sourcery_CodeBench_Lite_for_ARM_GNU_Linux/bin/arm-none-linux-gnueabi-gcc
```

紙面では折り返されていますが，行末までEnterキーを入れずに続けてコマンドを入力してください．うまくコマンドのフルパスが表示できない場合は，

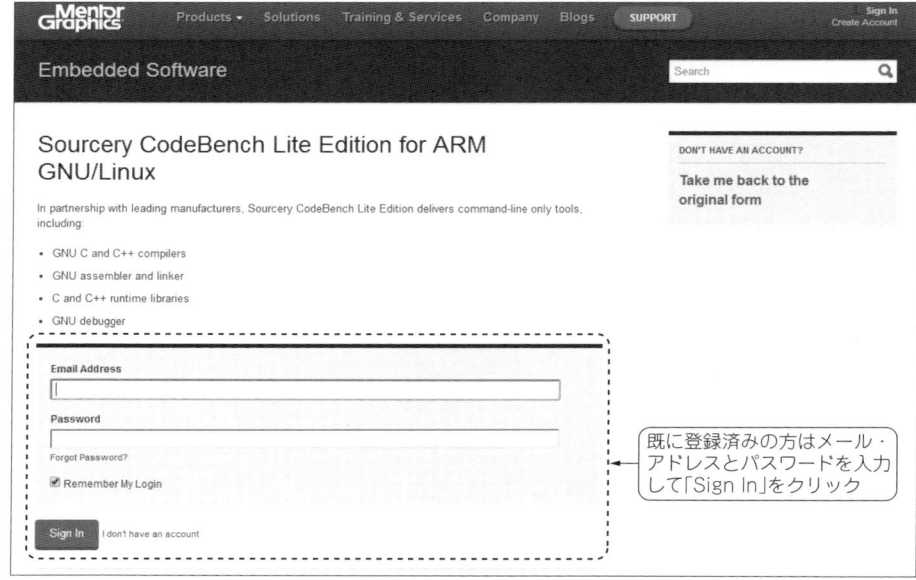

（c）ユーザ登録済みの時

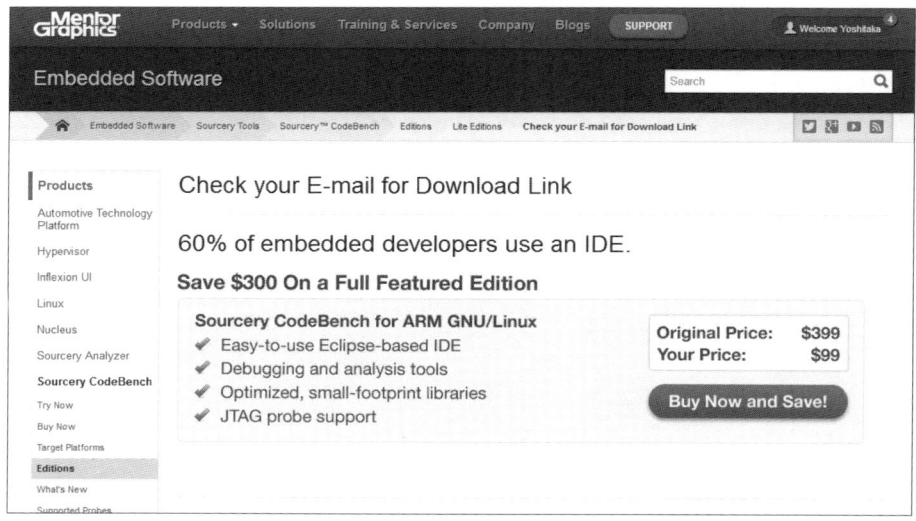

（d）メール送信完了

図6 Sourcery CodeBench（Lite版：フリー）のダウンロード（つづき）

exportコマンドのパス名などが間違っていないかどうか確認してください．

これでコマンド・パスに設定できたので，うまくコマンド・パスが通ったら，シェルが起動するたびにこの設定が読み込まれるように，ホーム・ディレクトリの下にある.bashrcを変更します．次のコマンドで，まず一般ユーザで自身の.bashrcをテキスト・エディタで開きます（"~"はコマンドを実行したユーザのホーム・ディレクトリを表す．この場合は/home/tori）．

```
[tori@Vine621 ~]$ leafpad ~/.bashrc
```

```
Mentor Graphics
Thank you for registering to download Sourcery CodeBench Lite Edition for ARM GNU/Linux.
Download your Lite edition copy of Sourcery CodeBench now:  ここに書かれているアドレスをアクセス
```

**図7　登録後に送られてくるメール**

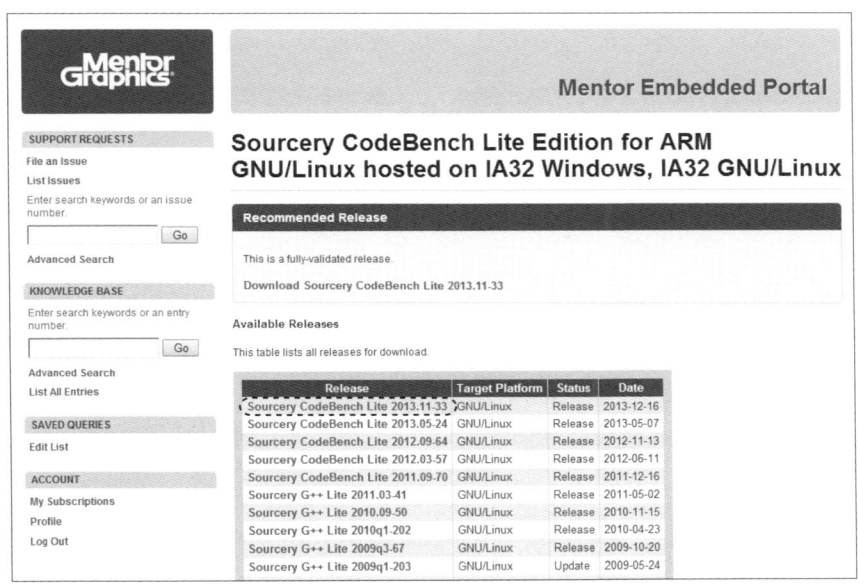

（a）Sourcery CodeBench Lite 2013.11-33をクリック

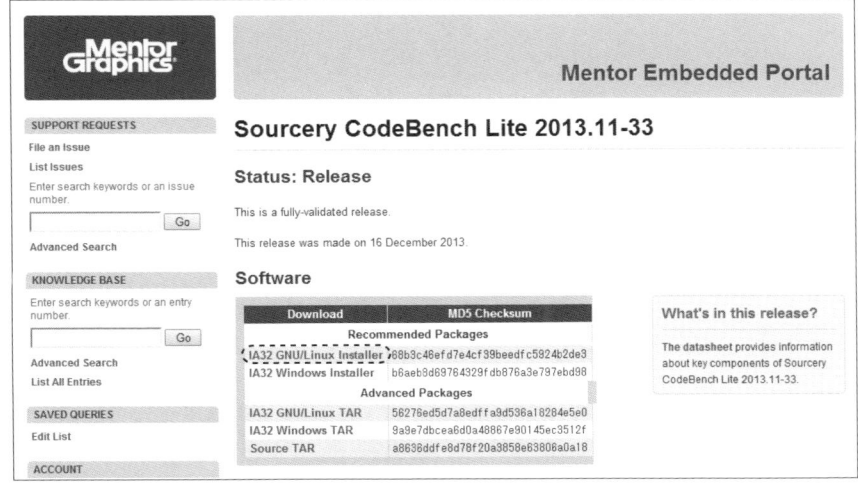

（b）Linux版をクリック

**図8　コンパイラのダウンロード**

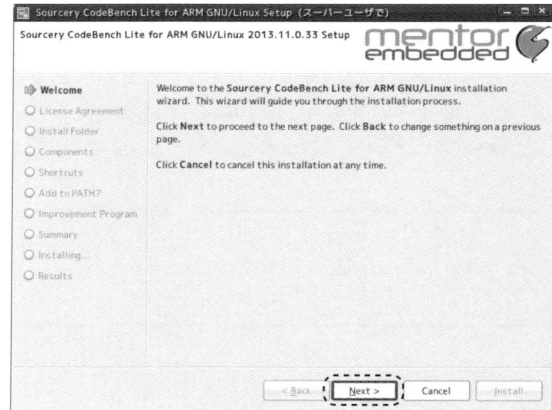
(a) ウェルカム

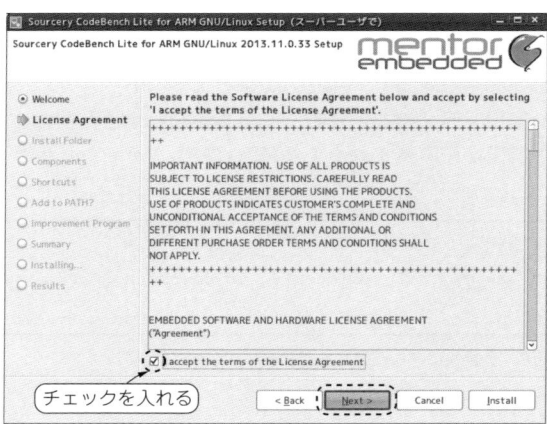
(b) ライセンス同意

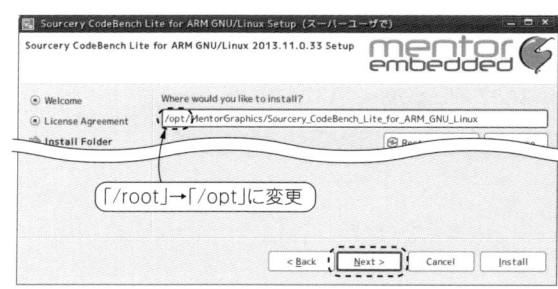
(c) インストール・フォルダ選択

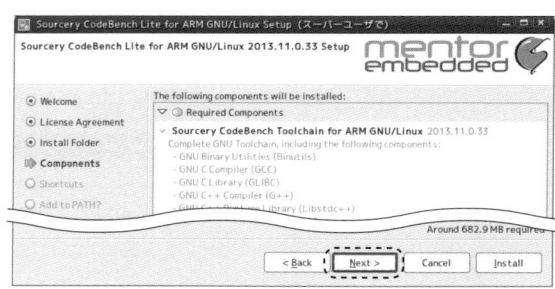
(d) コンポーネント

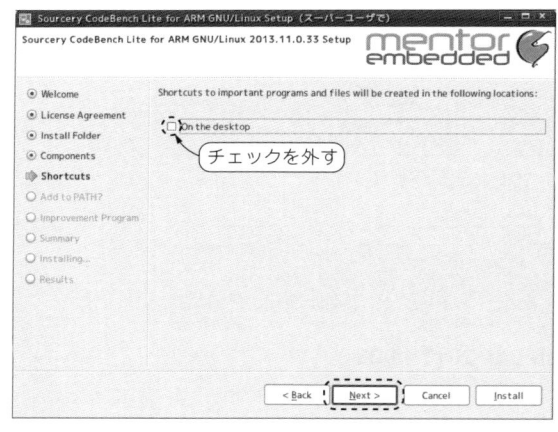
(e) ショートカット作成

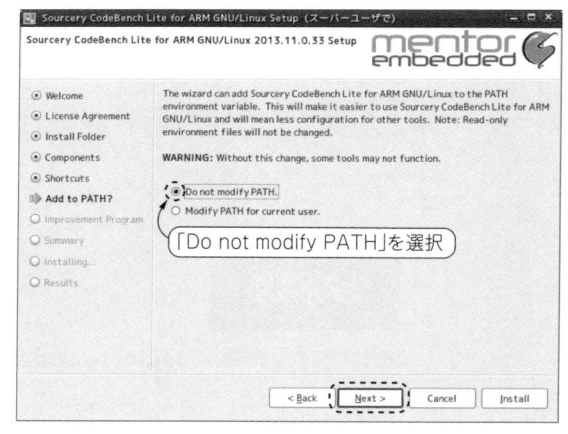
(f) パス追加

**図9 Sourcery CodeBenchのインストール**

開いたらファイルの末尾に，**リスト1**のようにパスを追加します．

**リスト1**の追加が完了したら保存します（この時点ではテキスト・エディタは終了しないように，上書き保存することをお勧めする）．別のシェルを立ち上げて，whichコマンドで次のように出力されていればOKです．

```
[tori@Vine621 ~]$ which arm-none-linux-gnueabi-gcc
/opt/MentorGraphics/Sourcery_CodeBench_Lite_for_ARM_GNU_Linux/bin/arm-none-linux-gnueabi-gcc
```

この作業は慎重に行ってください．コマンドやパス名などを打ち間違うと，通常のLinuxのコマンドも動

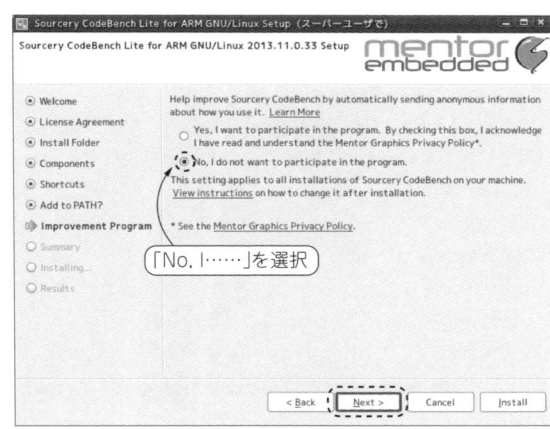
（g）Improvementプログラムには不参加

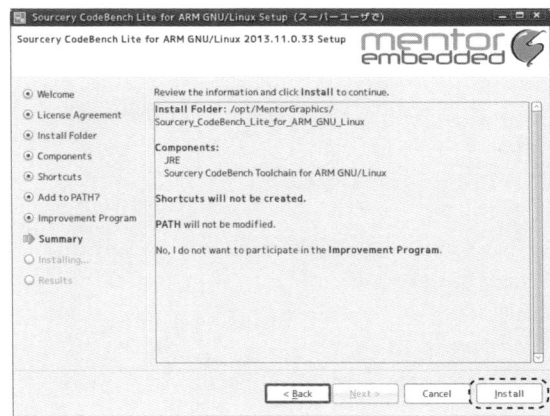
（h）サマリ

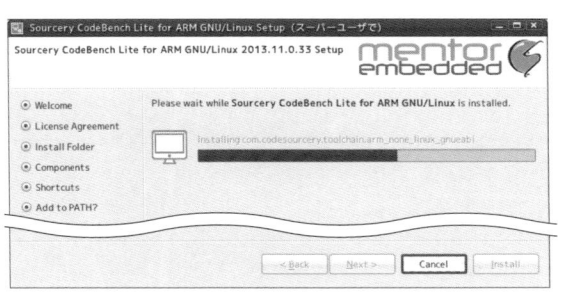
（i）インストール中

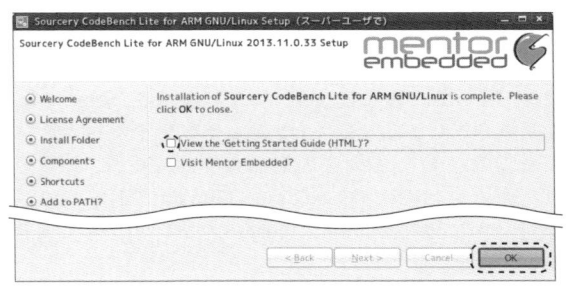
（j）インストール終了

リスト1　.bashrcの中身

```
# .bashrc

# User specific aliases and functions

# Source global definitions
if [ -f /etc/bashrc ]; then
        . /etc/bashrc
fi

#stty -ixon

# unlimit stacksize for large aray in user mode
#ulimit -s unlimited

# set aliases
alias ls='ls -F --color=auto'
alias ll='ls -la --color=auto'
alias la='ls -a --color=auto'
alias eng='LANG=C LANGUAGE=C LC_ALL=C'

# user file-creation mask
umask 022

export PATH=/opt/MentorGraphics/Sourcery_CodeBench_Lite_for_ARM_GNU_Linux/bin/:$PATH    ←（追加行）
```

かなくなることがあります．コマンドが動作しなくなったら，開いたままのテキスト・エディタの表示をよく確認して，パスの設定を修正して保存してください．保存するたびにシェルを起動して，whichコマンドで動作確認するとよいでしょう．

次に，rootユーザでも同じように.bashrcのファイルの末尾にexportのコマンドを追加しておきます．ログイン中のユーザをrootに切り替えるので，次のように操作します．

```
[tori@Vine621 ~]$ su -
パスワード：
[root@Vine621 ~]# leafpad ~/.bashrc
```

3．クロス・コンパイラのインストール　25

.bashrcの内容はrootユーザでも同様です．ファイル末尾にリスト1と同様にパスを追加して保存し，同じようにシェルを起動してrootユーザになってから，パスが通っているかどうかを次のように動作確認してください．

```
[tori@Vine621 ~]$ su -
パスワード：
[root@Vine621 ~]# which arm-none-
linux-gnueabi-gcc
/opt/MentorGraphics/Sourcery_
CodeBench_Lite_for_ARM_GNU_Linux/bin/
arm-none-linux-gnueabi-gcc
```

以上の設定で，どこのディレクトリにいてもクロス・コンパイラを起動することができるようになりました．

● Hello Worldのクロス・コンパイル

arm-none-linux-gnueabi-gccのコマンドでクロス・コンパイルしてみましょう．やはり最初はこのソースからいきましょう．リスト2のようなソース・ファイルを作成します（ファイル名はhello.c）．この作成は，ホスト・マシンであるVine Linux上で行います．

言わずと知れた"Hello World"のプログラムです．ファイルを作成したら，次のコマンドでクロス・コンパイルします．

```
[tori@Vine621 ~]$ arm-none-linux-
gnueabi-gcc hello.c -o hello-helio
```

特にエラーがなければOKです．エラーになった場合には，ソース・ファイルの内容などをよく見直してください．

ターゲット・ボード上で実行する前に，fileコマンドを使用して生成したファイルの内容を確かめます．

```
[tori@Vine621 ~]$ file hello-helio
hello-helio: ELF 32-bit LSB executable,
ARM, EABI5 version 1 (SYSV),
dynamically linked (uses shared libs),
for GNU/Linux 2.6.16, not stripped
```

この出力結果を見ると，ARMプロセッサで実行可能なことが分かります．

● Hello Worldの実行

まずはFTPサーバを使って，コンパイルしたプログラムをターゲット環境にコピーします．次のようにHelioボード上で実行します．

リスト2 hello.c

```
#include <stdio.h>
int main(int argc, char *argv[]){
  printf("Hello Helio Wrold!!\n");
  return 244;
}
```

```
root@socfpga:~# cd /tmp
root@socfpga:/tmp# wget ftp://
tori:toriumi@192.168.1.2/hello-helio
--2013-11-05 10:33:45--  ftp://
tori:*password*@192.168.1.2/hello-
helio
          => 'hello-helio'
Connecting to 192.168.1.2:21...
connected.
Logging in as tori ... Logged in!
==> SYST ... done.    ==> PWD ... done.
==> TYPE I ... done.  ==> CWD not
needed.
==> SIZE hello-helio ... 6711
==> PASV ... done.    ==> RETR hello-
helio ... done.
Length: 6711 (6.6K) (unauthoritative)

100%[=====================================
=====>] 6,711       --.-K/s    in 0s

2013-11-05 10:33:55 (145 MB/s) -
'hello-helio' saved [6711]
```

ファイルを転送したままでは，実行プログラムとして起動できないので，アクセス権を変更するchmodコマンドを実行した後で，hello-helioを起動します．

```
root@socfpga:/tmp# chmod 755 hello-
helio
root@socfpga:/tmp# ./hello-helio
Hello Helio Wrold
```

無事メッセージが表示できました．このように実行できれば，Helio上でユーザ・プログラムが実行できたことになります．

● GDBによるリモート・デバッグ

Helioで動作しているLinux上では，GDB Serverを実行することができます．先ほどのHello Helio WorldのソースをGDBを使ってデバッグしてみましょう．

まず，GDBでデバッグできるように，ホスト・マシンで次のようにクロス・コンパイルします．

```
[tori@Vine621 ~]$ arm-none-linux-
gnueabi-gcc -g hello.c -o hello-
helio-gdb
```

このように-gオプションを追加してクロス・コンパイルします．クロス・コンパイルに成功したら，ターゲット・ボード上からFTPでファイルを転送します．転送後，chmodコマンドを実行するのを忘れないでください．

次にgdbserverを起動します．とりあえずポート番

【ホスト側】

②gdbの起動

```
[tori@Vine621 ~]$ arm-none-linux-gnueabi-
gdb hello-helio-gdb
GNU gdb (Sourcery CodeBench Lite 2013.11-33)
7.6.50.20130726-cvs
Copyright (C) 2013 Free Software Foundation,
Inc.
License GPLv3+: GNU GPL version 3 or later
<http://gnu.org/licenses/gpl.html>
This is free software: you are free to change
and redistribute it.
There is NO WARRANTY, to the extent permitted by
law.  Type "show copying"
and "show warranty" for details.
This GDB was configured as "--host=i686-pc-
linux-gnu --target=arm-none-linux-gnueabi".
Type "show configuration" for configuration
details.
For bug reporting instructions, please see:
<https://sourcery.mentor.com/GNUToolchain/>.
Find the GDB manual and other documentation
resources online at:
<http://www.gnu.org/software/gdb/
documentation/>.
For help, type "help".
Type "apropos word" to search for commands
related to "word"...
Reading symbols from /home/tori/hello-helio-
gdb...done.
(gdb) target remote 192.168.1.238:1500
```
③ターゲットとの接続
```
Remote debugging using 192.168.1.238:1500
warning: Unable to find dynamic linker
breakpoint function.
GDB will be unable to debug shared library
initializers
and track explicitly loaded dynamic code.
0x76fe0c80 in ?? ()
(gdb) list
```
⑤リスト表示
```
1       #include <stdio.h>
2
3       int main(int argc, char *argv[]){
4               printf("Hello Helio Wrold\n");
5               return 244;
6       }
7
(gdb) b main
```
⑥main関数に入ったところでブレークポイントを設定
```
Breakpoint 1 at 0x8528: file hello.c, line 4.
(gdb) cont
```
⑦ブレークポイントまで実行
```
Continuing.
warning: `/lib/libgcc_s.so.1': Shared library
architecture unknown is not compatible with
target architecture armv5te.
warning: `/lib/libc.so.6': Shared library
architecture unknown is not compatible with
target architecture armv5te.
warning: Could not load shared library symbols
for /lib/ld-linux.so.3.
Do you need "set solib-search-path" or "set
sysroot"?

Breakpoint 1, main (argc=1, argv=0x7efffe14) at
hello.c:4
4               printf("Hello Helio Wrold\n");
(gdb) next
```
⑧次の1行だけ実行
```
5               return 244;
(gdb) cont
```
⑩実行
```
Continuing.
[Inferior 1 (process 1256) exited with code
0364]
(gdb) quit
```
⑪終了

【ターゲット側】
```
root@socfpga:/tmp# gdbserver 192.168.1.238:1500 ./
hello-helio-gdb
Process ./hello-helio-gdb created; pid = 1256
Listening on port 1500
```
①gdbserverの起動

```
Remote debugging from host 192.168.1.2
```
④メッセージが表示される

```
Hello Helio Wrold
```
⑨printfの表示

```
Child exited with status 244
GDBserver exiting
```
⑫終了メッセージ

**図10 GDBによるリモート・デバッグ**

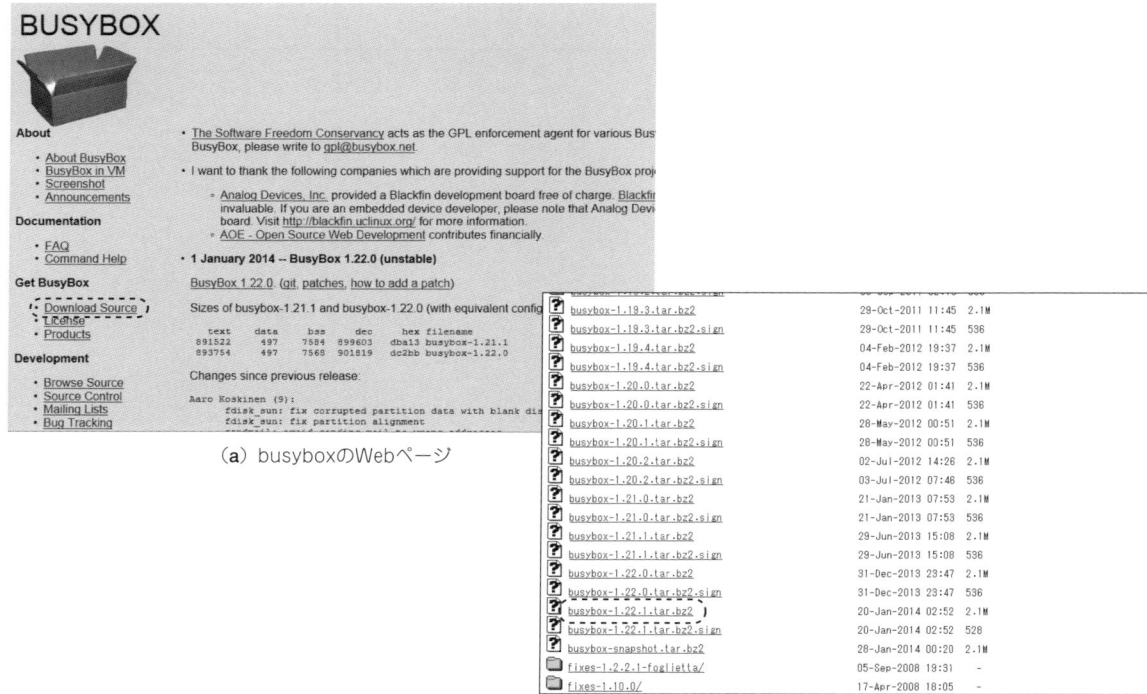

(a) busyboxのWebページ

(b) ダウンロードするファイル

図11 busyboxのダウンロード・サイト

号は使用されていない1500番を使用することにします．なお，ここではHelioのボードのIPアドレスは192.168.1.238としています．

GDBによるデバッグ操作の様子を図10に示します．まずターゲット側でgdbserverを起動します(図10の①)．次にホスト側でgdbを立ち上げます(図10の②)．次にホスト側のgdbのプロンプトで図10の③のようにターゲットと接続します．

ここまで実行すると，ターゲット側に図10の④のようにメッセージが出力されます．

次にホスト側で図10の⑤～⑧のようにコマンドを実行します．ここまで実行すると，ターゲット側では図10の⑨のようにprintfの出力が現れます．

最後に全て実行してgdbを抜けます(図10の⑩～⑪)．ターゲット側もgdbserverを終了します(図10の⑫)．

以上のように，問題なくGNUのデバッガも使うことができます．

## 4. GNUのアプリをクロス・コンパイルする

● busyboxの入手と設定

busyboxとは，リソースの少ない組み込みLinuxにおいて一つのプログラムだけでさまざまなUnixの機能を使えるようにしたユーティリティです．

まず，次のWebサイトから最新のBusyBoxをダウンロードします(図11)．

- http://www.busybox.net/

図11(b)のDownload Sourceを選択し，新たなページの中にあるbusybox-1.22.1.tar.bz2を選択して，ダウンロードします．ダウンロードしたファイルがWindows上にある場合は，Samba経由でLinux上の一般ユーザ(ここではtori)のホーム・ディレクトリ(/home/tori)へコピーします．

このbusyboxのコンパイルは一般ユーザで行います(理由は後述)．まずホスト(Vine Linux)側の一般ユーザのホーム・ディレクトリ(この例では/home/tori)で，次のコマンドで/tmpに解凍します．

```
[tori@Vine621 ~]$ cd
[tori@Vine621 ~]$ tar jxvf busybox-1.22.1.tar.bz2 -C/tmp
```

そして次のコマンドでbusyboxのコンパイル設定などのメニューを起動します．

```
[tori@Vine621 ~]$ cd /tmp/busybox-1.22.1
```

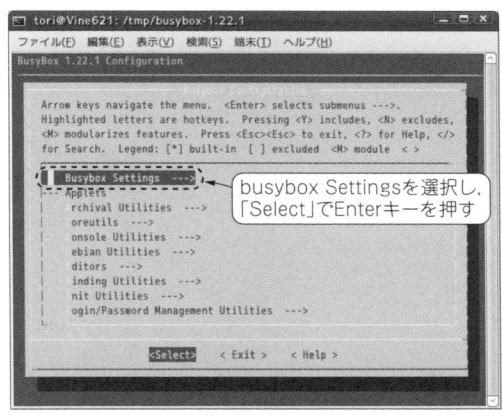
（a）busyboxセッティング

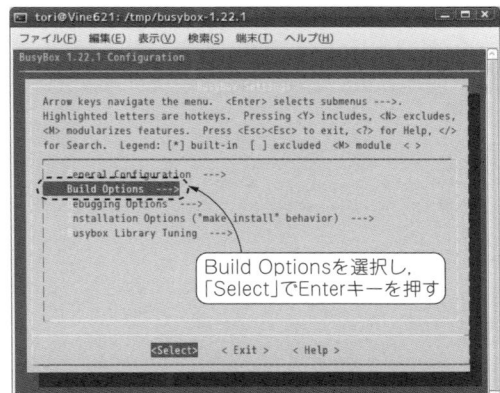
（b）ビルド・オプション

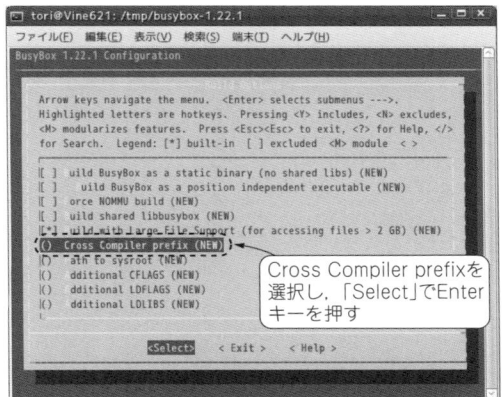
（c）コンパイル・プレフィックス

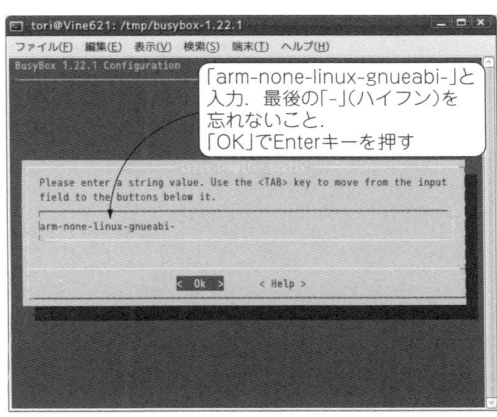
（d）コンパイラ・ファイル名

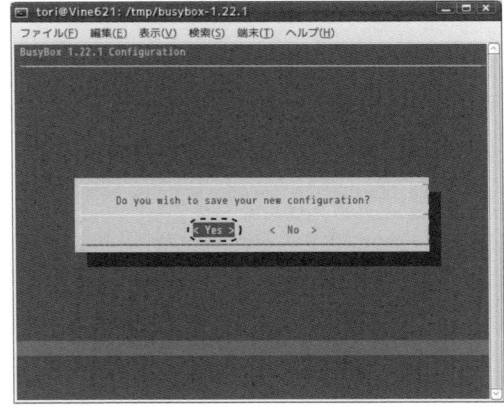
（e）設定完了

図12 busyboxの各種設定

```
[tori@Vine621 busybox-1.22.1]$
make menuconfig
```

図12のようにbusyboxを設定していきます．図12(d)の設定まで終了したら図12(a)のメニューに戻り，図12(e)の画面が出力されるまで，全てExitを選択します．図12(e)の画面が表示されたら，Yesを選択してメニューを抜けます．

4．GNUのアプリをクロス・コンパイルする

```
root@socfpga:/tmp# /mount_dir/busybox
BusyBox v1.22.1 (2014-03-10 23:06:59 JST) multi-call binary.
BusyBox is copyrighted by many authors between 1998-2012.
Licensed under GPLv2. See source distribution for detailed
copyright notices.

Usage: busybox [function [arguments]...]
   or: busybox --list[-full]
   or: busybox --install [-s] [DIR]
   or: function [arguments]...

        BusyBox is a multi-call binary that combines many common Unix
        utilities into a single executable.  Most people will create a
        link to busybox for each function they wish to use and BusyBox
        will act like whatever it was invoked as.

Currently defined functions:
        [, [[, acpid, add-shell, addgroup, adduser, adjtimex, arp, arping, ash,
        awk, base64, basename, beep, blkid, blockdev, bootchartd, brctl,
        bunzip2, bzcat, bzip2, cal, cat, catv, chat, chattr, chgrp, chmod,
        chown, chpasswd, chpst, chroot, chrt, chvt, cksum, clear, cmp, comm,
        conspy, cp, cpio, crond, crontab, cryptpw, cttyhack, cut, date, dc, dd,
        deallocvt, delgroup, deluser, depmod, devmem, df, dhcprelay, diff,
        dirname, dmesg, dnsd, dnsdomainname, dos2unix, du, dumpkmap,
        dumpleases, echo, ed, egrep, eject, env, envdir, envuidgid, ether-wake,
        expand, expr, fakeidentd, false, fbset, fbsplash, fdflush, fdformat,
        fdisk, fgconsole, fgrep, find, findfs, flock, fold, free, freeramdisk,
        fsck, fsck.minix, fstrim, fsync, ftpd, ftpget, ftpput, fuser, getopt,
        getty, grep, groups, gunzip, gzip, halt, hd, hdparm, head, hexdump,
        hostid, hostname, httpd, hush, hwclock, id, ifconfig, ifdown,
        ifenslave, ifplugd, ifup, inetd, init, insmod, install, ionice, iostat,
        ip, ipaddr, ipcalc, ipcrm, ipcs, iplink, iproute, iprule, iptunnel,
        kbd_mode, kill, killall, killall5, klogd, last, less, linux32, linux64,
        linuxrc, ln, loadfont, loadkmap, logger, login, logname, logread,
        losetup, lpd, lpq, lpr, ls, lsattr, lsmod, lsof, lspci, lsusb, lzcat,
        lzma, lzop, lzopcat, makedevs, makemime, man, md5sum, mdev, mesg,
        microcom, mkdir, mkdosfs, mke2fs, mkfifo, mkfs.ext2, mkfs.minix,
        mkfs.vfat, mknod, mkpasswd, mkswap, mktemp, modinfo, modprobe, more,
        mount, mountpoint, mpstat, mt, mv, nameif, nanddump, nandwrite,
        nbd-client, nc, netstat, nice, nmeter, nohup, nslookup, ntpd, od,
        openvt, passwd, patch, pgrep, pidof, ping, ping6, pipe_progress,
        pivot_root, pkill, pmap, popmaildir, poweroff, powertop, printenv,
        printf, ps, pscan, pstree, pwd, pwdx, raidautorun, rdate, rdev,
        readahead, readlink, readprofile, realpath, reboot, reformime,
        remove-shell, renice, reset, resize, rev, rm, rmdir, rmmod, route, rpm,
        rpm2cpio, rtcwake, run-parts, runlevel, runsv, runsvdir, rx, script,
        scriptreplay, sed, sendmail, seq, setarch, setconsole, setfont,
        setkeycodes, setlogcons, setserial, setsid, setuidgid, sh, sha1sum,
        sha256sum, sha3sum, sha512sum, showkey, slattach, sleep, smemcap,
        softlimit, sort, split, start-stop-daemon, stat, strings, stty, su,
        sulogin, sum, sv, svlogd, swapoff, swapon, switch_root, sync, sysctl,
        syslogd, tac, tail, tar, tcpsvd, tee, telnet, telnetd, test, tftp,
        tftpd, time, timeout, top, touch, tr, traceroute, traceroute6, true,
        tty, ttysize, tunctl, ubiattach, ubidetach, ubimkvol, ubirmvol,
        ubirsvol, ubiupdatevol, udhcpc, udhcpd, udpsvd, umount, uname,
        unexpand, uniq, unix2dos, unlzma, unlzop, unxz, unzip, uptime, users,
        usleep, uudecode, uuencode, vconfig, vi, vlock, volname, wall, watch,
        watchdog, wc, wget, which, who, whoami, whois, xargs, xz, xzcat, yes,
        zcat, zcip
```

図13 busyboxコマンドを実行

● busyboxのクロス・コンパイル

次のmakeコマンドでクロス・コンパイルします．

```
[tori@Vine621 busybox-1.22.1]$ make
```
〜コンパイルのログは省略〜

クロス・コンパイル終了までには，（ホスト・マシンのスペックによりますが）少々時間がかかります．クロス・コンパイルに成功したら，次のコマンドで直下に生成されたファイルを確かめます．

```
[tori@Vine621 busybox-1.22.1]$
file busybox
busybox: ELF 32-bit LSB executable,
ARM, EABI5 version 1 (SYSV),
dynamically linked (uses shared libs),
for GNU/Linux 2.6.16, stripped
```

次に一般ユーザのホーム・ディレクトリ（ここでは/home/tori）の下に作成したbusyboxを，次のようにコピーします．

```
[tori@Vine621 busybox-1.22.1]$
```

```
root@socfpga:/tmp# ls -l /bin
lrwxrwxrwx    1 root     root            14 Mar  3  2014 addgroup -> /bin/tinylogin
lrwxrwxrwx    1 root     root            14 Mar  3  2014 adduser -> /bin/tinylogin
-rwxr-xr-x    1 root     root         11356 Nov  5 05:56 arping
lrwxrwxrwx    1 root     root             7 Mar  3  2014 ash -> busybox
-rwxr-xr-x    1 1000     1000        592824 Nov  5 05:15 bash
-rwsr-xr-x    1 root     root        371972 Nov  5 05:58 busybox
lrwxrwxrwx    1 root     root             7 Mar  3  2014 cat -> busybox
lrwxrwxrwx    1 root     root             7 Mar  3  2014 chattr -> busybox
lrwxrwxrwx    1 root     root             7 Mar  3  2014 chgrp -> busybox
lrwxrwxrwx    1 root     root             7 Mar  3  2014 chmod -> busybox
lrwxrwxrwx    1 root     root             7 Mar  3  2014 chown -> busybox
~中略~
lrwxrwxrwx    1 root     root             7 Mar  3  2014 touch -> busybox
-rwxr-xr-x    1 root     root          7076 Nov  5 05:56 tracepath
-rwxr-xr-x    1 root     root          8012 Nov  5 05:56 tracepath6
-r-sr-xr-x    1 root     root         10188 Nov  5 05:56 traceroute6
lrwxrwxrwx    1 root     root             7 Mar  3  2014 true -> busybox
lrwxrwxrwx    1 root     root            17 Mar  3  2014 umount -> umount.util-linux
-rwsr-xr-x    1 root     root         43424 Nov  5 05:33 umount.util-linux
lrwxrwxrwx    1 root     root             7 Mar  3  2014 uname -> busybox
lrwxrwxrwx    1 root     root             7 Mar  3  2014 usleep -> busybox
lrwxrwxrwx    1 root     root             7 Mar  3  2014 vi -> busybox
lrwxrwxrwx    1 root     root            22 Mar  3  2014 ypdomainname -> ypdomainname.net-tools
lrwxrwxrwx    1 root     root            18 Mar  3  2014 ypdomainname.net-tools -> hostname.net-tools
lrwxrwxrwx    1 root     root             7 Mar  3  2014 zcat -> busybox
```

図14 各種コマンドのシンボリック・リンクの様子

```
cp busybox ~tori
```

● ターゲットへの転送

次はFTPコマンドでターゲット側にbusyboxを転送します.

```
root@socfpga:/# cd /tmp
root@socfpga:/tmp# wget ftp://tori:toriumi@192.168.1.2/busybox
```
~以下，メッセージは省略~

転送が終わったら，次のようにbusyboxコマンドを実行してみます.

```
root@socfpga:/tmp# chmod 755 busybox
root@socfpga:/tmp# ./busybox ls /
bin   etc   lib   media   proc   tmp   www
```
~以下，メッセージは省略~

見事にbusyboxコマンドを実行することに成功しました.

● バージョンの確認

では，実行したbusyboxが，本当に先ほど作成したbusyboxかどうかを確認してみましょう. まずターゲット側で，図13のようにbusyboxコマンドを実行します. busyboxのコマンドはbusyboxそのものを実行すると，どんなコマンドが利用可能かも教えてくれます（Currently defined functions以下に示されている）.

ではもともとHelioに入っているbusyboxのバージョン番号を調べてみましょう. これは次のコマンドで確認できます.

```
root@socfpga:/tmp# /bin/busybox
```

```
BusyBox v1.20.2 (2013-11-04 23:53:29 CST) multi-call binary.
```
~以下，メッセージ省略~

このように，バージョン1.20.2からバージョン1.22.1のbusyboxが生成できたことになります.

● busyboxとシンボリック・リンク

busyboxはbusyboxコマンドにコマンド名を引数として渡すのと同じことを，実は各コマンドがbusyboxコマンドへのシンボリック・リンクを張ることで実現しています. 実際Helioの/binを見てみると，そのようになっています（図14）. lsやcdなどのLinuxの基本コマンドも，その実態はbusyboxなのです.

では，busyboxへの各コマンドのシンボリック・リンクのファイルはどのように作成するのでしょうか？ 自分の手でリンク作成のコマンドを打っていると，これだけの数があると間違ってしまいそうです. そこで以下のようにmake installコマンドで作成します.

```
[tori@Vine621 busybox-1.22.1]$ make CONFIG_PREFIX=/tmp/busybox_command install
```

ここで注意しなければいけないのは，上記のように，
(1) CONFIG_PREFIXを使用してインストールする先を指定すること
(2) この操作をrootで行わないこと
です. 何故このようにしなければいけないかというと，このコマンドはホスト（ここではVine Linux）上で実行されています. (1)のCONFIG_PREFIXを指定しないと，Vine Linux上の/bin，/sbin，/usr/

binにインストールされます．つまりIntel CPU上で実行可能なコマンドの上に，ARM CPU上で実行可能なコマンド（リンク・ファイルだが）が上書きされてしまうのです．

したがって，(2)のrootで実行しなければ，万が一CONFIG_PREFIXのタイプミスをしても，root権限ではないので上書きされることはありません．せっかく苦労してホスト・マシンの環境構築を行ってきたの

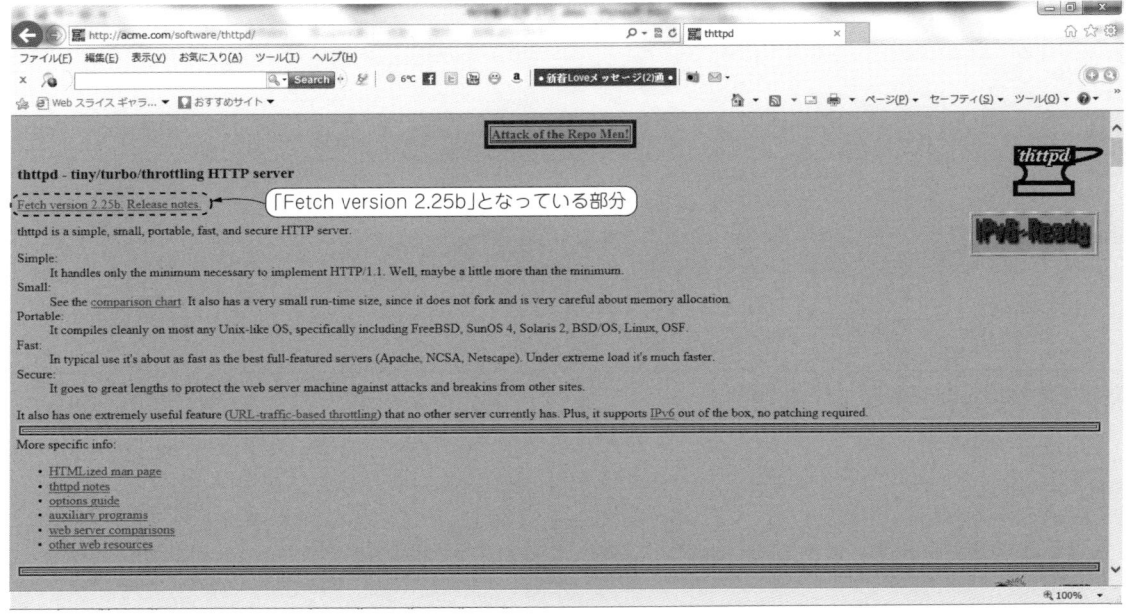

図15　thttpdのサイト

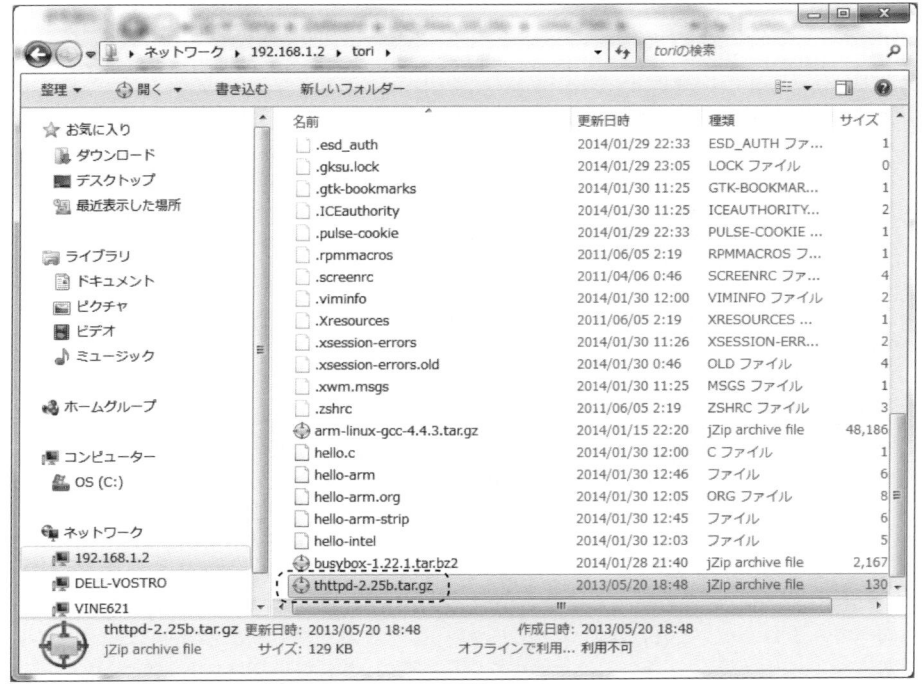

図16　Samba経由によるLinux上へのthttpdのコピー

に，ここで全てを無駄にするわけにはいきませんよね．ぜひここはよく理解して，慎重にコマンドを入力してください．万が一上書きしてしまった場合には，最初からインストールし直す必要があります．気を付けましょう．

上記の例では/tmp/busybox_commandの下に生成されます．この生成されたコマンドを，ターゲット・ボードにインストールすればOKです．次のように/opt/Helioにコピーします

```
[tori@Vine621 busybox-1.22.1]$ cd /tmp
[tori@Vine621 tmp]$ cp -r busybox_command /opt/Helio/
```

Helio上で，次のように新しく作成したbusyboxのコマンド（この例ではifconfig）を実行してみます．

```
root@socfpga:/tmp# /mount_dir/busybox_command/sbin/ifconfig -a
eth0   Link encap:Ethernet HWaddr FE:EC:
                                  4C:72:AF:27
       ～中略～
       Interrupt:152

lo     Link encap:Local Loopback inet
       addr:127.0.0.1  Mask:255.0.0.0
       ～中略～
       RX bytes:0 (0.0 B) TX bytes:0 (0.0 B)
```

これで新しいbusyboxコマンドが，全て正常に実行できることが確認できました．

● 新busyboxでNFSマウント

この新しいbusyboxコマンドを使って，NFSでマウントしてみましょう．次のようにコマンドを実行してマウントします．

```
root@socfpga:/tmp# ./busybox mount -t nfs -o nolock 192.168.1.2:/opt/Helio /mount_dir/
root@socfpga:/tmp#
```

● thttpdのインストール

今回のHelioボード向けに用意されたLinuxでは，boaというWebサーバがあらかじめインストールされています．しかし，ここではあえてthttpdという組み込みでは割と使用されているWebサーバ・ソフトをインストールすることにします（ほかの組み込みLinuxボードにあらかじめthttpdがインストールされていないときに有用）．

まず，次のWebサイトからthttpdのソース・ファイルをダウンロードします（図15）．

・http://acme.com/software/thttpd/

ダウンロードしたファイルがWindows上にある場合はSamba経由でLinux上の一般ユーザ（ここではtori）のホーム・ディレクトリ（/home/tori）にコピーします（図16）．

● thttpdのコンパイル

エクスプローラ上でコピーが完了したら，次のコマンドでファイルを展開し，ARM用のthttpdファイルをコンパイルします．

```
[tori@Vine621 ~]$ tar zxvf thttpd-2.25b.tar.gz -C/tmp
[tori@Vine621 ~]$ cd /tmp/thttpd-2.25b
[tori@Vine621 thttpd-2.25b]$ CC=arm-linux-gcc ./configure --host=arm-linux
～コンパイルのログは省略～
```

このままだと，htpasswd.cの中でgetlineに関わるところでエラーになるので，次のようにテイスト・エディタでファイルを開き，あらかじめリスト3のように修正してからコンパイルします．

```
[tori@Vine621 thttpd-2.25b]$ leafpad extras/htpasswd.c
[tori@Vine621 thttpd-2.25b]$ make
～コンパイルのログは省略～
```

もし，./configureとmakeでエラーが出たら，上記のコマンドとarm-linux-gccのコマンドのパスが通っているか，whichコマンドでしっかり確認してください．特にエラーなく終了すればカレント・ディレクトリにthttpdというファイルが出来上がっているはずです．念のためfileコマンドで確かめましょう．

```
[tori@Vine621 thttpd-2.25b]$ file thttpd
thttpd: ELF 32-bit LSB executable, ARM, EABI5 version 1 (SYSV), dynamically linked (uses shared libs),
```

リスト3 htpasswd.cの変更箇所

```
・52行目
    static int getline(char *s, int n, FILE *f) {
                ↓
    static int getline_helio(char *s, int n, FILE *f) {
・192行目
    while(!(getline(line,MAX_STRING_LEN,f))) {
                ↓
    while(!(getline_helio(line,MAX_STRING_LEN,f))) {
```

4．GNUのアプリをクロス・コンパイルする

リスト4 thttpd.confの中身

```
dir=/home/httpd/html
nochroot
user=httpd
logfile=/var/log/thttpd.log
pidfile=/var/run/thttpd.pid
port=8080
cgipat=**.cgi
charset=EUC-JP
```

```
for GNU/Linux 2.6.16, not stripped
```

これでARM用にコンパイルされていることが確認できます.

● ターゲットへの転送

このthttpdのディレクトリの中にあるファイルのうち，次のファイルをHelioに転送します.
(1) thttpd（コンパイルしたディレクトリ：/tmp/thttpd-2.25bに存在）
(2) index.html（コンパイルしたディレクトリ：/tmp/thttpd-2.25bに存在）
(3) thttpd.conf（コンパイルしたディレクトリ：/tmp/thttpd-2.25bの下のcontrib/redhat-rpmに存在）
(4) printenv（コンパイルしたディレクトリ：/tmp/thttpd-2.25bの下のcgi-binに存在）

転送する前に，あらかじめthttpd.confのファイルの中身を**リスト4**のように変更し，次のようにパーミッションを変更しておくとよいでしょう.

```
[tori@Vine621 thttpd-2.25b]$ chmod 666  contrib/redhat-rpm/thttpd.conf
[tori@Vine621 thttpd-2.25b]$ leafpad contrib/redhat-rpm/thttpd.conf
```

既にターゲット・ボードで動作しているWebサーバ（boa）があるので，ポート番号は8080にしておきます．これで，同一マシン上に異なるWebサーバを動作させることができます．作成したら保存して終了します.

次にNFS経由で上記の四つのファイルを/opt/HELIOにコピーします.

```
[tori@Vine621 thttpd-2.25b]$ cp thttpd /opt/HELIO/
[tori@Vine621 thttpd-2.25b]$ cp index.html /opt/HELIO/
[tori@Vine621 thttpd-2.25b]$ cp contrib/redhat-rpm/thttpd.conf /opt/HELIO
[tori@Vine621 thttpd-2.25b]$ cp cgi-bin/printenv /opt/HELIO/printenv.cgi
```

最後のprintenvだけは，コピー時にprintenv.cgiにファイル名を変更しておきます.

● thttpdの設定

次にHELIO上でthttpdの設定を行います．まず，NFS経由で見えているファイルをthttpd，thttpd.conf，index.html，printenv.cgiを/tmpにコピーしておきます.

```
root@socfpga:/# cd /tmp
root@socfpga:/tmp# cp /mount_dir/[tip]* .
```

最後の"."の入力をを忘れないでください．そして次のようにHelio上で必要なユーザやファイルを作成します.

```
root@socfpga:/tmp# adduser httpd
Changing password for httpd
Enter the new password (minimum of 5, maximum of 8 characters)
Please use a combination of upper and
```

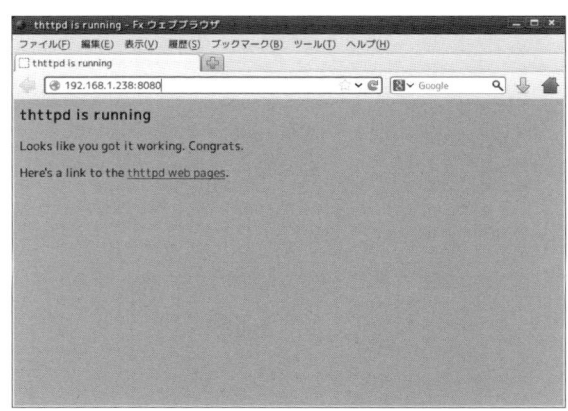

（a）index.htmlの表示

（b）printenv.cgiの表示

図17 httpdサーバの動作確認

```
lower case letters and numbers.
Enter new password:
Bad password: too simple.

Warning: weak password (continuing).
Re-enter new password:
Password changed.
root@socfpga:/tmp# mkdir /home/httpd/
html
root@socfpga:/tmp# mkdir /home/httpd/
html/cgi-bin
root@socfpga:/tmp# cp index.html /
home/httpd/html/
root@socfpga:/tmp# chmod 644 /home/
httpd/html/index.html
croot@socfpga:/tmp# cp printenv.cgi /
home/httpd/html/cgi-bin
root@socfpga:/tmp# chmod 755 /home/
httpd/html/cgi-bin/printenv.cgi
```

パスワード(password:)を2回聞いてくるので，適当なものを入力します(非表示).

● thttpdの起動と動作確認

最後にthttpdを，次のコマンドで起動します.

```
root@socfpga:/tmp# ./thttpd -
C thttpd.conf
```

psコマンドで上記のプロセスが起動していることを確かめてから，ホスト・マシン(WindowsまたはLinux)上でWebブラウザを起動します．そしてURLに，

・http://192.168.1.238:8080/index.html
または
・http://192.168.1.238:8080/cgi-bin/printenv.cgi

を指定して，図17のように表示されればOKです．
もしうまく表示されない場合には，

(1) thttpd.confのファイルの中身を見直す(特にnochrootになっていないとCGIがうまく動作しない)
(2) index.htmlのパーミッションは644，printenv.cgiのパーミッションは755になっているかどうかを確認
(3) httpdという名前でユーザ名を作成しているか

写真2 HelioボードでLinuxを動かしている様子

(4) /home/httpdの下にhtmlとhtml/cgi-binの名前になっているか

などをよく確かめてください．Webサーバを自力で(といってもソースはGNUだが)立てられるところもGNUの魅力だと思います．

＊　　　＊　　　＊

最後に，HelioボードでLinuxを動かした様子を写真2に示します．

今回はあらかじめ提供されているバイナリ・イメージを利用してターゲット上でLinuxを立ち上げ，ホストのLinuxマシンにクロス・コンパイル環境を構築しました．さらに，GNUのソフトウェアを利用してbusyboxやthttpdの実行を確認しました．これらは，わざわざARMコア内蔵FPGAを使わなくても，Raspberry Piなどのような組み込みLinuxボードでも行うことができます．今後機会があるようでしたら，FPGAにプロセッサが内蔵されているメリットを生かすような事例を紹介したいと思います．具体的には，簡単なカスタム・ハードウェアとそのカスタム・ハードウェアに対応するドライバを作成し，Linuxカーネルへのロード方法などを解説したいところです．これが実現できないと，ARMコア内蔵FPGAを使用する意味がないと筆者は強く思っています．ご期待ください．

とりうみ・よしたか　鳥海設計コンサルティング

特集 — カスタマイズLinuxの作成 自由自在！

## 第3章 Linaroで構築するオリジナル・ディストリビューション Zynq Linux Platform
# Zynq評価ボードZedBoardでLinuxを動かそう

石原 ひでみ　Hidemi Ishihara

ここではLinaroを利用して，Xilinx社製ARMコア内蔵FPGA "Zynq" で動作する，カスタムLinuxディストリビューションとクロス開発環境を含めたZynq Linux Platformを構築します．そして，そのカスタムLinuxディストリビューションを，Zynq搭載評価ボードZedBoardで動作させるまでを解説します．

ここでは，写真1に示すXilinx社製ARM Cortex-A9プロセッサ内蔵FPGA搭載評価ボードZedBoard（Avnet社，Digilent社）で，Linaroで構築したカスタムLinuxを起動する方法について解説します．

## 1. LinaroとYocto，OpenEmbedded Projectの関係

### ● Linaroとは

LinaroとはARMアーキテクチャ採用のCPUコアで動作するLinuxの最適化を実施している非営利団体の名称です．

英国ARM社，米国Freescale Semiconductor社，米国IBM社，韓国Samsung Electoronics社，スイスST-Ericsson社，米国Texas Instruments社が2010年6月にLinaroを設立し，ARMアーキテクチャのSoC向けにLinuxの最適化を開始，成果物を6カ月単位で提供しています（図1）．最近は月1回でのリリースもされているようです．

LinaroはARMを取り扱っているので，PandaBoardやBeagleBoneなどの評価ボードや，Galaxy Nexusに対応した環境などを提供しています．Zynqの環境もその一部から構築します．

Linaroはカスタムlinuxディストリビューションの構築だけでなく，図2のように環境自身も含めてフルビルドしてカスタムLinuxディストリビューションやクロス開発環境も含めたプラットホームを構築します．LinaroはYocto ProjectとOpenEmbedded Projectをベースとしており，図3のように構成方法によっては，ストリーミング・サーバ-クライアント・システムを構築したり，車載インフォテイメント・システムまでも構築することができます．

### ● Yocto Projectとは

Linaroは単独のコミュニティとして全てを賄っているわけではなく，Yocto ProjectとOpenEmbedded Projectといった組み込み機器向けのカスタムLinuxディストリビューションや開発プラットホームを構築するフレームワークを利用してARM向け環境を提供

写真1　Zynq搭載評価ボードZedBoard（Avnet社，Digilent社）
http://www.zedboard.org/

図1　Linaro（http://www.linaro.org/）

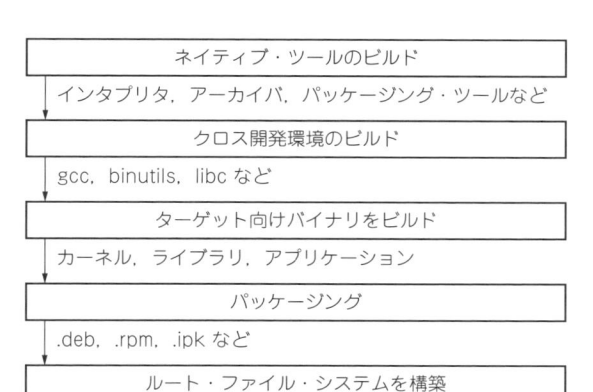

図2 Linaroの構築フロー

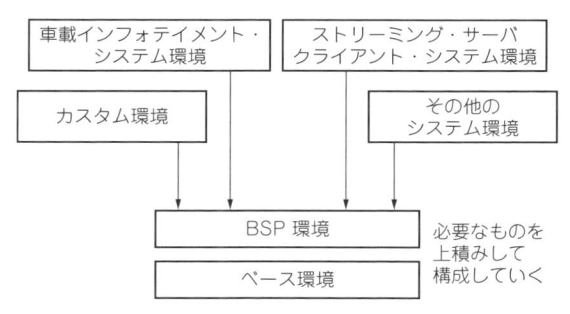

図3 さまざまな環境を合わせて構成

しています．

　今回はLinaroを中心に，ZynqのカスタムLinuxディストリビューションと開発プラットホームの構築について解説を進めますが，まず，Linaroに関係するYocto ProjectとOpenEmbedded Projectを紹介します．

　Yocto Projectとはオープン・ソースのコラボレーション・プロジェクトであり，組み込み製品のためのLinuxベースのカスタム・システムをハードウェア・アーキテクチャに関わらず構築するためのテンプレート，ツール，手段を提供しています（図4）．対応アーキテクチャはx86（32/64ビット），ARM，PowerPC，MIPSなどなど多岐にわたります．

● OpenEmbedded Projectとは

　OpenEmbedded Projectとは，組み込み機器用のLinuxディストリビューションを作るためのソフトウェア・フレームワークです（図5）．BitBakeレシピの集合として維持，開発をしています．パッケージのソースのURL，依存関係，コンパイル・オプション，インストール・オプションをまとめたものをビルドする場合にはこれらの情報を使用して，依存関係を解決し，パッケージをクロスコンパイルし，パックし，ターゲット機器にインストールできるようにします．

　レシピ集を組み合わせることでルート・ファイル・システムとカーネルを含んだ完全なイメージを作成することもできます．構築する上で最初の段階として，フレームワークはターゲット・プラットホーム用のクロスコンパイル・ツールチェーンをビルドします．

● Yocto ProjectとOpenEmbedded Projectの違い

　Yocto ProjectとOpenEmbedded Projectによって OpenEmbedded-Coreを共同で保守作業を行っています．Yocto ProjectとOpenEmbedded Projectは似ていますが，何が違うかというとガバナンスとスコープが違うだけです．

　LinaroはYocto ProjectのPokyと呼ばれるリファレンス・ビルド・システムを使用して，図2のようにネイティブ・ツールやクロス・コンパイラ環境，カーネル，ルート・ファイル・システムを構築します．PokyにはBitBake，OpenEmbedded-Core，BSP

図4 Yocto Project（https://www.yoctoproject.org/）

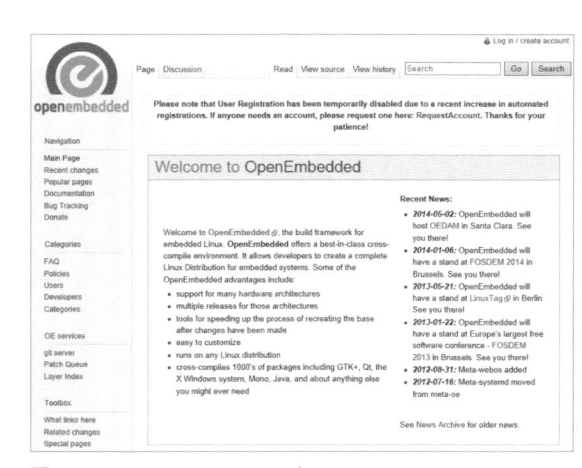

図5 OpenEmbedded Project（http://www.openembedded.org/wiki/Main_Page）

1. LinaroとYocto，OpenEmbedded Projectの関係

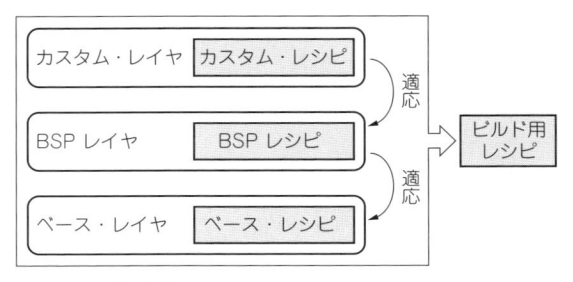

図6 レシピの適応

図7 Ubuntu 12.04 LTダウンロード・ページ
(http://www.ubuntulinux.jp/News/ubuntu1204-desktop-ja-remix)

（Board Support Package）に加えて，ビルドに組み込まれるあらゆるパッケージやレイヤが含まれています．

このリファレンス・ビルド・システムを使用してビルドされたデフォルトのカスタムLinuxディストリビューションには，最小限のシステム（core-image-minimal）から，GUIを備えた完全なLinuxシステム（core-image-sato）まで幅広くあります．さらにはADT（Application Development Toolchain）などの構築まで可能です．

● 強力なプラットホーム・ビルド・ツール

ビルド・システムを構成するためのメタデータと呼ばれる設定集（設定ファイルをレシピと呼ぶ）があります．メタデータはレイヤ構造になっており，図6のように各レイヤが個別の機能を下位レイヤへ提供できるようになっています．ベース・レイヤはOpenEmbedded-Coreであり，このレイヤは全てのビルドに共通で必要なレシピ，クラス，関連の関数が提供されています．OpenEmbedded-Core上に新しいレイヤを追加することによりビルドをカスタマイズすることができます．

今回はZynqのカスタムLinuxディストリビューションと開発プラットホームを構築するための事例を解説していきますが，Yocto ProjectやOpenEmbedded Projectでのカスタム Linuxディストリビューションや開発プラットホームの構築について，そもそもCPUアーキテクチャに依存していないので要領さえつかんでしまえば，どのようなアーキテクチャのシステムのカスタムLinuxディストリビューションや開発プラットホームでも構築できるようになります．Yocto ProjectとOpenEmbedded Projectは非常に強力なプラットホーム・ビルド・ツールになっています．

## 2. Linaroの入手

● PC用Ubuntuの準備

まずLinaroをビルドする前に，Linaroをビルドできる環境を整えます．Linaroのビルド環境はUbuntuを推奨しています．今回の手順は，Ubuntu 12.04 LT環境を前提にビルドを進めていきます．筆者は普段，Fedora環境を使用してLinaroをビルドしていますが，Linaroのビルド環境がディストリビューションに依存しているということはありません．普段，使用しているLinuxディストリビューション上でLinaroをビルドしても問題ありません．

ここではUbuntuの入手やインストールなどは解説しないので，図7のURLなどからダウンロード＆インストールをしてください．ターゲットになるLinuxを環境をビルドする上で，ベースになるLinux環境は必要不可欠になってくるので，ベースのLinux環境のない方はこの機会にLinuxに慣れていくようにするとよいでしょう．

● ビルドに必要なパッケージの取得

Linaroをビルドするにあたって，Ubuntuに次のパッケージのインストールが必要になります．これは一度，インストールしてしまえば問題ありません．また，インストールを忘れてもビルド中のエラー・ログを見ることでパッケージが足りていないことが分かります．

● 必要なパッケージ・リスト

Linaroのイメージをビルドするには次の追加パッケージが必要になります．

- gawk, wget, git-core, diffstat, unzip, texinfo, build-essential, chrpath

次のコマンドを実行することにより必要なパッケージをインストールすることができます．

```
% sudo apt-get install gawk wget git-core diffstat unzip texinfo build-essential chrpath
```

また，Linaroは最小構成で約20Gバイト強，デスクトップ環境（X11/X-Window）を含めた形でビルドを行うと約30Gバイトの容量が必要になるので，Linaroを

ビルドするディスク（パーティション・サイズ）の容量も事前に確認しておいてください．ビルドする内容によっては，他にも必要になるパッケージがあるので次のURLに示すLinaro How Toを確認してください．

- https://wiki.linaro.org/HowTo/ARMv8/OpenEmbedded

● ビルド環境のダウンロード

Ubuntuの事前準備が完了したところで，Linaroのビルド環境のダウンロードを行っていきます．Linaroを構築するにあたって，レシピ集であるメタデータをLinaro，Yocto Project，OpenEmbedded Projectのgitサーバからダウンロードしてきます．Linaroはこれらメタデータの集合体でさまざまなディストリビューションや開発環境などを構築していきます．

その代表例として今回のカスタムLinuxディストリビューションを解説していますが，Yocto Projectのgitサーバを眺めてみるとさまざまなメタデータがそろっています．meta-iviを使用すれば車載インフォテイメント・システムを追加できたり，meta-gstreamer10を使用すればストリーミング・システムを追加したりすることができます．さまざまなメタデータの一覧については，次のURLを参照してください．

- http://layers.openembedded.org/layerindex/branch/master/layers/

ZynqのLinuxカーネルには，Xilinx社が提供しているカーネル・ブランチを使用します．同社のカーネル・ブランチを使用する理由は，同社のZynqの周辺ペリフェラルのドライバやIPコアのドライバが入っているからです．Xilinx社が提供しているソースももともとは同社のgitサーバで管理されていましたが，2013年の夏ごろに各社の状況を見ならって，GitHubでの管理に移行したようです．今回の解説でビルドするZynq Linux Platformに必要なメタデータは次のものになります．

- Linaro
- OpenEmbedded
- Yocto
- Xilinx

Linaroの構築はYocto ProjectのPokyというリファレンス・ビルド・システムを使用します．まずは，このベース環境となるPokyのリファレンス・ビルド・システムをダウンロードしてきます．

```
% git clone git:
//git.yoctoproject.org/poky
```

Pokyをダウンロード後，Pokyのディレクトリに移動します．ここがLinaroを構築していくためのベース・ディレクトリになります．

```
% cd poky
```

ここからはOpenEmbedded，LinaroとXilinx社のメタデータをダウンロードしてきます．ダウンロードする順番は入れ替わっても問題ありません．

```
% git clone git:
//git.openembedded.org/meta-
openembedded
% git clone git:
//git.linaro.org/openembedded/meta-
linaro
% git clone git:
//git.yoctoproject.org/meta-xilinx
```

これでビルド環境のダウンロードは完了です．ダウンロード完了後，Pokyのディレクトリは図8のよう

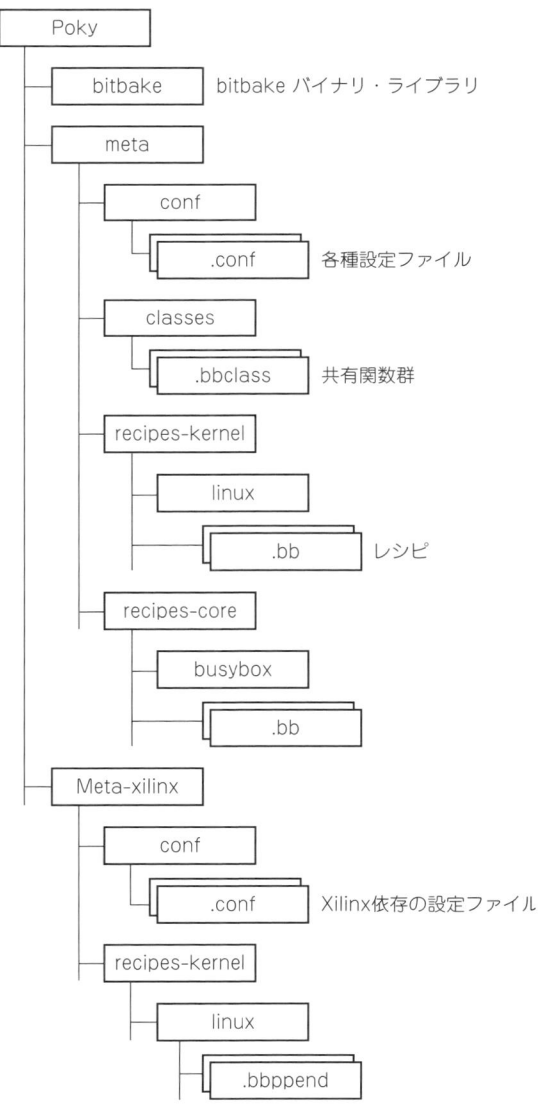

```
Poky
├── bitbake          bitbake バイナリ・ライブラリ
├── meta
│   ├── conf
│   │   └── .conf    各種設定ファイル
│   ├── classes
│   │   └── .bbclass 共有関数群
│   ├── recipes-kernel
│   │   └── linux
│   │       └── .bb  レシピ
│   └── recipes-core
│       └── busybox
│           └── .bb
└── Meta-xilinx
    ├── conf
    │   └── .conf    Xilinx依存の設定ファイル
    └── recipes-kernel
        └── linux
            └── .bbppend
```

図8 ビルド後のbuildディレクトリ

2．Linaroの入手

```
% source ./oe-init-build-env
You had no conf/local.conf file. This configuration file has therefore been
created for you with some default values. You may wish to edit it to use a
different MACHINE (target hardware) or enable parallel build options to take
advantage of multiple cores for example. See the file for more information as
common configuration options are commented.

The Yocto Project has extensive documentation about OE including a reference manual
which can be found at:
    http://yoctoproject.org/documentation

For more information about OpenEmbedded see their website:
    http://www.openembedded.org/

You had no conf/bblayers.conf file. The configuration file has been created for
you with some default values. To add additional metadata layers into your
configuration please add entries to this file.

The Yocto Project has extensive documentation about OE including a reference manual
which can be found at:
    http://yoctoproject.org/documentation

For more information about OpenEmbedded see their website:
    http://www.openembedded.org/


### Shell environment set up for builds. ###

You can now run 'bitbake <target>'

Common targets are:
    core-image-minimal
    core-image-sato
    meta-toolchain
    adt-installer
    meta-ide-support

You can also run generated qemu images with a command like 'runqemu qemux86'
```

**図9　Pokyの初期化例**

なディレクトリ構成になります．

● ビルド環境の初期化

ダウンロードが完了したら，次にLinaroビルドするためにPokyの初期化を行います．

`% source ./oe-init-build-env`

Pokyの初期化を行った例を，**図9**に示します．初期化を行うと，初期化を実行したpokyディレクトリの下にbuildというディレクトリが作成され，そのbuildディレクトリにconfディレクトリが生成されます．初期化コマンドを実行した後はこのbuildディレクトリに移動しています．初期化コマンドを実行した段階で，buildディレクトリがなければ，buildディレクトリを作成して，buildディレクトリに移動して，confディレクトリも作成し，デフォルトのコンフィグレーション・ファイルを生成します．

再度初期化した場合は，既にある設定ファイルなどを上書きしないので，再度Linaroを構築するときは，初期化を行ってbuildディレクトリに移動するようにしてください．自分用オリジナル・プラットホームを作成する間はメタデータやレシピの修正を行って，ビルド・ディレクトリを削除して，再初期化して何度かLinaroの構築をすることになるでしょう．オリジナル・プラットホームを構築しようとメタデータやレシピの編集を行っていくことになりますが，メタデータやレシピも，再初期化によって設定を上書きして壊されることはありません．

まず，confディレクトリに生成されているlocal.confとbblayers.confの二つのコンフィグレーション・ファイルでZedBoard用Linux Platformを構築するように編集していきます．

## 3. Linaroのコンフィグレーション

Pokyは自分自身でレシピを追加することで，いろいろなプラットホームを作り出すことができます．それらの大本の設定は，confディレクトリにある二つのファイルになります．今回は評価ボードZedBorad（Digilent社）用プラットホームを構築するための設定を行います．

● conf/bblayers.confの編集

bblayers.confは使用するメタデータのレイヤを指定する設定ファイルです．これらは各メタ情報を取得

```
BBLAYERS ?= " \
  /mnt/disk1/yocto/yocto_2013.7/poky/meta \
  /mnt/disk1/yocto/yocto_2013.7/poky/meta-yocto \
  /mnt/disk1/yocto/yocto_2013.7/poky/meta-yocto-bsp \
  /mnt/disk1/yocto/yocto_2013.7/poky/meta-linaro/meta-linaro \
  /mnt/disk1/yocto/yocto_2013.7/poky/meta-openembedded/toolchain-layer \
  /mnt/disk1/yocto/yocto_2013.7/poky/meta-xilinx \
  "
```

図10 conf/bblayers.conf の変更点

```
#BB_NUMBER_THREADS ?= "4"
      ↓
BB_NUMBER_THREADS ?= "4"

#PARALLEL_MAKE ?= "-j 4"
      ↓
PARALLEL_MAKE ?= "-j 4"

MACHINE ??= "qemux86"
      ↓
MACHINE ?= "zedboard-zynq7"   ← クエスチョンマークを一つ減らしていることに注意!

EXTRA_IMAGE_FEATURES = "debug-tweaks"
      ↓
EXTRA_IMAGE_FEATURES = "debug-tweaks tools-sdk"
```

図11 conf/local.conf の変更点

```
LAYERDEPENDS_linaro = "networking-layer"
      ↓
#LAYERDEPENDS_linaro = "networking-layer"
LAYERDEPENDS_linaro-toolchain = "meta-networking"
```

図12 meta-linaro/meta-linaro/conf/layer.conf の変更点

するために指定します.逆に言うと,メタデータを作成すると本当に自分自身オリジナルのカスタムLinuxディストリビューションを構築したり,独自のLinux開発環境のプラットホームを作成したり,アプリケーションを初めから追加でパッケージングしたシステムを構築するようにもできます.BBLAYERSの設定はデフォルトでYocto Projectの設定しかないので,Linaro,OpenEmbedded,Xilinxのメタデータのディレクトリを追加します(図10).

● conf/local.conf の設定

local.confは,構築時のパラメータやディストリビューションの構成内容などの設定を行います.BB_NUMBER_THREADSとPARALLEL_MAKEは並行してコンパイルする数になっています.BB_NUMBER_THREADSとPARALLEL_MAKEは設定しなくてもビルドすることはできるのですが,この環境変数を設定しておくことで,並列でコンパイルする数が変わります.

Linaroのビルドはフルビルドであり,ビルドするパッケージ数は最小構成でも約800を超えます.並列でビルドすることによってビルド時間の短縮になるので,この環境変数は必ず変更するようにしましょう.図11の例では4にしていますが,ビルド用PCのCPUのコア数を2倍した数字がちょうどよいようです.CPUのコア数が4であれば8にします.筆者のPCはコア数が二つなので,BB_NUMBER_THREADSとPARALLEL_MAKEをそれぞれ4に設定しました.

local.confはあと2カ所ほど修正します.まず,MACHINEは,qemux86からzedboard-zynq7を指定します.これでZedBoard用として構築することができます.

最後に,EXTRA_IMAGE_FEATURESにtools-sdkを追加します.これを追加することでZynq上でコンパイルできるネイティブ・コンパイル環境が構築されます.

● meta-linaro/meta-linaro/conf/layer.conf の修正

meta-linaro/meta-linaro/conf/layer.confも図12のように修正します.これはLinaroの2013.9ぐらいだったと思いますが,ツールチェーン・レイヤの設定が変更になってそれ以来,ビルド・エラーが発生するのでその対処法になります.

## 4. Linaroのビルド

コンフィグレーション・ファイルの準備ができたらビルドします.今回は,よく使うと思われる二つのプラットホームを紹介します.初期化コマンドを実行したときのメッセージで次のパッケージを構成できることを示しています.

- core-image-minimal
- core-image-sato
- meta-toolchain
- adt-installer
- meta-ide-support

Linaroは図2で示したフローで各パッケージを構築していきます.

● 最小構成とカスタム構成

最小構成を構築する場合はcore-image-minimalを選択します.これは必要最低限のLinuxパッケージを構築するレシピ集になっています.カスタムLinuxディストリビューションを構築したいが,コマンド・ラインで扱える最小環境だけでよい場合は,この最小構成

を指定するとよいでしょう．core-image-satoは，X-Windowを含めたデスクトップ環境を構築するレシピ集になっているので，デスクトップ環境も一緒に構築したい場合はcore-image-satoを選択します．

構築を開始すると，これらの両方とも，各パッケージは図13のように必要なソース・コードを各々のサーバからダウンロードし，コンフィグレーションして，コンパイルし，パッケージング化します．最後にroofsを構築します．core-image-minimalで約800パッケージ，core-image-satoで約1,200パッケージを構築します．構築のためのディスク容量が必要なので構築前に十分注意してください．Linaroの構築にはYoctoのbitbakeコマンドを使用します．

最小構成のカスタムLinuxディストリビューションを構築する場合は，次のように実行します．

```
% bitbake core-image-minimal
```

デスクトップ環境を含めたカスタムLinuxディストリビューションを構築する場合は，次のように実行します．

```
% bitbake core-image-sato
```

● ビルドの開始

それぞれ，ビルドを開始すると図14のようにメッセージが表示され，図13の順に各パッケージをダウンロード，コンフィグレーション，コンパイル，パッケージング化を行います．ここではcore-image-minimalの実行例を示します．

ビルドを開始すると，Currently N running tasksと表示されて現在の処理中のパッケージが表示されます．Linaroのビルドでcore-image-satoを構築するには約1,200のソフトウェアをダウンロードとコンパイルするために数時間かかります．ビルドし始めたら完了するまで気長に待ちましょう．

筆者の環境（Core 2 Duo 2.5GHz）では約6時間かか

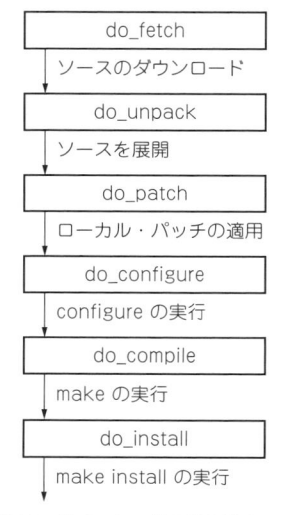

**図13 各パッケージのビルドフロー**

do_fetch → ソースのダウンロード
do_unpack → ソースを展開
do_patch → ローカル・パッチの適用
do_configure → configure の実行
do_compile → make の実行
do_install → make install の実行

```
% bitbake core-image-minimal
Parsing recipes: 100% |#########################################| Time: 00:02:39
Parsing of 914 .bb files complete (0 cached, 914 parsed). 1282 targets, 59 skipped,
                                                                   0 masked, 0 errors.
NOTE: Resolving any missing task queue dependencies

Build Configuration:
BB_VERSION        = "1.21.1"
BUILD_SYS         = "x86_64-linux"
NATIVELSBSTRING   = "Fedora-20"
TARGET_SYS        = "arm-poky-linux-gnueabi"
MACHINE           = "zedboard-zynq7"
DISTRO            = "poky"
DISTRO_VERSION    = "1.5+snapshot-20140320"
TUNE_FEATURES     = " armv7a vfp neon zynq"
TARGET_FPU        = "vfp-neon"
meta
meta-yocto
meta-yocto-bsp    = "master:5f81d9d1fa537445d5da49e12de1e16300e94552"
meta-linaro       = "master:a801d3c4068f3697850f0573baa759d2beca1d5e"
toolchain-layer   = "master:3cb58d800c5131bd0519a676a45c26f47b69745f"
meta-xilinx       = "master:73b1ee4861540868af79db5ff0b535a541357352"

NOTE: Preparing runqueue
NOTE: Executing SetScene Tasks
NOTE: Executing RunQueue Tasks
Currently 4 running tasks (35 of 2614):
0: binutils-cross-2.24-r0 do_fetch (pid 5407)
1: linux-libc-headers-3.10-r0 do_fetch (pid 5415)
2: libmpc-native-1.0.2-r0 do_fetch (pid 5412)
3: ncurses-native-5.9-r15.1 do_fetch (pid 5424)
...
```

**図14 Linaroのビルド中**（bitbakeの実行中）

りました．気長に待つことでクロス開発環境のツール
チェーンとGUI環境を含んだZynq用のカスタム・プ
ラットホームが出来上がります．
　ビルドが完了すると，buildディレクトリは図15の
ようなディレクトリ構成になっています．
● ビルドしたカーネルとルート・ファイル・システム
　無事にビルドが完了すると，ディレクトリtmp/
deploy/images/zedboard-zynq7にLinuxカーネ
ルとルート・ファイル・システムなどが出来上がって
います．
　ここで必要になるファイルは次の三つのファイルに
なります．後ほど，このファイルを使用して，Zed
Boardを起動します．

- uImage
- core-image-minimal-zedboard-zynq7.tar.gz
- uImage-zedboard-zynq7-ram.dtb

　uImage-zedboard-zynq7-ram.dtbは，SDカー
ド上ではdevicetree.dtbにリネームして使用します．

## 5. クロス開発環境

● クロス開発環境
　クロス開発環境は次のディレクトリに構築されてい
ます．

```
tmp/sysroots/x86_64-linux
```

　クロス・コンパイラは，次のディレクトリに
armv7a-vfp-neon-poky-linux-gnueabi-xxxと
して構築されていることが確認できます．

```
        tmp/sysroots/usr/bin/armv7a-vfp-
        neon-poky-linux-gnueabi
```

　Ubuntu上でクロス開発を行うときはこのディレク
トリを使用します．次のように，chroot環境を作成し
て，クロス環境のルート・ファイル・システムに移動
します．

```
% cd tmp/sysroots/x86_64-linux
% mount dev /dev
% mount proc /proc
% mount sys /sys
% chroot ./
```

　ここからは通常のクロス開発が行えます．例えば，
hello.cをコンパイルするなら次のようにします．

```
% armv7a-vfp-neon-poky-linux-gnueabi-
gcc -o hello hello.c
```

　クロス開発環境でコンパイルしたアプリケーション
（上記の例ではhello）は，Zynqのルート・ファイル・
システムへコピーしなければいけません．ルート・
ファイル・システムをSDカードへ構築する方法を後
述しますが，コンパイルするごとにSDカードでコ
ピーするか，LAN経由でsshなどを使用して，ネッ

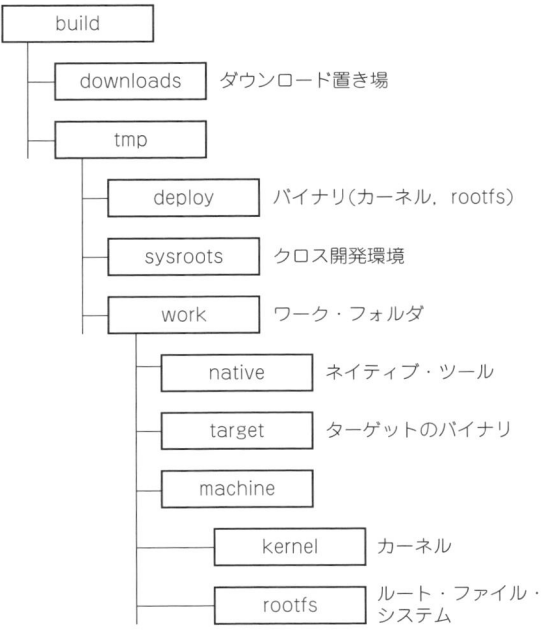

```
build
├── downloads          ダウンロード置き場
└── tmp
    ├── deploy         バイナリ(カーネル，rootfs)
    ├── sysroots       クロス開発環境
    └── work           ワーク・フォルダ
        ├── native     ネイティブ・ツール
        ├── target     ターゲットのバイナリ
        └── machine
            ├── kernel カーネル
            └── rootfs ルート・ファイル・
                       システム
```

図15　Build後のBuildディレクトリ

トワーク越しにコピーするなどの手順を踏まなければ
いけないことを忘れないでください．
● ネイティブ・コンパイル環境
　今回の構築例ではZynqのネイティブ環境にも，
gcc開発時環境が構築されています．つまり，Zynq
にログインすれば，Zynq上でアプリケーションをコ
ンパイルする環境が整っています．

## 6. カーネル・コンパイル/コンフィグレーション

　Linaroで構築したLinuxカーネルは，後で構成を変
更して再コンパイルすることもできます．コンフィグ
レーション・ファイルを次回のLinaroビルド環境で
使用できるように メタデータとしてレシピを残すか，
その場限りということでコンフィグレーションだけす
るかを決めておくとよいでしょう．
● その場限りでよい場合
　その場限りでもよい場合は，menuconfigを使用し
てカーネルの設定を変更することができます．

```
% bitbake -c menuconfig virtual/kernel
% bitbake -c compile linux-xlnx
```

　.configファイルは次のディレクトリに作成され
ているので，このファイルを退避しておくとよいで
しょう．

```
    tmp/work/zedboard_zynq7-poky-linux-
    gnueabi/linux-xlnx/3.10-xilinx+gitef
```

c27505715e64526653f35274717c0fc56491
e3-r1/git/.config

● 次回のLinaroビルド環境でも使用する場合

Linuxカーネルのコンフィグレーション・ファイルは，meta-xilinxの次のディレクトリに置いてありま

---

## コラム1　Yoctoを使用するメリット

● Linuxを使用する背景

ZynqやCyclone V SoCのように，CPU + FPGAがワンチップとなったデバイスが注目を浴びるようになり，エンジニアの開発領域も変わってこようとしています．デバイスの価格も影響していますが，安価で専門的な知識がなくても開発できる開発環境が整ってきたこともあり，今まで，FPGAだけを開発していたハードウェア・エンジニアがアプリケーション・ソフトウェアも開発したり，アプリケーションを開発していたソフトウェア・エンジニアがFPGAに手を出せるようになってきました．

FPGAのハードウェアだけで自律して動作するシステムなら，ソフトウェアを使うことはありません．しかし，FPGAを含めたシステム開発では大小はあるもののCPUと何らかのバスでFPGAが接続され，アプリケーションを使用して，システムを制御することが多いことでしょう．

そして，アプリケーション開発では，ベアメタル・アプリケーションやiTron，T-Kernelなどに代表されるリアルタイムOS，さらにLinuxやEmbedded Windowsのように資源が豊富で巨大なOSを選択することになります．ZynqやCyclone V SoCでは1GHz相当で動作するARM社のCortex-Aシリーズが実装されており，Linuxのような巨大なOSやシステムがワンチップでチューニングすることなく動作性能も満足し，構築できるようになってきました．これからもLinuxを使用していく組み込みシステムは多くなっていくことでしょう．

● Linuxといっても種類は多い

今までFPGAにMicroBlazeやNios IIに代表されるソフトCPUを組み込んで，FPGA上だけでシステムを開発している場合が多いでしょう．ただし，LinuxやWindowsのように資産が豊富で巨大なOSを使用したシステムというのは求められるケースは少ないと思われます（μClinuxというものもあるが，ここではLinuxネイティブという意味合いで）．

組み込み系のOSもパフォーマンスの高いCPUを安価に使えるようになってきたので，Linuxを使用することが増えてきました．Linuxを使用する場合，あまりのシステムの大きさや環境構築の複雑さから，でき合いのもの，つまりディストリビューションを使用することが多いでしょう．Zynq向けでは有償で数社がLinuxをサポートしていますし，フリーで使用できるLinuxとしてXilinx社を通じて提供されているPetaLinux，Digilent社が販売しているZedBoardやZYBOとしてはDigilent Linuxなどがあります．ZedBoardは，もともと添付しているSDカードでLinuxが起動できるようになっています．添付のSDカードを使用して容易にLinux環境を楽しむことができます．どのLinuxを使用するか，選択肢がたくさんあります．

● Linaro，Yocto Project，OpenEmbedded Projectを活用するメリット

通常，組み込み系のLinuxディストリビューションやツールチェーンなど，Linux開発環境を自前で準備するには大変な労力を要します．評価ボードを販売しているメーカなどのように，自社でLinuxディストリビューションやツールチェーンを準備しているのを利用するのがほとんどではないでしょうか？

例えば，Xilinx社ではPetaLinuxというLinuxディストリビューションを準備しているので，そのままPetaLinuxを使用している人が多いと思われます．ただ，メーカ純正のディストリビューションの場合，コンパイラやカーネル環境のバージョンがコミュニティに追従するスピードが遅く，また，自分好みのディストリビューションにするのが容易ではありません．さらに，GUI環境や他のアプリケーションなどを持ってくるのにライブラリの依存関係やバージョンの関係上，バージョン・アップできないなど，悩まされることもしばしばあります．

LinaroやYocto Project，OpenEmbedded Projectの環境はそういう悩ましいことや最新環境が欲しい！という要望を見事に解決してくれます．Linuxのポーティングなどのベース環境の構築時間を大幅に短縮でき，よりアプリケーションの開発に時間を割くことが可能になります．そして，クロス・コンパイル環境のツールチェーンやカスタムLinuxディストリビューションを自分好みにしたり，ベース環境を整えてしまえば，顧客要求ごとにメタデータを構成すれば，簡単に顧客ごとにプラットホームを作ることも可能です．

す.
```
meta-xilinx/conf/machine/boards/
common/
```
　これを編集して，次のようにビルド・ディレクトリでカーネルを再ビルドすることができます．Zed Boardであればzynq_defconfig_3.10.cfgを使用します．編集後に次のようにカーネルだけを再ビルドします．

```
% bitbake -c clean linux-xlnx
% bitbake -c compile linux-xlnx
```

　ここでは，Xilinxのメタデータを編集してカーネルの再構築をしていますが，本来であれば自分自身のメタデータを用意して，設定をオーバラップさせてビルドすることをお勧めします．今回は自分自身のメタデータ・レシピの構築について詳細は書いていませんが，ここで編集したコンフィグレーション・ファイルは別のディレクトリにでも退避して残しておきましょう．

● Device Treeとは
　Linuxの起動には，カーネル本体のuImageのほかに，デバイスの中身がどのように構成されているか示すDevice Treeファイルが必要です．Linux上でドライバを認識するには，何らかのスキャンを行わなければいけませんが，ZynqのPS部（プロセッサ部分）のEthernetやUARTなどのペリフェラル回路や，PL部（FPGA部分）のモジュールは何らかの理由でスキャンされないため，別の方法でデバイスが存在することを示さなければいけません．

---

### コラム2　自分用カスタム・プラットホームの作成

　Linaroの良い所は独自レシピを追加することによって，簡単に自分用カスタム・プラットホームを構築することができることです．今回は簡単に触れておくだけですが，是非，自分用カスタム・プラットホームの構築に挑戦してください．

● メタデータの作成
　ダウンロードしたメタデータと同じ階層に，自分用のメタデータを追加します．
```
meta-hoge
  conf
  recipes-kernel
    linux
      hoge.bb
```

● レシピの作成
　hoge.bbファイルを作成します．レシピ・ファイルの中身は次のような情報で構成されます．
(1) ライセンス定義
(2) タスク定義
(3) ソース・ファイル定義
(4) ビルド依存定義
(5) パッケージングの設定

・ライセンス定義
　ライセンスはそのパッケージがどのライセンスを使用しているかを示します．例えば，GLPなどを指します．

・タスク定義
　bitbakeはタスク定義に従ってビルド・コマンドを実行していくので，ここで各パッケージのビルド手順を示すことになります．タスク定義の基本タスクは次のようになります．

(1) do_fetch　　　：ソースのダウンロード
(2) do_unpack　　：ソースを展開
(3) do_patch　　 ：ローカル・パッチの適用
(4) do_configure：configure実行
(5) do_compile　 ：make実行
(6) do_install　 ：amke install実行

　上記は規定タスクになっており，既に組み込まれているパッケージでは規定済みです．これらの定義は必要に応じて上書きすることができます．また，タスク間には依存関係があるので注意してください．そして，タスク定義には独自のタスク定義を追加することも可能です．

・ソース・ファイル定義
　ソース・ファイル定義はレシピで構築に使用するファイルの取得場所などを示します．
　SRC_URI：ソース・ファイル一覧
そして，規定タスクの一部はSRC_URIを見て自動的に処理を実行します．

　do_fetch　 ：プロトコルを見てwget，gitrなどの
　　　　　　　　コマンドを自動実行
　do_unpack：拡張子を見て，展開コマンドを自動
　　　　　　　　実行（tar，git checkout）
　do_patch　：.patch，.diffなどを自動適用

・ビルド依存定義
　事前にビルドしておく必要のあるレシピ一覧を指定します．アプリケーションであれば，ライブラリに依存したりするのでそれらを列挙します．
　これらのレシピ・ファイルを作成することで自分用のカスタムLinuxディストリビューションを構築することができます．

その役割を果たしているのがDevice Treeファイルになります．LinaroではこのDevice Treeファイルも同時に生成します．このファイルはXilinx社のSDKで生成することも可能ですが，Linuxのカーネルバージョンが上がったりすると仕様が変更される可能性もあるので，カーネルに付随しているものを使用するようにしましょう．

Device Treeファイルには，CPUの情報であったり，あるいはアクセスできるメモリのアドレス範囲，周辺ペリフェラルのアドレスや割り込みラインの番号などが格納されています．Device Treeファイルの初期構成もXilinx社のメタデータの中に入っているので，自分自身のメタデータを作ってオーバラップさせることで，Device Treeファイルをビルド時に自分自身のZynqの構成に合わせて作成できます．

起動時にカーネルが読むのは，Device Treeのバイナリ形式でDTB（Device Tree Binary）ファイルになります．DTBファイルを編集するときはdtc（Device Tree Convertor）でDTS（Device Tree Source）ファイルと呼ばれるテキスト形式に変換して編集します．

Device TreeファイルはZynqやFPGAの構成などを変更したときは編集し，Linuxでデバイスと認識させるにはDTSファイルに追加した回路モジュール（デバイス定義）を追加してDTBファイルに戻します．

● Device Treeへの追加情報

Linaroのビルドが完了したところで，デフォルトDTSファイルのファイルの中身は次のようになっています．Xilinx社のSDKで生成されるものと少し違っています．

ZynqのPL部にモジュールを追加している場合，DTSファイルにモジュール情報を追加します．追加することによって，Linux上でデバイスとして認識します．次の例ではLinuxのUser Space I/Oというデバイスでモジュールを追加する方法です．

・モジュールの情報

　　AXIのアドレス：0x4000_0000
　　割り込み：90

・追加するDTS情報

```
sample-sw@40000000 {
    compatible = "generic-uio";
```

リスト1　デフォルトDTSファイルに追加モジュールの情報を追加したDTSファイル

```
/dts-v1/;
/ {
        #address-cells = <0x1>;
        #size-cells = <0x1>;
        compatible = "xlnx,zynq-7000",
                     "xlnx,zynq-zc770";
        interrupt-parent = <0x1>;
        model = "ZedBoard";
        aliases {
                ethernet0 =
                "/amba@0/ps7-ethernet@e000b000";
                ethernet1 =
                "/amba@0/ps7-ethernet@e000c000";
                serial0 =
                        "/amba@0/serial@e0001000";
                serial1 =
                        "/amba@0/serial@e0000000";
        };
        cpus {
                #address-cells = <0x1>;
                #cpus = <0x2>;
                #size-cells = <0x0>;
                cpu@0 {
                        compatible
                        = "xlnx,ps7-cortexa9-1.00.a";
                        d-cache-line-size
                                = <0x20>;
                        d-cache-size
                                = <0x8000>;
                        device_type = "cpu";
                        i-cache-line-size
                                = <0x20>;
                        i-cache-size
                                = <0x8000>;
                        model
                        = "ps7_cortexa9,1.00.a";
                        reg = <0x0>;
                };
                ～中略～
                ps7-xadc@f8007100 {
                        compatible
                        = "xlnx,ps7-xadc-1.00.a";
                        reg
                                = <0xf8007100 0x20>;
                        interrupt-parent
                                = <0x1>;
                        interrupts
                                = <0x0 0x7 0x4>;
                };
                sample-sw@40000000 {
                        compatible
                                = "generic-uio";
                        reg
                                = <0x40000000 0x10000>;
                        interrupt-parent = <0x01>;
                        interrupts = <0 58 4>;
                };
        };
        chosen {
                bootargs =
"console=ttyPS0,115200 root=/dev/mmcblk0p2 ro
                                earlyprintk";
                linux,stdout-path =
                        "/axi@0/serial@e0001000";
        };
        memory@0 {
                device_type = "memory";
                reg = <0x0 0x20000000>;
        };
};
```

```
        reg = <0x40000000 0x10000>;
        interrupt-parent = <0x01>;
        interrupts = <0 58 4>;
    };
```

リスト1のDTSファイルは，Linaroで生成されるデフォルトのDTSファイルに上記の設定を追加したものです．PLにモジュールを追加した場合は参考にしてください（interruptsの58は割り込み90から32を引いた値）．

● 追加していきたいドライバなど

基本的に，LinaroはZynqのPS部のみのディストリビューションができる構成になっています．ZedBoardのように，ADV7511（Analog Devices社）のHDMIなどを制御するドライバなどは入っていない構成です．ADV7511のデバイス・ドライバはAnalog Devices社がメンテナンスしているカーネル・ブランチにあります．したがって，HDMIを使用して映像を出力するには，自分でAnalog Devices社が管理するカーネル・ブランチからADV7511のドライバをダウンロードしてKernelに組み込み，構築できるようにしなければいけません．つまり，ここから先のディストリビューションの構成は自分自身で行わなければいけません．

## 7. カスタムLinuxの起動

Linaroをビルドできたところで，実際に構築したカーネルやルート・ファイル・システムを使用して，ZedBord上でカスタムLinuxを起動してみましょう．

● SDカードの準備

ZedBoardでLinaroを起動するにはSDカードを使用します．SDカードは起動用のパーティションとLinuxのルートイメージを置くパーティションに分け

表1 SDカードのパーティション構成

|  | 第1パーティション | 第2パーティション |
| --- | --- | --- |
| ラベル名 | ZED_BOOT | ROOT_FS |
| ファイル・システム | FAT32 | ext4 |
| 容量（バイト） | 約500M | 約3.5G |

て使用します．ZynqはSDカードの第1パーティションがFATフォーマットで，かつBOOT.BINという名前のファイルをブート・ファイルとして読み込みます．SDカードは第1パーティションをFAT32で構成し，Zynq起動用のBOOT.BIN，セカンド・ブートローダになるu-boot，Linuxのカーネル・イメージのuImageなどを置きます．第2パーティションはext4などLinuxでおなじみのファイル・システムでパーティションを作成し，Linaroで構築したLinuxルートイメージを置きます．

● パーティションの作成

構成例では各パーティションを次のようにします．ここでは4GバイトのSDカードを例に，ZedBoardで起動できるLinaroのSDカードを表1のように準備します．まず，fdiskを使用してSDカードのパーティショニングを行います．ここではSDカードが/dev/sdbとしてPCに認識されていることを前提に書いています．もし，デバイス名が分からない場合は，dmesgでカーネル・ログを検索する［図16（a）］か，lsblkで該当する容量のディスクを探してみてください［図16（b）］．

後は次のようにfdiskを起動し，図17のようにSDカードを構成していきます（第1パーティションしか存在しないことが前提）．

```
% fdisk /dev/sdb
```

パーティションの作成が終わったら，次のようにパーティションをフォーマットしてマウントします．

```
% dmesg
～中略～
[ 1393.258135] scsi 7:0:0:0: Direct-Access     Generic- Multi-Card        1.00 PQ: 0 ANSI: 0 CCS
[ 1393.260567] sd 7:0:0:0: Attached scsi generic sg3 type 0
[ 1394.199049] sd 7:0:0:0: [sdb] 7774208 512-byte logical blocks: (3.98 GB/3.70 GiB)
[ 1394.200304] sd 7:0:0:0: [sdb] Write Protect is off
[ 1394.200308] sd 7:0:0:0: [sdb] Mode Sense: 03 00 00 00
[ 1394.201537] sd 7:0:0:0: [sdb] No Caching mode page found
[ 1394.201542] sd 7:0:0:0: [sdb] Assuming drive cache: write through
[ 1394.205649] sd 7:0:0:0: [sdb] No Caching mode page found
[ 1394.205654] sd 7:0:0:0: [sdb] Assuming drive cache: write through
```

(a) カーネル・ログ

```
% lsblk
sda       8:0    0 149.1G  0 disk
sdb       8:32   1   3.7G  0 disk
```

(b) lsblkコマンド

図16 SDカードのデバイス名検索

```
Starting kernel ...

Booting Linux on physical CPU 0x0
Linux version 3.8.0-xilinx (hidemi@saturn) (gcc version 4.8.1 (GCC) ) #1 SMP PREEMPT Thu Nov 7
04:09:15 JST 2013
CPU: ARMv7 Processor [413fc090] revision 0 (ARMv7), cr=18c5387d
CPU: PIPT / VIPT nonaliasing data cache, VIPT aliasing instruction cache
Machine: Xilinx Zynq Platform, model: ZedBoard
bootconsole [earlycon0] enabled

～中略～

Poky (Yocto Project Reference Distro) 1.5+snapshot-20131106 zedboard-zynq7 /dev/ttyPS0

zedboard-zynq7 login:
```

**図19 Linux起動メッセージ**

ルート・ファイル・システムを使用するので，u-bootの起動コマンドを次のように手動で入力します．

```
zynq-uboot> fatload mmc 0 0x3000000
uImage && fatload mmc 0 0x2A00000
devicetree.dtb && bootm 0x3000000 -
0x2A00000
```

コマンドを実行すると，**図19**のようにLinuxが起動します．これでLinaroで構築したカスタムLinuxディストリビューションが起動できました．

● Linuxへログイン

早速，シリアル接続したコンソール画面からZynqのLinuxにログインしてみましょう．ログインするIDはrootで，パスワードはありません．今回の構成ではネイティブにZynq上でgccできる環境を入れているため，Zynqの実機上でアプリケーションを開発してコンパイルすることができます．

Linuxが立ち上がり，LANが接続されていれば，次のようにLink Upしたメッセージが表示されます．

```
  xemacps e000b000.ps7-ethernet:
  Set clk to 124999998 Hz
  xemacps e000b000.ps7-ethernet:
  link up (1000/FULL)
```

IPアドレスはDHCPで取得する設定になっているので，DHCPサーバ（ルータなど）がいれば自動的にIPアドレスを取得します．静的に設定したい場合は，次のようにifconfigで設定します．

```
ifconfig eth0 192.168.1.100 netmask
255.255.255.0
```

今回，作成したカーネルにはLinuxのフレーム・バッファが準備されていないため，X-Windowが立ち上がろうとしてもデスクトップを表示できず，次のエラーが表示されます．

```
  xinit: giving up
  xinit: unable to connect to X
  server: Connection refused
  xinit: server error
```

## 8. バイナリ・パッケージを使用してLinaroを体験

ここまではLinaroでフルビルドを行ってプラットホームを構築しましたが，実はLinaroではビルド済みのイメージをダウンロードできるようになっています．個々のボードにカスタマイズしたいくつかのイメージと標準イメージの他に，AndroidやOpen Embedd，Developなどのイメージがダウンロードできます．このイメージを使用すると手軽にLinaroの環境を手に入れることができます．

● Ubuntu起動用SDカードの作成

ここではZedBoardで手軽にUbuntuを起動する環境を作ってみましょう．**図20**に示すURLから，linaro-precise-ubuntu-desktop-20121124-560.tar.gzをダウンロードします．2012.11とリビジョンこそ古いのですが，UbuntuのVersatile Expressをダウンロードします．

ZedBordはSDカードで起動するようにします．SDカードのパーティショニングは，先ほどの説明と同様に二つに分けます．ほかのファイルも「7.カスタムLinuxの起動」と同じようにDigilent社のOOBの環境を利用します．

- http://www.digilentinc.com/Data/Products/ZEDBOARD/ZedBoard_OOB_Design.zip

ダウンロードしたアーカイブを解凍すると，次のファイルが解凍されます．

- boot_image ：BOOT.BINに必要なファイル
- doc ：ドキュメント
- hw ：EDKプロジェクト
- linux ：DeviceTreeファイル
- sd_image ：SDカード用イメージ
- sw ：SDK用プラットホーム・プロジェクトとFSBLプロジェクト

今回はBOOT.BINとuImage，devicetree.dtbをSDカードの第2パーティションにコピーします．

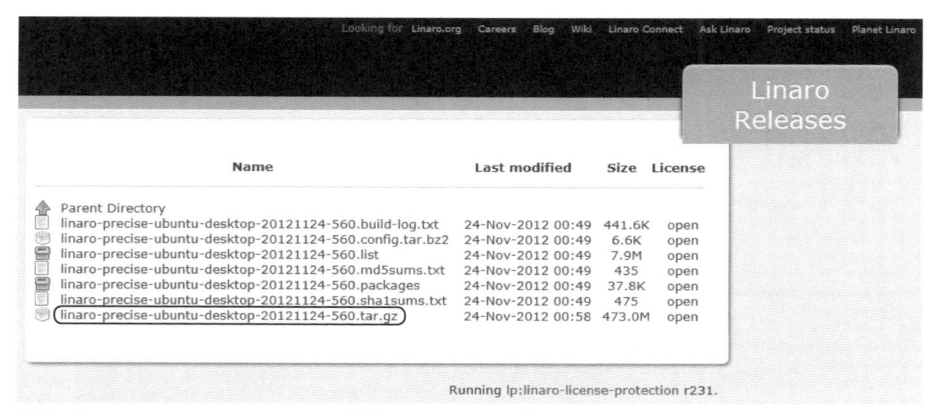

図20 linaro-precise-ubuntu-desktopのダウンロード・ページ
http://releases.linaro.org/12.11/ubuntu/precise-images/ubuntu-desktop

次に，図20でダウンロードしたlinaro-precise-ubuntu-desktop-20121124-560.tar.gzを解凍します．次のディレクトリ配下にLinaro 12.11ベースのrootファイル・システムが入っています．

　　　binary/boot/filesystem.dir

これをSDカードの第2パーティションにコピーします．

● Ubuntuを起動

先ほど作成したカスタムLinuxでHDMI表示はできませんでしたが，OOBのLinuxカーネルはフレーム・バッファがあるのでHDMI表示が可能です．ZedBoardとHDMI（DVI）ディスプレイを接続しておいてください．

PCとZedBoardのシリアル・コンソールを接続し，準備したSDカードをZedBoardに挿入して電源を入れます．コンソールに次のメッセージが表示されたら何らかのキーを押して，u-bootをコマンド・プロンプト状態にします．そして，次のようにsdboot_linaroを実行します．

```
zynq-uboot> fatload mmc 0 0x3000000
uImage && fatload mmc 0 0x2A00000
devicetree.dtb && bootm 0x3000000 -
0x2A00000
```

コンソールにはLinux Kernelの起動メッセージが流れ，さらにディスプレイにUbuntuのデスクトップ画面が表示されます．ZedBoardにUSBマウスやUSBキーボードを接続すれば，普通のUbuntuデスクトップとして使用することができます．ZedBoradにLANを接続すれば，Webブラウザでインターネットを閲覧することも可能です．そして，Linaroのバイナリ・イメージにもgccが入っているので，ZedBoard上でネイティブ環境を使用してアプリケーションを開発することができます．

以上のように，バイナリ・パッケージだけでも十分にプラットホームとして使用することができます．Linaroで構築できるイメージがどんなものか試してみたい方や，ビルド時間がない方，ディスク容量のない方は，バイナリ・イメージを使用するとよいでしょう．

＊　　　＊　　　＊

Linaroで簡単にプラットホームを作れるようになり，自在にカスタムLinuxディストリビューションが作成できるようになったことで，誰でも容易にシステムに応じたディストリビューションを構築することが可能になりました．FPGAの領域だけでなく，Linaroのようにソフトウェアのシステムも見据えつつ，FPGAを開発できるようになってくると面白いものが作れそうな気がします．

いしはら・ひでみ　　AQUAXIS TECHNOLOGY

**特集** アルテラSoCでAndroidを動かす！

**第4章** ARM Cortex-A9搭載！全部入り最新FPGAの研究
～アルテラSoC編～

# Androidアプリケーションから ハードウェアを制御する方法

伊藤 裕之 Hiroyuki Ito

第2章はHelioボードでLinuxを起動し，アプリケーションを作成して動かすところまでが解説されています．Linuxが起動したら，次はHelioボードでAndroidを起動してみましょう．ここではAndroidを起動した後，Helioボード上のLEDを，AndroidアプリからON/OFF制御する方法について解説します．

## 1. Androidデモ・システム概要

### ● ターゲットはHelioボード

今回はアルティマから販売されている，Cyclone V SoCの開発キットであるHelioボード(Rev1.2)を使用して，ユーザLEDをAndroidアプリケーションから制御するシステムの開発手順について解説します．ここで作成するものとしては，
- FPGA論理回路
- Linuxデバイス・ドライバ
- Java Native Interface(JNI)
- Androidアプリケーション

となります．

### ● LCDボードを拡張

基板の構成は，Macnica Helio SoC Evaluation Kit(アルティマ)と，7インチのLCD Touch Screen(Terasic社製)です．基板の詳細についてはアルテラSoCコミュニティ・サイトのRocketboards.org (http://www.rocketboards.org/foswiki/Documentation/MacnicaHelioSoCEvaluationKit)，もしくはアルティマのホームページを参照してください．

システムの構成は**図1**のようになっています．画面からAndroidアプリケーションのボタンを押すと，Androidアプリケーション→JNI→Linuxデバイス・ドライバ→FPGA論理回路という経由で処理を行います．

## 2. ユーザ・ロジック開発手順

### ● FPGAに実装する回路

まずはHelioボード上のLEDを点灯制御する回路をFPGA部分に実装します．これまでのFPGAマガジンで解説された内容と重複しますが，開発手順を説明します．

Altera社製Quartus II開発ソフトウェアおよびアルテラSoCエンベデッド・デザイン・スイート(EDS)をインストールします．今回はバージョン13.1を例に挙げて説明します．

Rocketboards.orgサイトのMacnica Helio SoC Evaluation Kitから，Helioボード用のリファレンス・デザインがダウンロードできるので，このプロジェクトを使用して開発を始めていきます．まずこのプロジェクトをQuartus IIで立ち上げ，Qsysを立ち上げます(**図2**)．

### ● 既にled_pioが実装されている

LED処理に関しては**図2**からも分かるように，既に今回使用するサンプル・プロジェクトで実装されており，Helioボード上のLED3～6を制御できるようになっています．今回はこのled_pioのIPコアを制御します．

このLED IPコアをAndroidアプリケーションから制御するために，まずAndroidが動作する必要があるので，LCDモジュールおよびタッチパネル・モジュールの追加を行います．またAndroidを動作させるため

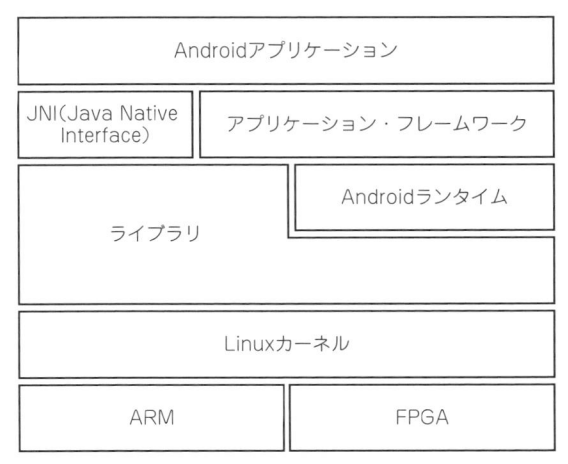

図1 Androidデモ・システムの構成図

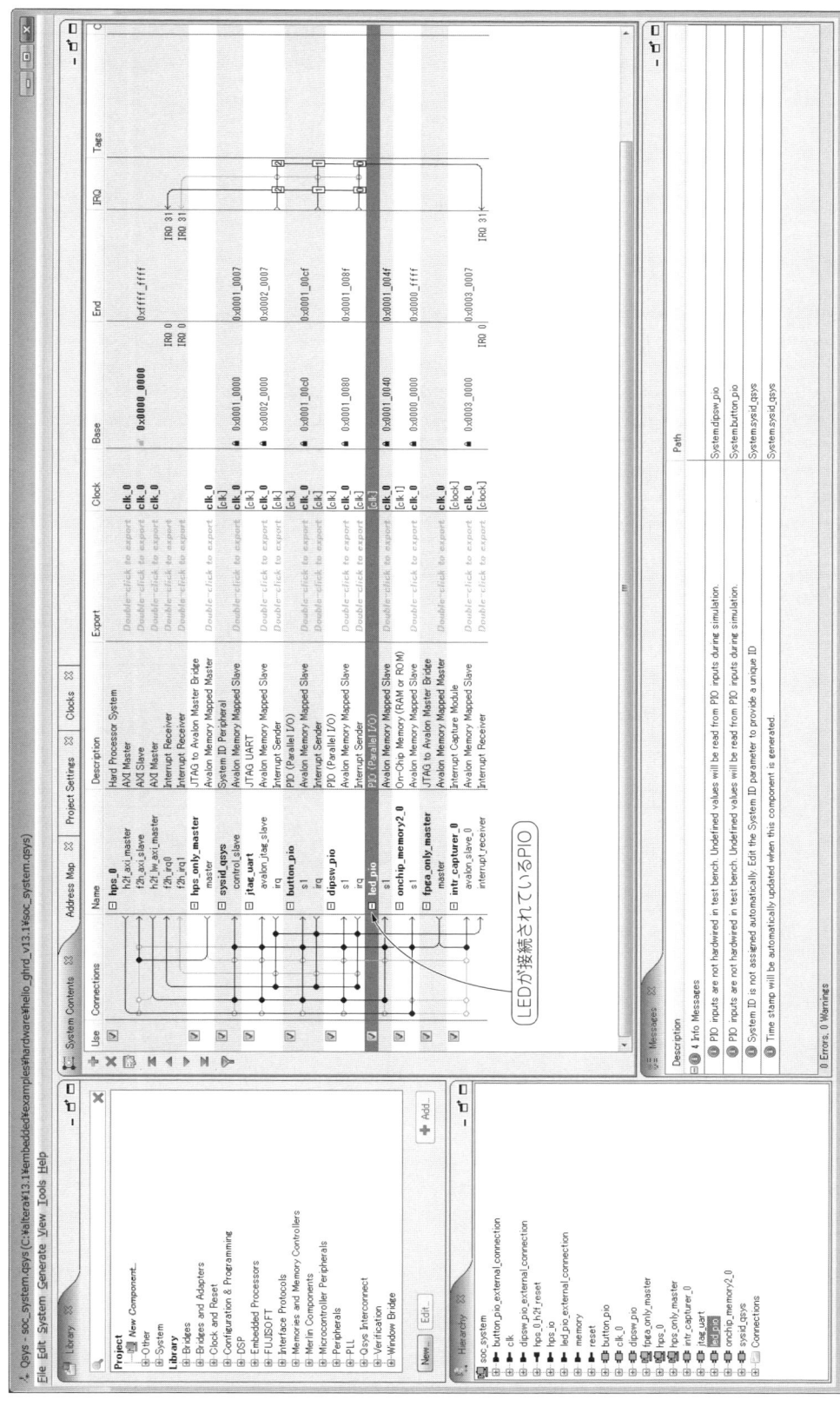

図2 サンプル・プロジェクトのIPコアとサブシステムの構成

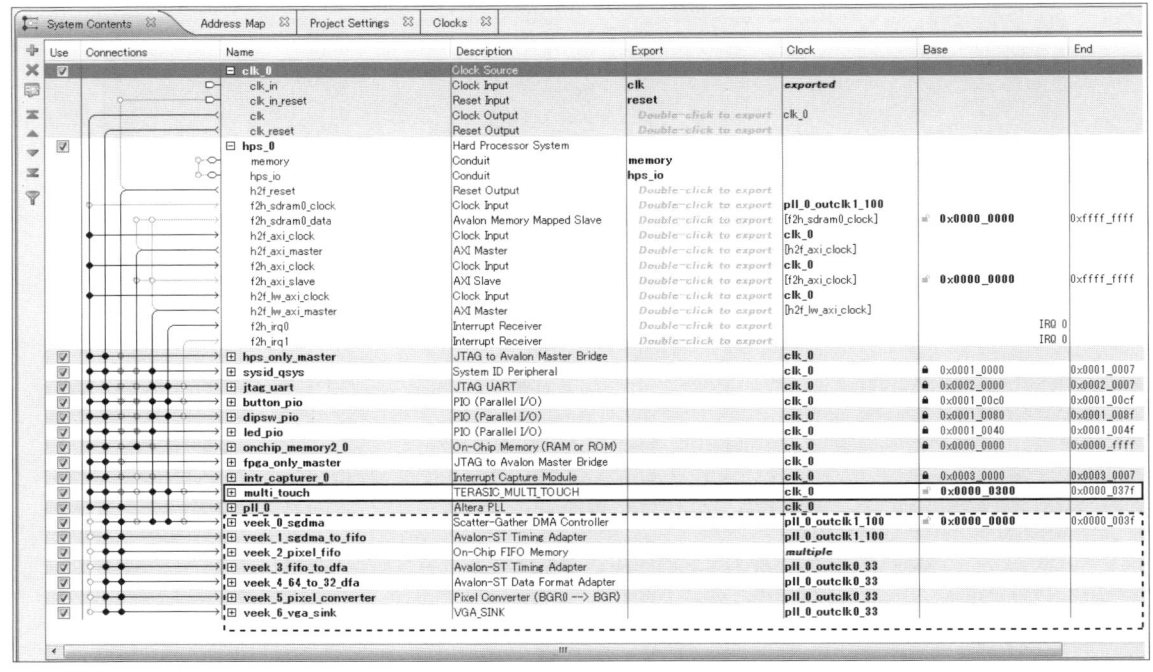

図3 必要なIPコア追加後の構成

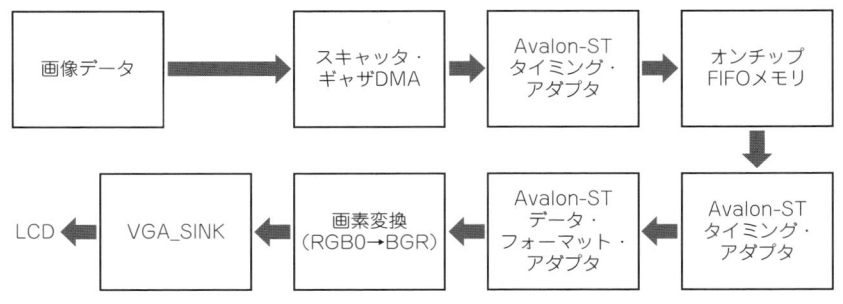

図4 LCDモジュール概要

にLCDモジュールおよびタッチパネル・モジュールが必要になります．

必要なIPコアを追加すると，**図3**のようになります．破線で囲まれている七つのIPコアがLCDモジュール（**図4**）となっており，実線で囲まれているモジュールがタッチパネル・モジュールとなります．VGA_SYNCおよびmulti_touchはTerasic社製IPコアを使用し，それ以外はアルテラ社製IPコアを使用して各モジュールを実現しています．Terasic社IPコアの詳細設定はVEEK-MT-C5SoCのサンプル・プロジェクトやドキュメントを参照してください．

● HPSのポート設定変更

追加したIPコアを接続するためにHPSのポート設定の変更を行います．HPS設定のFPGA Interfacesの項目にFPGA-to-HPS SDRAM Interfaceがあります（**図5**）．ここでポートを追加し，typeはAvalon-MM Bidirectional，Widthは64の設定をします．

タッチパネル・モジュールのインターフェースはClock InputとReset Input，Avalon-MM Slave，Conduit，Interruptがあり，Avalon-MM SlaveはHPSのh2f_lw_axi_masterへ接続してください．

LCDモジュールのインターフェースはClock Input, Reset Input, Avalon-MM Slave, Avalon-MM Master ×3があります．Avalon-MM SlaveはHPSのh2f_lw_axi_masterに接続し，Avalon-MM Master×3は追加したFPGA-to-HPS SDRAM Interfaceに接続します．以上でQsysの設定は終了なのでGenerateを実行してください．

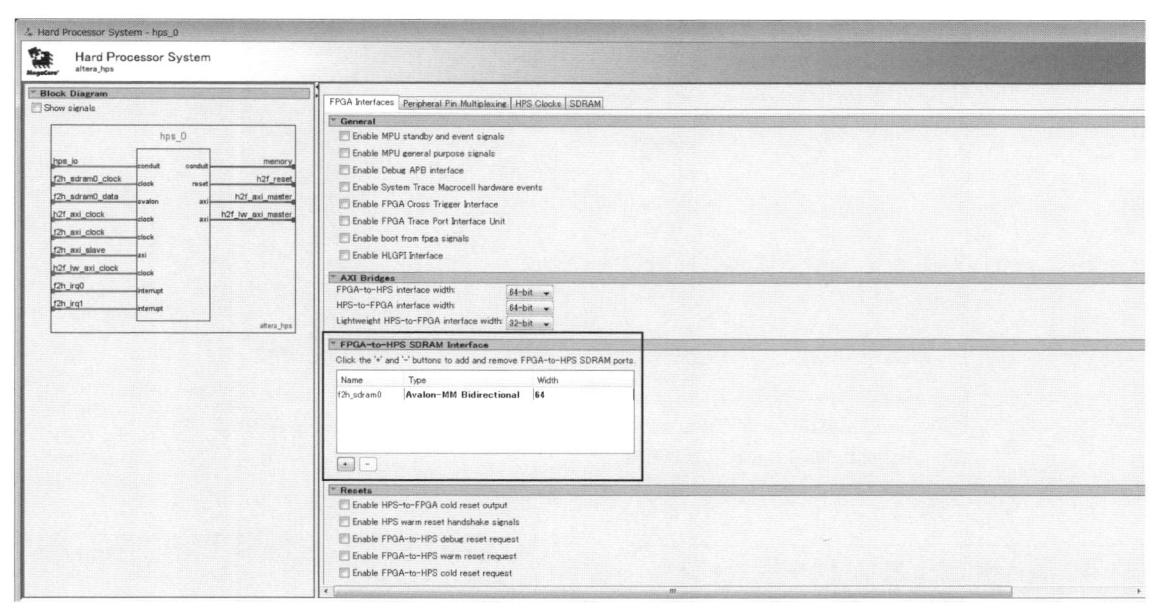

**図5** QsysにおけるHPS設定の変更箇所

**リスト1** KconfigとMakefileの追加内容

```
config FPGA_LED_PIO
    bool "FPGA LED PIO"

        ---help---
        This driver use the pio IP in FPGA fablic of Altera SoC.

endif # if ANDROID
```
(a) drivers->staging->android->Kconfig

```
obj-$(CONFIG_FPGA_LED_PIO)
+= LED_PIO/fpga-pio.o
```
(b) drivers->staging->android->Makefile

---

次に追加した各モジュールの外部ピンをTOPモジュールに接続し，qsfファイルにピン配置の設定を記述した後，合成を開始します．

## 3. Linuxデバイス・ドライバ開発手順

### ● Rocketboards.orgから一式を入手

まずRocketboards.orgからLinuxを入手してください．Linux kernelのダウンロード方法やビルド環境構築方法はRocketboards.orgに詳細に載っているので，そちらを参照してください．

またAndroidを動作させる際には表示処理を行うLCDドライバ（フレーム・バッファ・ドライバ）やタッチ操作を処理するタッチパネル・ドライバが必要になります．使用するLCDパネルに付属してある各ドライバをLinuxに組み込んで使用してください．

### ● LED制御デバイス・ドライバの作成

それでは次にLEDの制御を行うPIOの制御用キャラクタ型ドライバの作成を行います．今回はアプリケーションからLED ONおよびOFFの制御を行うので，ドライバとしてopen, close, ioctl, init, exitを実装します．デバイス・ドライバはlinux kernelに静的と動的に組み込む方法がありますが，今回は前者の方法を使用してプログラミングを行います．

まず，<Linux kernel root directory>¥drivers¥staging¥androidフォルダ以下に，LED_PIOフォルダを作成します．menuconfigを使用してドライバを組み込むためにKconfigの変更と，実際にドライバをコンパイルするためのMakefileの記述の追加を行います（**リスト1**）．

以上でドライバの作成は終了です．Linuxをコンパイルしてカーネル・イメージの作成を行ってください．コンパイルの手順はコミュニティ・サイト（http://www.rocketboards.org/foswiki/Documentation/GsrdGitTrees）を参照してください．

図6 Android Virtual Deviceの新規追加

## 4. Androidアプリケーション開発手順

● アプリケーション開発環境構築方法

まずアプリ開発ツールとして使用するAndroid SDKとJavaのアプリケーション開発に必要となるJDKのインストールをします．

Android公式WebサイトのDevelopersサイト（http://developer.android.com/sdk/index.html）からホスト環境に合わせてSDKインストーラをダウンロードします．加えてOracle社のダウンロード・ページ（http://www.oracle.com/technetwork/java/javase/downloads/index.html）からJDKインストーラを入手します．

ダウンロードしたインストーラを実行した後，SDKインストール・ディレクトリ内にあるSDK Managerを起動し，AndroidのPackageをインストールします．インストールの際はアプリケーションを動作させたいバージョンを指定してください．ネットワーク環境でプロキシを使用されている方はツールの設定を変更する必要があります．

それではインストール・ディレクトリにあるeclipse.exeを使用し，Android Developer Toolsを起動していきます．プロジェクトを作成する前にAVD Managerを使用し，仮想デバイスの作成を行います．仮想デバイス（AVD）はアプリケーションをSDKのエミュレータで動作させる際に必要であり，実機の構成に合わせて追加しておくとアプリケーションをスムーズに実機上に移行できます．

「Window」→「Android Virtual Device Manager」を起動すると，図6のような画面が表示されます．

● プロジェクト作成

まず「Device Definitions」の「New Device...」を実行

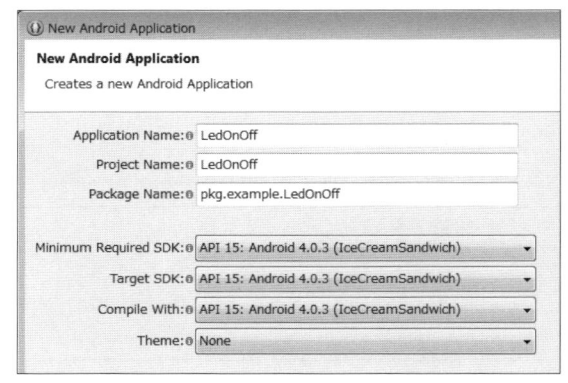

図7 Androidアプリケーションのプロジェクト作成

して，ここで新規デバイスを追加します．

追加をした後，Android Virtual Devicesの「New...」を実行して仮想デバイスを作成します．この設定の中に先ほど作成したデバイスを指定やメモリの設定，SDカードのサイズ指定などがあります．

それではプロジェクトを作成していきます．「File」→「New」→「Android Application Project」を実行し，プロジェクトを作成します（図7）．Application nameとProject Name，それにPackage Nameを指定し，使用したいAndroidのバージョンに合わせてMinimum Required SDKやTarget SDK，Compile Withを設定します．今回はAndroid 4.0のIceCream Sandwichで動作させるので全てAPI 15を指定しています．

● アプリケーション作成手順

それではまずアプリケーションの画面を作成します．まず作成したプロジェクトのres¥layout¥activity_main.xmlをダブルクリックし，「Graphical Layout」を選択します．ここで画面の設計

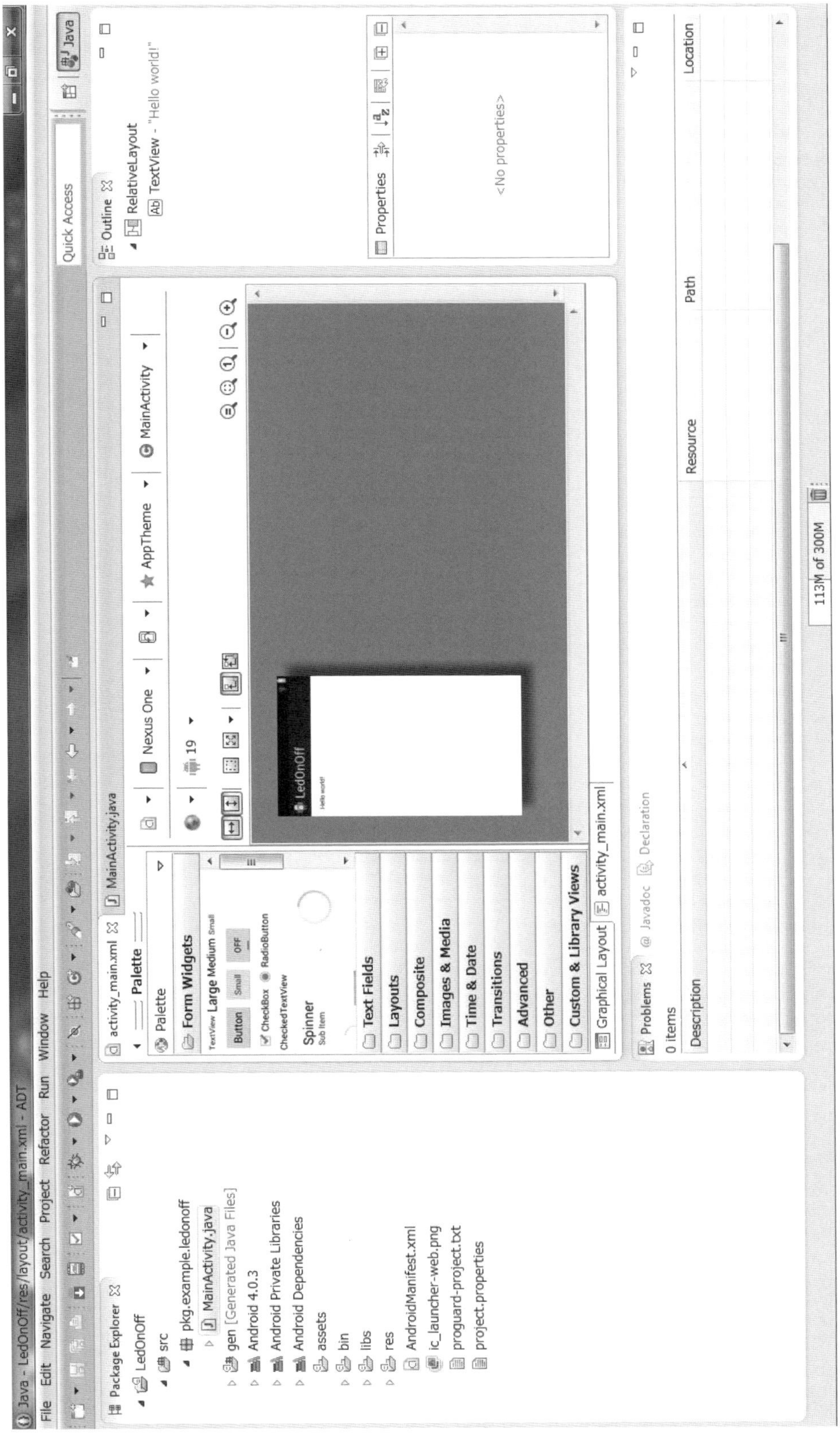

図8 Androidアプリケーションの画面作成

4. Androidアプリケーション開発手順

が可能になります（図8）．

今回はLED ONボタンとLED OFFボタンを作成したいので「Palette」にある「From Widget」からボタンをドラッグ＆ドロップし配置します．

画面の作成が終了したら，src¥pkg¥example¥ledonoff¥MainActivity.javaファイルの実装を行います．実装を行う上でアクティビティのライフサイクルを理解することが必要になります．最初のアクティビティはアプリケーション起動時に開始され，アプリケーションが終了されるときに最後のアクティビティとなります（図9）．

● コードの記述

生成されたjavaファイルにはonCreateとonCreateOptionsMenuが出力されていると思います．これか

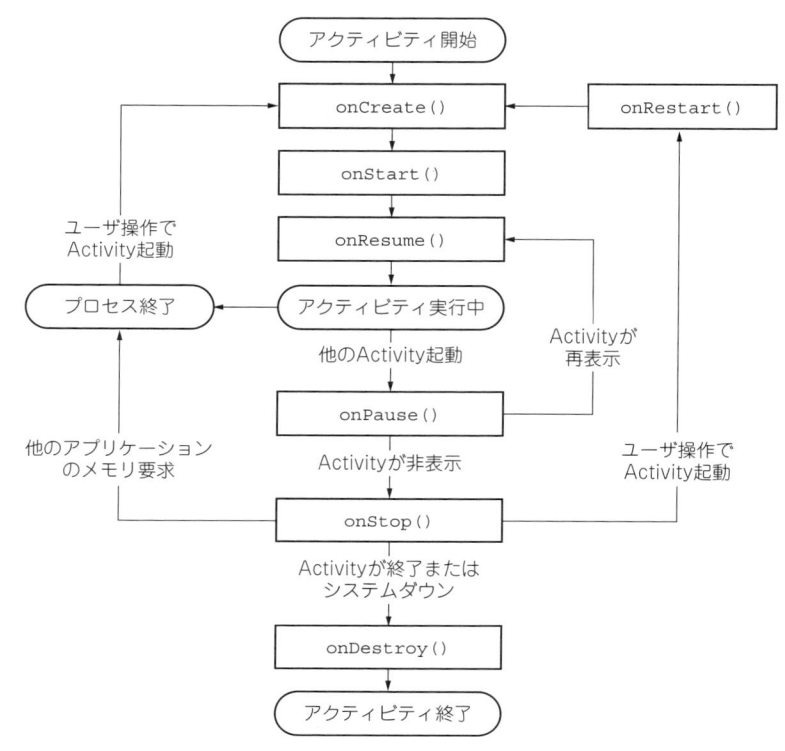

**図9　Activityのライフサイクル**

**リスト2　各アクティビティのメソッド作成内容**

```
@Override
protected void onCreate(Bundle savedInstanceState) {
    super.onCreate(savedInstanceState);
    setContentView(R.layout.activity_main);

    // Led Onボタンインスタンス作成．クリックイベント通知先設定．
    Button btn_on = (Button)findViewById(R.id.btnLedOn);
    btn_on.setOnClickListener((OnClickListener) this);

    // Led Offボタンインスタンス作成．クリックイベント通知先設定．
    Button btn_off = (Button)findViewById(R.id.btnLedOff);
    btn_off.setOnClickListener((OnClickListener) this);
}

@Override
public void onClick(View v) {
    int id = v.getId(); // ボタンID取得
    int mode = 0;

    switch (id) {
    case R.id.btnLedOn:
        mode = 1;
        setled(mode);    // Led点灯処理
        break;
    case R.id.btnLedOff:
        setled(mode);    // Led消灯処理
        break;
    default:    break;
    }
}

@Override
public void onStart() {
super.onStart();
    initled();           // 初期化処理
    }

@Override
public void onStop() {
    super.onStop();
    exitled();           // 終了処理
}
```

らActivityクラスで使用する各メソッドの処理を実装していきます．

まずはonCreateにボタンのインスタンス作成などを追加します．次にonStartに起動処理を追加し，onStopに終了処理を追加します．またOnClickにクリック・イベントを受け取る処理を実装します（**リスト2**）．他のメソッドについては今回実装しないこととします．

次に，Javaで記述されたAndroidアプリケーションからC/C++で記述されたAndroidフレームワークを実行するために，インターフェースをサポートするJNIの記述と準備をしていきます．

まず，アプリケーションからJNIライブラリをコールするためにライブラリのロードを行います．JNIライブラリはlibJNILedIF.soを使用するので，loadLibraryメソッドの引数はlibと.soを省いたファイル名を記述します（**リスト3**）．

次にライブラリに記述されているAPIをコールするために，native修飾子を使用し定義します．APIの呼び出し方法は通常の呼び出し方法と同じです．

  public native void setled(int mode);

最後に実装したソース・コード一式をコンパイルし，出力されたapkファイルをHelioボード上で使用します．

以上がアプリケーションの作成手順です．この内容は最低限の内容となるので，他の機能を使用する場合はAndroidアプリケーションの作成方法を書いてあるWebサイトや書籍などを参照してください．

**リスト3　JINライブラリ・ロードの追加内容**

```
static {
    // ライブラリをロード
    System.loadLibrary("JNILedIF");
}
```

## 5. JNI開発手順

● javahを使用したヘッダ・ファイルの生成方法

アプリケーション作成時に定義したJNI関数を実装する前に，JDKに同封されているjavah.exeを使用してヘッダ・ファイルを自動生成します．まずコマンド・プロンプトを起動し，アプリケーションのルート・ディレクトリへ移動します．その後，次のコマンドを使用して生成します．-classpathオプションはクラス・ファイルがあるパスを指定し，-dオプションはヘッダ・ファイルを出力するパスを指定します．環境によっては-classpathオプションにパスを追加してコマンドを拡張する必要があります．

  C:\work> javah -classpath bin/
  classes -d jni pkg.example.ledonoff

ヘッダ・ファイルはコマンドの-dオプションにもあるようにjniフォルダ以下に生成されます．アプリケーション内でnative修飾子を指定して定義したAPIがファイル内に宣言されるので，この記述内容に従ってJNIのソースファイルへ定義します．

● JNIの実装方法

まず自動生成したヘッダをインクルードします．次にヘッダ・ファイルに記述されている宣言をもとにJNIの関数を作成し，処理部を作成します．今回作成

**リスト4　JINライブラリの処理作成内容**

```
JNIEXPORT void JNICALL Java_com_example_ledonoff_MainActivity_initled(JNIEnv *env, jobject thiz)
{
    fd = open("/dev/"DEVNAME, O_RDWR);
    if(fd <= 0){
        exit(1);   //エラー
    }
}

JNIEXPORT void JNICALL Java_com_example_ledonoff_MainActivity_exitled(JNIEnv *env, jobject thiz)
{
    close(fd);
}

JNIEXPORT void JNICALL Java_pkg_example_ledonoff_MainActivity_setled(JNIEnv *env, jobject thiz,
                                                                      jint mode)
{
    static int ret;

    ret = ioctl(fd, LED_PIO_SET, &mode);
    if(ret < 0){
        exit(1);   //エラー
    }
}
```

リスト5 Android.mkのファイルの作成内容

```
// Android.mkの先頭に必ず記述
LOCAL_PATH:= $(call my-dir)
include $(CLEAR_VARS)

// ライブラリ名を指定
LOCAL_MODULE:= libJNILedIF

// ソースファイルを指定
LOCAL_SRC_FILES:= fpgaif.c

// 使用する共有ライブラリを指定
LOCAL_SHARED_LIBRARIES := libutils
```

するJNIはLEDを制御する処理のため，デバイス・ドライバのオープン，クローズ，LED点灯，LED消灯処理関数を記述します（**リスト4**）．

次にコンパイルに必要なAndroid.mkを作成します（**リスト5**）．まず最初に<Android root directory>/development/samples/SimpleJNI/Android.mkファイルをサンプルとして使用します．

● JNIのコンパイル

それでは実装したソースをコンパイルしていきます．

まずAndroidソース・コードがダウンロードされ，ビルド環境が構築されていることが前提となります．手順についてはFPGAマガジンNo.1～No.4までの内容か，Android公式サイト（http://source.android.com/source/building.html）を参照してください．今回使用しているブランチはics-plus-aospです．ダウンロードおよび環境構築が完了した後，makeファイルなどを作成しビルドを実行してください．

次にAndroidソース・コードのディレクトリにあるexternal以下にディレクトリを作成してください．作成したJNIソース・ファイルやヘッダ・ファイル，Android.mkファイルをコピーし，作成したディレクトリに移動します．その後，mmコマンドを実施し，JNIライブラリのコンパイルを実行します．

コンパイルが正常に終了すると指定したライブラリがこのディレクトリ（out¥target¥product¥<プロダクト名>t¥system¥lib¥）に生成されます．

## 6. 実機動作手順

● 起動用SDカードの作成

まず，prebuilt_imagesを使用し，起動SDカードを作成します．イメージ・ファイルはC:¥altera¥13.1¥embedded¥embeddedsw¥socfpga¥prebuilt_imagesのディレクトリになります．イメージ・ファイルを書き込むコマンドは，コミュニティ・サイト（http://www.rocketboards.org/foswiki/Documentation/GSRDBootLinuxSd）を参照してください．

次に作成したSDカードのパーティション2（linux root filesystem）のファイルをAndroidのものに差し替え，作成したandroidアプリケーション・ファイルのapkファイルもコピーします．またパーティション1のファイルも，Linuxをコンパイルして作成したカーネル・イメージ・ファイルに差し替えます．

● ブートローダU-Bootの設定

それでは起動させていきましょう．使用する二つの基板をHSMCコネクタで接続し，ホストPCとUSB Blaster II，UARTをUSBケーブルで接続します．基板の電源を入れ，Quartus IIのProgrammerからsofファイルをProgramしFPGAをコンフィグレーションします．

コンフィグレーションが完了したら，warm resetボタンを押してリセットをかけます．するとブートローダU-bootが起動するので，カウントダウン中にEnterキーで止め，起動パラメータの変更を行います．mmcbootのパラメータを，**リスト6**のように変更します．デバイス・ドライバなどの構成によってパラメータは変わってくるので，必要に応じて変更をする必要があります．

パラメータを変更後，run bootcmdを実行し，起動処理を実行させます．

● Androidとアプリケーションの起動

Android起動後，drawerを開くと作成したアプリのアイコンが表示されます．アプリを起動したら，LED ON/LED OFFボタンを押して，Helioボード上のLEDが点灯/消灯するので試してみてください（**写真1**）．

\*　　　\*　　　\*

今回はTerasic社製のLCDモジュールを使用しましたが，アルティマよりMacnica Helio View Display KitというLCDボードとアルテラ SoCが搭載された評価ボードがセットになったキットを利用することも可能です．今回の内容をベースに検討されてみてはいかがでしょうか．

今回作成したアプリケーションは入門となっていま

リスト6 起動パラメータの設定例

```
mmcboot=setenv bootargs console=ttyS0,57600 mem=512M@0x0 init=/init
vram=64M altfb.vram=0:32M androidboot.console=ttyS0 root=${mmcroot}
rw rootwait;bootm ${loadaddr} - ${fdtaddr}
```

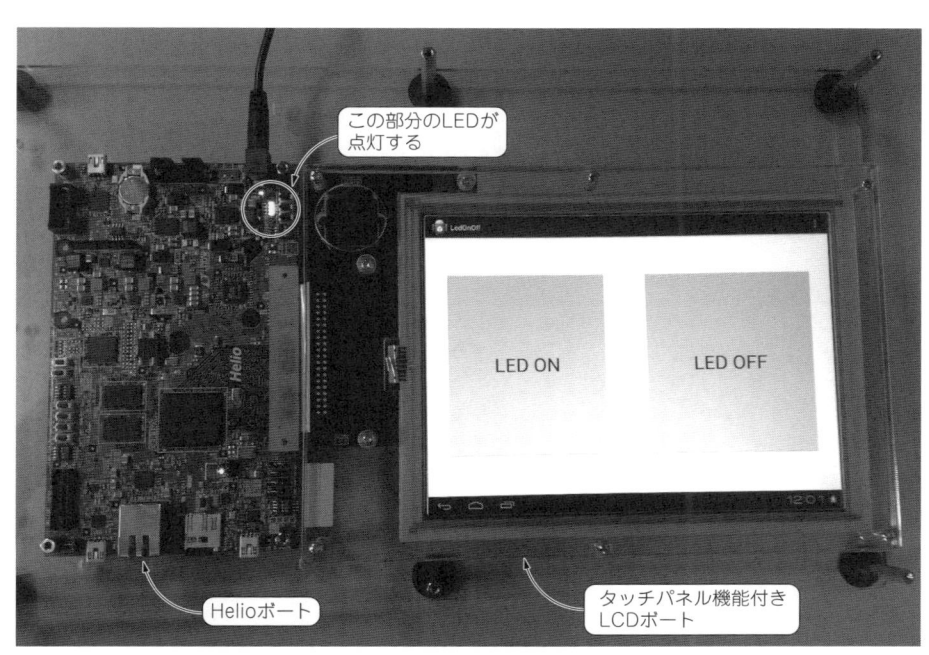

**写真1 起動したAndroidデモ・システム**

すが，アルテラSoCでのAndroid開発の基礎的な部分となるので，システムに適したカスタマイズにトライしてみてください．

**いとう・ひろゆき**
富士ソフト（株）　ソリューション事業本部
エンベデッドコアテクノロジー部

特集 — ZynqでAndroidを動かす！

## 第5章 ARM Cortex-A9搭載！全部入り最新FPGAの研究 〜Xilinx編〜
# Zynq搭載FPGA評価ボードでAndroidを起動する

鈴木 量三朗 Ryouzaburou Suzuki

ここではFPGAベンダ純正のZynq搭載評価ボードでAndroidを起動し，FPGAボード上のGPIOにアクセスするGUIアプリケーションを作成して動かしてみましょう．作成したAndroidアプリケーションのLED ONボタンをタッチするとボード上のLEDが点灯し，ボード上のプッシュ・スイッチを押している間だけAndroidアプリケーションのスイッチ状態表示がONとなります．

## 1. Androidの単純移植は意外に簡単

● バージョン4.0以降は移植しやすい

Androidはバージョン4.0以降，各ハードウェアに依存する部分が分離されました．そのため，移植性がより高くなりました．簡単に言うと/dev/fb0というフレーム・バッファが用意されていて，適切なカーネルを作ればそのまま動いてしまいます．

Androidを移植する手順を簡単に示すと，次のようになります．
(1) FPGA上にVRAMを用意する
　　（Linuxからフレーム・バッファとして使う）
(2) Linuxフレーム・バッファのドライバを用意する
(3) Androidに必要なカーネル(Kernel)を作成する
(4) Androidをコンパイルする

今回は既にFPGA上のVRAMとLinuxのフレーム・バッファ・ドライバがあり，ビルドの環境としてLinuxが動いているものとして，カーネル作成とフレームワークを作成します．参考までに書くと，筆者が使用したビルド環境は64ビット環境のUbuntu 12.04.1 LTSです．

なお，最後に関連するファイルのダウンロード先を示します．すぐにでも動かしたいという方はそこからダウンロードして，Zynq上でAndroidをお楽しみください．

● Zynq搭載のターゲット・ボード

ここで使用するXilinx社製FPGA "Zynq"を搭載した評価ボードは，Zynq-7000 SoC ZC702評価キット(Xilinx社)です．いわゆる純正評価ボードです(写真1)．ボード上のHDMIコネクタから画面を表示し，ボード上のOn-The-Go対応のUSBコネクタにUSBマウスを接続して操作します．

また，タッチパネル機能付きLCDモジュールとして，FMC-HMI Human-Machine Interface Board (Digilent社)を接続することで，LCDパネルによる表示とタッチ操作が可能になります(写真2)．

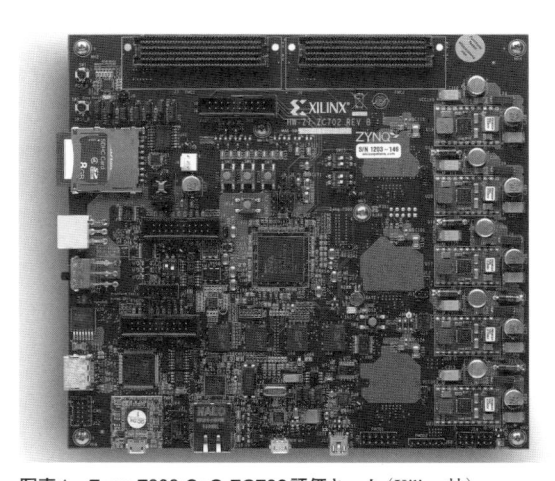

写真1　Zynq-7000 SoC ZC702評価キット(Xilinx社)
http://japan.xilinx.com/products/boards-and-kits/EK-Z7-ZC702-G.htm

写真2　FMC-HMI Human-Machine Interface Board(Digilent社)
http://www.digilentinc.com/Products/Detail.cfm?NavPath=2,648,1086&Prod=FMC-HMI

```
$ git clone git://git.iveia.com/xilinx2/android/
                                    kernel/zynq.git
Cloning into 'zynq'...
remote: Counting objects: 2855470, done.
remote: Compressing objects: 100%
                              (431664/431664), done.
remote: Total 2855470 (delta 2396189), reused
                              2855470 (delta 2396189)
Receiving objects: 100% (2855470/2855470),
                683.34 MiB | 1.82 MiB/s, done.
Resolving deltas: 100% (2396189/2396189), done.
$ cd zynq/
$ make ARCH=arm CROSS_COMPILE=arm-none-linux-
         gnueabi- xilinx_zynq_android_defconfig
#
# configuration written to .config
#
$ make ARCH=arm CROSS_COMPILE=arm-none-linux-
  gnueabi- uImage modules UIMAGE=LOADADDR=0x8000

scripts/kconfig/conf --silentoldconfig Kconfig
WRAP arch/arm/include/generated/asm/auxvec.h

～中略～

LD arch/arm/boot/compressed/vmlinux
OBJCOPY arch/arm/boot/zImage
Kernel: arch/arm/boot/zImage is ready
UIMAGE arch/arm/boot/uImage
Image Name: Linux-3.8.0-xilinx-trd-gfbc463f
Created: Thu Mar 13 16:28:39 2014
Image Type: ARM Linux Kernel Image (uncompressed)
Data Size: 3925112 Bytes = 3833.12 kB = 3.74 MB
Load Address: fffffff2
Entry Point: fffffff2
Image arch/arm/boot/uImage is ready

～中略～
```

図1 Android用カーネルのコンパイル

## 2. Android用カーネルとAndroidのコンパイル

### ● Android用のカーネルを作成する

AndroidのOSは，Linuxをベースに独自の拡張をしています．それらはLinuxのdrivers/staging/androidにまとめられ，今では標準のLinuxと一緒に提供されています．ただし，stagingにあるドライバ群は標準のLinuxカーネルではないという位置づけになっています．

Androidを動かすのに必要なカーネルの設定は，次のようになります．
- CONFIG ANDROID
- CONFIG ANDROID BINDER IPC
- CONFIG ASHMEM
- CONFIG ANDROID LOGGER
- CONFIG ANDROID TIMED OUTPUT
- CONFIG ANDROID TIMED GPIO
- CONFIG ANDROID LOW MEMORY KILLER

また，必要であればCONFIG INPUT TOUCH SCREENを有効にします．これにより写真2に示すようなLCDモジュールがあれば，タッチスクリーンが使用できるようになります．

実際のカーネル構築はiVeia社が管理しているgit（ギット）から，カーネルのソースをダウンロードしmakeすれば作成することができます（図1）．

これでAndroid用カーネルであるzImageとuImageが作成されました．

### ● Androidのコンパイル

Androidは複数のプロジェクトの集まりです．各プロジェクトのソースはgitというツールで管理されています．このAndroidで必要な各プロジェクトは，repoというツールで一括して管理・取得ができるようになっています．

Androidのイメージ（ファイル・システム）を作成するには次の手順で行います．
(1) repoプログラムの取得
(2) repoによるAndroidのソース群の取得
(3) Androidのコンパイル

・repoプログラムの取得

repoはGoogle社が提供するPythonのプログラムです．実行にはPythonが必要です．commondatastorage.googleapis.comからダウンロードします．筆者が使用したrepoはバージョンが1.21でした．

```
$ wget http://commondatastorage.
googleapis.com/git-repo-downloads/repo
$ mv repo ~/bin/repo
$ chmod a+x ~/bin/repo
```

・repoによるAndroidのソース群の取得

repoに指定したURLを与えて実行することで，必要とするプロジェクトのソースを全て取得することができます．ここではiVeia社のURLを指定し，ソース一式をとってきます．ソースの数は膨大でディスクスペースとして，筆者は2TバイトのHDDを用意しました．またダウンロードも数時間単位でかかりました．

```
$ repo init -u git://git.iveia.com/
xilinx2/android/platform/manifest.git
-b zynq-android-2.0
$ repo sync
$ repo forall -c git checkout aosp/
aosp/master
```

・Androidのコンパイル

ダウンロードが終われば，後はコンパイルするだけです．まずはbash用のセットアップのソースであるbuild/envsetup.shを読み込みます．次にlunch full-engで環境を設定し，makeします．もし，使用するホスト環境PCの複数のCPUコアを持っている場合は，make -j4などするとコンパイル時間を短縮

```
$ . build/enbsetup.sh                       ==========================================
$ lunch                                     PLATFORM_VERSION_CODENAME=AOSP
You're building on Linux                    PLATFORM_VERSION=4.2.2.2.2.2.2.2.2.2
Lunch menu... pick a combo:                 TARGET_PRODUCT=full
1. full-eng                                 TARGET_BUILD_VARIANT=eng
2. full_x86-eng                             TARGET_BUILD_TYPE=release
3. vbox_x86-eng                             TARGET_BUILD_APPS=
4. full_mips-eng                            TARGET_ARCH=arm
5. full_grouper-userdebug                   TARGET_ARCH_VARIANT=armv7-a
6. full_tilapia-userdebug                   TARGET_CPU_VARIANT=generic
7. mini_armv7a_neon-userdebug               HOST_ARCH=x86
8. mini_armv7a-userdebug                    HOST_OS=linux
9. mini_mips-userdebug                      HOST_OS_EXTRA=Linux-3.2.0-32-generic-x86_64-with-Ubuntu-
10. mini_x86-userdebug                                                                   12.04-precise
11. full_mako-userdebug                     HOST_BUILD_TYPE=release
12. full_maguro-userdebug                   BUILD_ID=OPENMASTER
13. full_manta-userdebug                    OUT_DIR=out
14. full_toro-userdebug                     ==========================================
15. full_toroplus-userdebug
16. full_arndale-userdebug                  〜中略〜
17. full_panda-userdebug
Which would you like? [full-eng]            build/tools/generate-notice-files.py out/target/product/
==========================================                              generic/obj/NOTICE.txt
PLATFORM_VERSION_CODENAME=AOSP              out/target/product/generic/obj/NOTICE.html "Notices for
PLATFORM_VERSION=4.2.2.2.2.2.2.2.2.2                                      files contained in the
TARGET_PRODUCT=full                         filesystem images in this directory:" out/target/product/
TARGET_BUILD_VARIANT=eng                                                generic/obj/NOTICE_FILES/src
TARGET_BUILD_TYPE=release                   Combining NOTICE files into HTML
TARGET_BUILD_APPS=                          Combining NOTICE files into text
TARGET_ARCH=arm                             Installed file list: out/target/product/generic/installed-
TARGET_ARCH_VARIANT=armv7-a                                                            files.txt
TARGET_CPU_VARIANT=generic                  Target system fs image: out/target/product/generic/obj/
HOST_ARCH=x86                                                                          PACKAGING/
HOST_OS=linux                               systemimage_intermediates/system.img
HOST_OS_EXTRA=Linux-3.2.0-32                Running: mkyaffs2image -f out/target/product/generic/system
-generic-x86_64-with-Ubuntu-12.04-          out/target/product/generic/obj/PACKAGING/systemimage_
                          precise                                          intermediates/system.img
HOST_BUILD_TYPE=release                     out/target/product/generic/root/file_contexts system
BUILD_ID=OPENMASTER                         Install system fs image: out/target/product/generic/system.
OUT_DIR=out                                                                                   img
==========================================  Target ram disk: out/target/product/generic/ramdisk.img
$ make
```

図2 Androidのコンパイル

することが可能です．
　lunchで指定している引数は，ビルドする対象となるターゲットを指し示します．iVeiaのAndroidの環境はfull-engでZynqをビルドするような設定になっています（図2）．
　コンパイルが終了すると，outディレクトリに次のイメージが出来上がります．
・out/target/product/generic/ramdisk.img
・out/target/product/generic/system.img
　ramdiskがrootファイル・システム（cpio形式）で，通常読み出し専用（RO）で展開します．そして，system.imgがAndroidの主要ライブラリやアプリケーションが格納されたイメージで，/systemにマウントされるべきイメージです．

● Androidの起動
　これらをあらかじめ立ち上がっているLinuxに展開，マウント（例えばそれぞれ/mnt/root，/mnt/root/systemに展開，マウント）し，chrootで実行すれば，それでAndroidが立ち上がります．

```
zynq$ cd /mnt/root
zynq$ tar zxvf ramdisk.tar.gz
zynq$ mount system.img /mnt/root
zynq$ chroot /mnt/root /init
```

● Android 4.4.Xへの対応
　iVeia社が用意しているAndroidは，筆者が試した時点ではバージョンが4.2.2でした．しかし，今や4.4.2のKitKatが提供されています．
　Androidを構築する基本的な手順は4.2.2と同じです．細かい違いは次の通りです．
・カーネル構築時の次のオプション
　CONFIG POWER SUPPLY を有効にする
・repoで参照するサイトがgoogleの本家

```
$ repo init -u https://android.
googlesource.com/platform/manifest -b
android-4.4.2_r1
$ repo sync
```

リスト1　logi3D用のdtsの追加分

```
logi3d0: logi3d@0x400b0000 {
  compatible = "xylon,logi3d-1.04.d";
  ip-major-revision = <1>;
  ip-minor-revision = <4>;
  ip-patch-revision = <3>;
  interrupts = <0 57 0>;
  reg = <0x400b0000 0x0400>;
  buffer-offset = <1080>;
  xy-length = <11>;
  uv-length = <11>;
  use-multitexture = <0>;
  use-stencil = <1>;
  use-aa = <1>;
  pixel-componenet-format = "ARGB";
  sw-mem-3d-internal = <0x36000000
                                    0x0a000000>;
  sw-video-mem = <0x30000000 0x1950000>;
  default-fb-name = "/dev/fb2";
  default-cvc-layer = <0 1>;
};
```

写真3　Linux用OpenGL ES 1.1デモ・アプリケーションの様子
チェッカーフラッグが変形するアニメーションがスムーズに動く．

写真4　Android付属apiDemos.apkのKubeの動作の様子
キューブを動かすアニメーションがスムーズに動く．

## 3. Androidを拡張する ～グラフィックス・アクセラレータ～

作成したAndroidを動かしてみても，このままでは素のAndroidが動いているだけで，FPGAを使って動かす意味はあまりありません．そこで，いくつかの拡張をしてみましょう．

● OpenGLアクセラレータへの対応

Android 4.0からはcopybitが廃止され，グラフィックス・アクセラレータとしてはOpenGLに統一されました．ZynqのPS部（プロセッサ部分）にはOpenGL対応アクセラレータを内蔵していないので，ここでようやくFPGAの出番（PL部にアクセラレータを実装）となります．FPGA上にOpenGLのアクセラレータを追加すれば，Androidの表示もOpenGLのアプリケーションもアクセラレーションされます．

● OpenGL対応グラフィックスIPコアlogi3D

ここではOpenGL対応グラフィックスIPコアとして，Xylon（ザイロン）社のlogi3DをFPGAに組み込んでみます．もちろんFPGA側にアクセラレータがあっても，Linux側がそれを知らなくては使うことができません．そのために次の追加が必要です．

・dtsの変更（ハードの追加をLinux カーネルが知るため，リスト1参照）
・OpenGL用のドライバの追加
　（Xylon社よりダウンロード）
・OpenGL用のライブラリの追加
　（Xylon社よりダウンロード）

OpenGLはLinux上で動作するので，念のためにAndroidを動作させる前に通常のOpenGL ES 1.1のアプリケーションをLinux上で動作させておきましょう．3Dのデモが高速に動作します（写真3）．

AndroidではOpenGLのアクセラレータが，/system/lib/egl/の下に設定ファイル（egl.cfg）とライブラリを置くことで機能します．/system/lib/egl/の下のファイルの様子と，egl.cfgの内容例は次のようになります．

```
% ls
egl.cfg libGLES_android.so* libGLES_xylon.so
% cat egl.cfg
0 0 android
0 1 xylon
```

● Android付属APIデモもサクサク動く

参考までに，Androidの開発環境に標準で付属しているapiDemos.apkのKube（写真4）と，OpenGL 3D Showcaseを動作させてみましょう．アクセラレータなしの素のAndroidより（かなり）高速に動作していることが分かります．Androidのフレームワークは2DグラフィックスのアクセラレーションもOpenGLを使って動作しています．OpenGLのアクセラレータがあることでAndroidの動作は"サクサク"動くようになります．

## 4. Androidを拡張する ～カメラ入力～

● /dev/video0を使う

Zynqに標準のカメラ・モジュールはないものの，写真2のLCDモジュールにはカメラが付いています．またZynqにはUSBホストが内蔵されているので，USB経由でUVCカメラを追加することが可能です．

Linux上でそれらのカメラを使うには，ドライバと

して/dev/video0がサポートされ，多くのカメラ・ビデオのLinuxアプリケーションで使われているビデオ用のライブラリであるL4V2（Linux for Video 2）が用意されています．

しかし，Androidでは/dev/video0が使われることはあまり想定していないようで，標準では/dev/video0が使えるようにはなっておらず，カメラの機能を使うにしてもSoCのカメラ機能をAndroidのフレームワークの拡張機能で使っているケースが多いようです．

それではAndroidでは/dev/video0が使えないのかというとそうでもなく，ソースを眺めているとhardware/ti/omap4xxx/camera/V4LCameraAdapterというV4L用のモジュールがあり，これが使えそうです．このモジュールを単純にコンパイルしてもバグがあるようで使えなかったのですが，筆者がなんとかバグ・フィックスをすることで使えるようになりました（やれやれ…）．

● **Androidにおけるハードウェアの追加**

Androidではセキュリティに気を付けているということもあり，Linuxでは使えるさまざまな機器や機能を気軽にがつながるような設計にはなっていません．例えばUSBは限定的にしか使えませんし，/dev/memのようなカーネルの中身を直接見ることができるものは使えないようになっています．suコマンドも通常は使えません．

仮に/dev/memやsuを使えるようにしてしまうと，悪意のあるアプリケーションをインストールした際に，セキュリティを脅かす穴となってしまい，個人情報などが盗まれかねません．

その代りに，標準で持っていてほしい機能は，限定的に各Android端末でサポートすることができるフレームワークの口が用意されており，それが/system/lib/hwの下の各ディレクトリに展開されています．

例えば，Androidをコンパイルする際に，lunchコマンドの引数をfull grouper-userdebugに変えると，Tegra3（nVIDIA社）のハードウェアを想定した構成のAndroidができあがります（プロプライエタリなモジュールが必要なので，あらかじめそれらのファイルを別途用意しておく必要があるので注意）．結果として/system/lib/hwには，次のモジュールがインストールされます．

- /system/lib/hw/camera.tegra3.so
  ：カメラ用ライブラリ
- /system/lib/hw/gps.tegra3.so
  ：gps用ライブラリ
- /system/lib/hw/gralloc.tegra3.so
  ：フレーム・バッファ・ライブラリ
- /system/lib/hw/hwcomposer.tegra3.so

：レイヤ合成用ライブラリ

またgrouperの個別設定ファイルである次のファイルもインストールされます．

- init.grouper.rc
- init.grouper.usb.rc
- ueventd.grouper.rc

起動時にはこれらのgrouperの名称が付くファイルが個別設定をするために実行され，実行時にはTegra3のライブラリが標準のライブラリの代わりに呼ばれます．これにより各ハードウェアの個別対応が可能になっています．

● **/dev/video0を使う設定**

カーネルの起動時のパラメータにandroidboot.hardwareを設定するようにすれば，Androidの初期化時に指定されたrcも読み込まれます．ここではcqpubをパラメータにしてみます．

　　androidboot.hardware=cqzed

その上で，ueventd.cqpub.rcを用意します．

　　/dev/logi2D3D 0666 system system
　　/dev/video0 0666 system system

/system/lib/hw/にはcamera.cqpub.soをコピーしておきます．これで/dev/video0が使えるようになりました．標準のカメラ・アプリケーションでカメラを使うことができます．

## 5. Androidを拡張する ～GPIO～

● **GPIOを使いたい**

次はAndroidでGPIOを使ってみます．Linuxでは/sys/class/gpio以下のファイルにアクセスすることでGPIOをアクセスすることができます．例えば，Androidが起動する前に，あらかじめ/sys/class/gpio/gpio10/valueを使えるようにしておけば，valueというファイルに1を書き込むことで，GPIOへの'1'を出力したことになります．

例として，Linux上でgpio10を有効にするには，次のように操作します．

```
# echo 10 > /sys/class/gpio/export
# cd /sys/class/gpio/gpio10
# chmod 555 value direction
# echo out > direction
```

このようにAndroid起動前にGPIOを有効にしておくことで，ファイル・システムのリード/ライトでGPIOをアクセスすることができます．

注意点として，この方法ではセキュリティ上問題があるため実際の運用として使えるかどうかは検証の必要があります．つまり，/sys/class/gpio/gpio10/valueは誰でも書き込めてしまうため，悪意あるアプリケーションが勝手に値を書き込んでしまう可能性

リスト2　GPIOアクセス・クラス

```java
class GPIO_out extends GPIO_base implements OnCheckedChangeListener {
  FileWriter value;

  GPIO_out(MainActivity activity, final String gpio_no){
    super(activity, gpio_no);
  }

  void init() throws IOException {
    super.init("out");
    value = new FileWriter(gpio + "/value");
  }

  void on_off(boolean sw) throws IOException {
   if ( value != null ) {
      value.write(sw?"1":"0");
      value.flush();
    }
  }
}
```

リスト3　Androidアプリケーション・メイン画面

```java
Button button_on, button_off;
private GPIO_out gpio_out_10;

@Override
protected void onCreate(Bundle savedInstanceState) {
        super.onCreate(savedInstanceState);
        setContentView(R.layout.activity_main);

        button_on = (Button) findViewById(R.id.button_on);
        button_on.setOnClickListener(
                        new OnClickListener() {
                                public void onClick(View arg0) {
                                        gpio_out_8.on_off_with_message(true);
                                        gpio_out_10.on_off_with_message(true);
                                }
                        });

        button_off = (Button) findViewById(R.id.button_off);
        button_off.setOnClickListener(
                        new OnClickListener() {
                                public void onClick(View arg0) {
                                        gpio_out_8.on_off_with_message(false);
                                        gpio_out_10.on_off_with_message(false);
                                }
                        });
                        progress_bar.incrementProgressBy(1);
                        try {
                          create_GPIO_in_Thread();
                } catch (IOException e) {
                        showMessage(e.toString());
                }
}
public boolean onKeyDown(int keyCode, KeyEvent event) {
                if(keyCode != KeyEvent.KEYCODE_MENU){
                        return super.onKeyDown(keyCode, event);
                }else{
                        return true;
                }
}
```

があります．GPIOの先にモータが付いていれば，それは意図しないモータの動きになってしまうかもしれません．

● JavaからGPIOをアクセスする

　セキュリティの問題はあるにしろ，/sys/class/gpio/gpio10/valueが一度アクセスできるようになったら，今度はJavaから容易にアクセスすることが可能です．Javaでアクセスするためのclassをリスト2に示します．

　このクラスは，OnCheckedChangeListenerを実装しています．これによりAndroidのボタンが押されることで呼ばれるように登録しておくと，GUIのボタンに連動して評価ボードのGPIOのLEDがON/OFFすることになります（リスト3）．

図3 Androidアプリケーション開発の様子

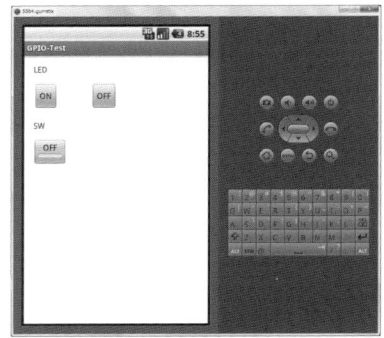

図4 Androidアプリケーションのエミュレーションの様子
実際のGPIOアクセスは動作しないが，アプリケーションとしての動作は確認することができる．

　Androidアプリケーションは統合開発環境Eclipseを使って開発します．**図3**にAndroidアプリケーション開発の，**図4**にはAndroidアプリケーションのデバッグ中（エミュレーション）の様子を示します．

● 実機での動作
　**写真5**にAndroidが起動した様子を示します．ここから，作成したAndroidアプリケーションGPIO-Testを起動します．実際にLEDの点灯状態や，スイッチの入力状態を制御している様子を**写真6**に示します．
　使用した評価ボードにはHDMIコネクタも搭載されていて，HDMI-DVI変換ケーブルを使用することで，DVI対応ディスプレイにも表示できます．その場合，タッチ・パネルによる操作ができないので，USBマウスを接続して操作することになります．USBマウス接続時は，マウス・カーソルが表示され，現在のポイント点が示されます（**写真7**）．
　今回はベンダ純正評価ボード（ZC702）でAndroidを動作させましたが，より安価な評価ボードであるZedBoard（Avnet社）へもAndroidを移植中です．ご期待ください．

　　　　　　　＊　　　＊　　　＊

　ここまでZynq上でAndroidを起動し，アプリケーションも組んでみました．Zynqが標準的なARMのSoCを含んで，Linuxもサポートされているため，フレーム・バッファさえあればAndroidが動作することも分かりました．
　全体をきびきび動かそうと思えばアクセラレータは必須ですが，通常のAndroid端末ではなく，産業用途などに限れば，アクセラレータなしでも使えるシチュエーションはありそうです．また，カメラを使用した

---

### コラム　組み込みJavaとNext Generation

　組み込みJavaの発想は次のように説明できます．多くの便利なライブラリがそろっていれば，OSは比較的薄く堅牢でなくてもよい．OSの上にJVMなどのバーチャル・マシンを使う．そして，アプリケーションはJavaなどのスクリプト系言語で書く．
　プログラマはOSを提供する人，ミドルウェアを提供する人，アプリケーションを作る人の3種類に分かれて分担作業をする．
　私事ではありますが，2000年にInterface誌に，CPUとしてSH-4を搭載した組み込み機器に，KaffeというJavaのバーチャル・マシンを載せて動かすという記事を書かせてもらいました．当時は，筆者だけではなく，多くの人が組み込みJavaの有効性を見いだし，多くの人がそれに向けてトライしていたと思います．
　あれから十余年，紆余曲折を経て，今や組み込みJavaの子孫（?）ともいえるAndroidが世の中を変えました．Androidでは見事に土台を提供する人とアプリケーションを作る人が分離されています．そして，アプリケーションを簡便に流通させる仕組みも作られました．
　次の10年はどうなるでしょう？ Zynqに代表されるCPU＋FPGA（やわらかいハードウェア）は世の中を変える一つのキーワードになる潜在能力の高さがあると思います．IPコアを提供する人，ミドルウェアを提供する人，アプリケーションを作る人，さらに流通も加われば次の10年も新たな発見があるかもしれません．

(a) システム全体

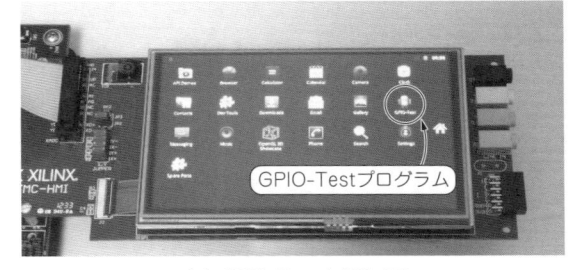

(b) GPIO-Testを起動する

**写真5　Androidが起動した様子**

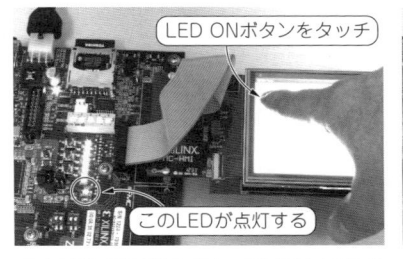

(a) LED ONボタンをタッチするとLEDが点灯

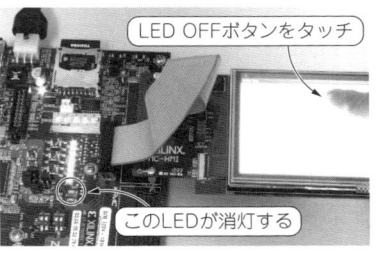

(b) LED OFFボタンをタッチするとLEDが消灯

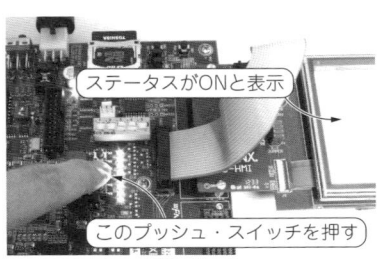

(c) スイッチを押すとSWステータスがONと表示される

**写真6　LEDのON/OFF制御とスイッチ状態入力の様子**

い場合は，/dev/video0をLinux側で用意すれば，Androidの標準的なカメラ・アプリケーションが動作します．さらにGPIOも，セキュリティ上の問題はありますが，容易に使えることも分かりました．

一方，今回の実装では残念ながらFPGAのパワーを有効に使って，Androidと組み合わせたとは言い難いのも事実です．FPGAとうまく融合するためには，そのインターフェースをAndroidらしく考えないといけないでしょう．AndroidにはNDKというJavaからCのライブラリを呼ぶ機能があります．しかし，それらを使うことは，セキュリティ上の問題があったり，汎用性という問題であまり好ましくないかもしれません．

特に，CからあるいはJavaからFPGAを使うということは，何らかのパーミッションをアプリケーションに与えるということで，悪意のあるアプリケーションからの攻撃を防ぐことが困難です．特に，/dev/memを開けてしまうと，セキュリティ上大きな欠陥を抱えることになってしまいます．また，NDKを通してCやC++でプログラムを書くのであれば，ZynqではDirectFBやQtがFPGAのアクセラレータとともに使えるので，わざわざAndroidを載せる必要もなく，Linuxで使った方が使い勝手がいいかもしれません．

単純に「AndroidとFPGAを組み合わせました」という見世物小屋的な状態から脱するには，Javaの便利さとFPGAの持つ柔軟性や高速性を生かしつつ，さらに堅牢性を担保可能なフレームワークを付け加え

(a) システム全体像　操作にはマウスを使う

(b) LED点灯制御/SW入力アプリケーションの画面

**写真7　画面を外付けディスプレイに表示した例**

るなどの，もう一工夫が必要そうです．

すずき・りょうざぶろう　ザイロン・ジャパン

■ ダウンロードURL
- ZynqのFPGAの情報
  http://www.ipcore.jp/Android/
- iVeia社 Androidの情報
  http://git.iveia.com
- repo 入手先
  http://commondatastorage.googleapis.com/git-repo-downloads/repo
- Android 4.4.2 (KitKat) 入手先
  https://android.googlesource.com/platform/manifest

BeagleBoneをモジュール部品として活用

**Appendix 1** 組み込み型高速画像処理システム開発プラットホームを
BeagleBone + FPGA基板で構成

# BeagleBoneの外部バスにFPGAをつないで機能アップ！

江崎 雅康，寺西 修 Masayasu Esaki, Osamu Teranishi

画像位置決め装置，画像検査装置など組み込み型画像処理システムでは，画像通信，判定処理，タイミング制御，処理シーケンス制御などプロセッサに向いた処理と，並列処理，パイプライン処理などFPGAに向いた処理が求められます．ここではARM Cortex-A8を搭載した市販のLinuxカード・コンピュータBeagleBoneと，独自に開発したFPGAボード基板で構成する組み込み型画像処理システム開発プラットホームを紹介します．

● 産業用画像処理システムの構成

産業用画像処理システムの構成としては大きく分けて，
・FPGAとマイクロプロセッサによる組み込み型システム
・Windowsパソコン上の画像処理ソフトウェアによるPC型システム
の2方式があります．

組み込み型画像処理システムはハードウェア開発が必要ですが，その開発に要するコストと時間が大きな課題になっています．標準的な画像プラットホームを使って開発の第1段階をスタートさせることにより，コストを抑えて効率良く開発を進めることができます．

ここで紹介する画像処理システム開発プラットホームは，このような意図に基づいて開発したもので，高機能モデル開発に必要な要素技術を検証することができます．LinuxボードとしてBeagleBoneを使い，Xilinx社製Spartan-6搭載FPGAボードの上に重ね合わせて開発プラットホームを構成しました．両基板のインターフェースはBeagleBoneの拡張バス・コネクタ（46ピン×2）を介して行います．

同種類のローコストLinuxボードとしてRaspberry PiやPandaBoard，BeagleBoardなどが市販されていますが，外部バス・コネクタを備えていないボードでは，FPGAとバス接続して画像フレーム・メモリのピクセル・データを高速にアクセスすることはできません．

BeagleBoneを採用した一番大きな理由はここにあります．BeagleBoneは回路図がOrCADのデータで公開されているので，将来的に独自ハードウェア開発を行う場合のプロトタイピングにも適しています．

● ローコストLinuxボード BeagleBone

表1にBeagleBoneの仕様を示します．画像処理システムでは，搭載されているマイコンの処理速度も重要です．BeagleBoneの720MHzのクロック周波数は，画像処理速度を大幅に改善することができます．

写真1（a）にBeagleBoneの部品面を，写真1（b）にBeagleBoneのはんだ面を示します．カード・サイズの6層基板の両面に，プロセッサAM3359，DDR2 SDRAM，電源マネージメントIC，Ethernet，USB（ホスト／ターゲット），マイクロSDコネクタが所狭しと実装されています．

基板両サイドに配置されたP8，P9プラグは外部拡張用のコネクタです．部品面に実装されているので，この拡張コネクタへ拡張基板を接続する場合は，工夫が必要です．

通常のヘッダ・コネクタで接続しようとすると，基板上部のEthernetコネクタRJ45と接触してうまく接続できません．長ピン型のヘッダ・ピンを使うか，拡張基板のエッジをRJ45の側面ギリギリに設計する必要があります．

BeagleBoneは組み込み制御に必要な，
・GPIO
・UART

表1 BeagleBoneの仕様

| 項　目 | | 仕　様 |
|---|---|---|
| CPU | CPUコア | AM3359 (ARM Cortex-A8) |
| | クロック | 最大 720MHz |
| | L1キャッシュ（バイト） | コード：32K，データ：32K |
| | L1キャッシュ（バイト） | 256K |
| | ROM（バイト） | 176K |
| | RAM（バイト） | 64K |
| メモリ（バイト） | | 256M DDR2 SDRAM 400MHz |
| 電源 | | USBバス・パワー，外部5V |
| 周辺ペリフェラル | Ethenet | 10MHz/100MHz，RJ45 |
| | SD/MMCコネクタ | マイクロSDカード |
| | USBホスト | ハイスピードUSB 2.0 |
| | USBターゲット | ハイスピードUSB 2.0 |
| | 拡張コネクタ | 46ピン×2列 |
| 基板重量 | | 39.68g |
| 基板サイズ | | 86.36mm × 53.34mm，6層 |

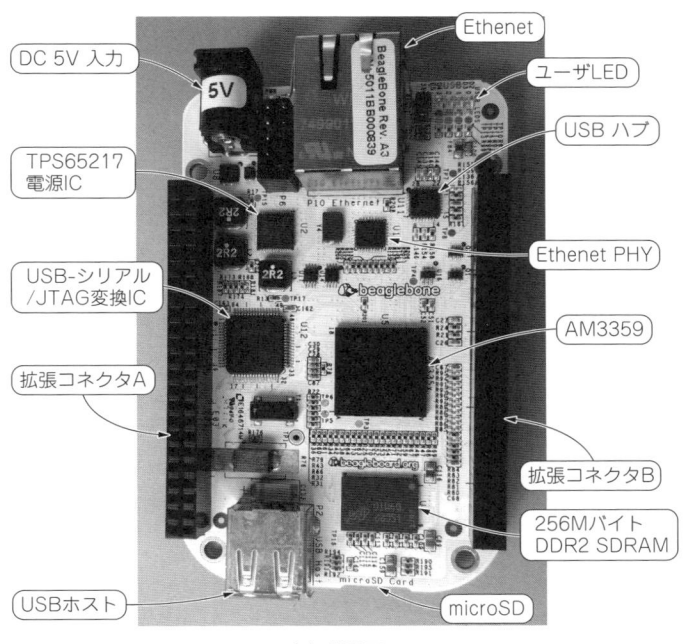

(a) 部品面 — ラベル: DC 5V 入力, TPS65217 電源IC, USB-シリアル/JTAG変換IC, 拡張コネクタA, USBホスト, Ethenet, ユーザLED, USB ハブ, Ethenet PHY, AM3359, 拡張コネクタB, 256Mバイト DDR2 SDRAM, microSD

(b) はんだ面 — ラベル: USBターゲット, JTAG, microSD カード

**写真1　BeagleBoneの外観**

- A-Dコンバータ
- SPI
- I²C
- CAN
- タイマ
- ウォッチドッグ・タイマ
- RTC（リアルタイム・クロック）

などをひととおり備えています．

その上で，高機能組み込みシステムに求められる，

- ネットワーク（Ethernet，USB）
- ストレージ（MMC/SDカード）
- 大容量メモリ（DDR2メモリ・コントローラ）
- 表示機能（液晶，タッチパネル・インターフェース）

などを内蔵しています．

筆者がこのプラットホームの開発に着手したのは2012年1月で，ちょうどこのBeagleBoneが8,000円前後で日本でも発売され始めたときでした．当初は試作用のCPUモジュール基板という認識でしたが，その後BeagleBone Blackが5,000円で発売されました．現在は，「ひょっとすると組み込みハードウェア開発のアプローチを変える必要があるのかも…」と考え始めています．

自動車やスマートフォンなどの大量生産品はともかく，筆者が手掛ける産業システム用のハードウェアは少量多品種が特徴です．このクラスのプロセッサとDDRメモリなどを搭載した回路の基板開発には多くのスキルと時間，コストが求められます．

ひょっとするとBeagleBoneを一つの部品と見なして，その周辺に必要な回路を追加するという設計手法が求められる時代が来るかもしれません．

● Spartan-6（XC6SLX45，XC6SLX150）搭載 CQBB-IMG45/150

写真2にFPGAボードCQBB-IMG45/150を示します．用途に応じた使い分けを考慮して，FPGAボードは

- XC6SLX45-2FGG484搭載のCQBB-IMG45
- XC6SLX150-2FGG484搭載のCQBB-IMG150

の2種類を開発しました．

XC6SLX45-2FGG484とXC6SLX150-2FGG484はいずれもXilinx社Spartan-6シリーズの484ピンBGAパッケージの製品です．集積度はロジック・セル数で3倍以上の差がありますが，ピンの信号配列には上位互換性があります．

表2はCQBB-IMG45/150の仕様一覧表です．CQBB-IMG45はXC6SLX45-2FGG484を搭載した普及版です．無償で使えるISE WebPACKを使えるので，手軽に画像処理のテスト評価を行うことができます．

また，NTSC画像入力インターフェースを備えているので，ローコスト画像処理システムの評価ができます．そして高速SRAMは2Mバイトのフレーム・メモリを2系統備えています．

CQBB-IMG150はXC6SLX150-2FGG484を搭載した高機能版です．高速フレーム・メモリもCQBB-IMG45

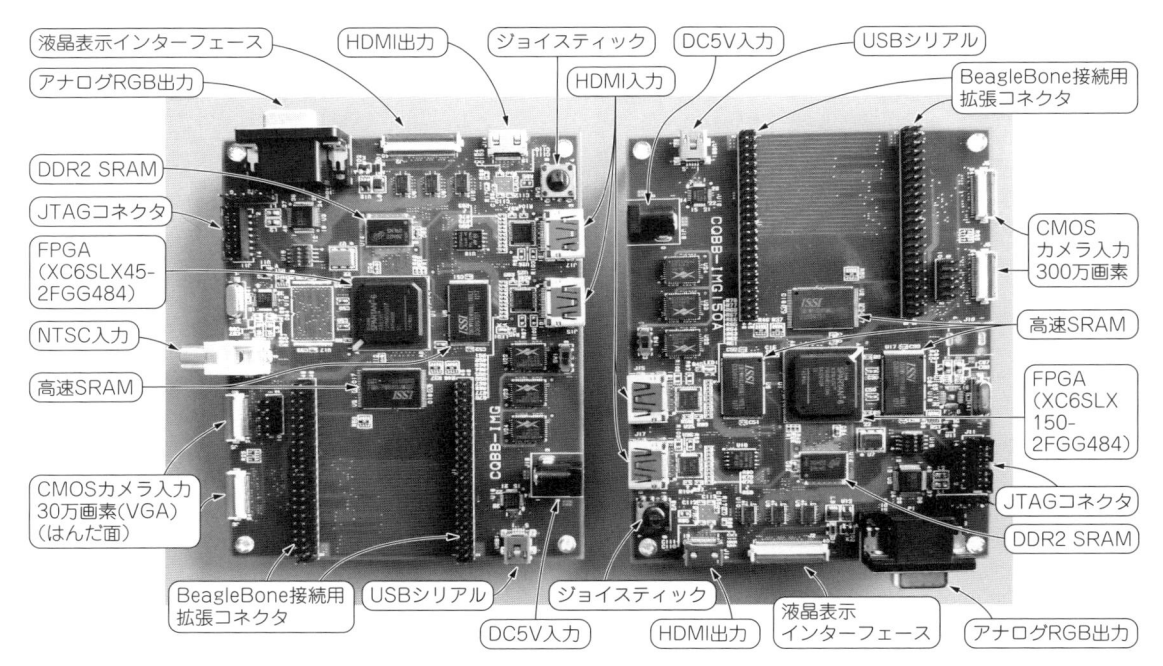

**写真2** Spartan-6搭載FPGAボード CQBB-IMG45（左）/150（右）

**表2 CQBB-IMG45/150の仕様一覧表**
詳細情報：http://www.esp.jp/

| 項　目 | 仕　様 | |
|---|---|---|
| | CQBB-IMG45 | CQBB-IMG150 |
| 搭載FPGA（Spartan 6 LX） | XC6SLX45-2FGG48 | XC6SLX150-2FGG48 |
| 高速SRAMフレーム・メモリ（データ・バス16ビット幅） | 2Mバイト×2 | 4Mバイト×3 |
| DDR2 SDRAM | 128M（MT47H64M16） | 128M（MT47H64M16） |
| CMOSカメラ（VGA）入力インターフェース | 2チャネル | 2チャネル |
| 300万画素CMOSカメラ入力インターフェース | なし | 2チャネル |
| NTSC画像信号入力 | 1チャネル | なし |
| HDMI入力（標準コネクタ） | 2チャネル | 2チャネル |
| アナログRGB出力 | 1チャネル | 1チャネル |
| HDMI出力（miniHDMIコネクタ） | 1チャネル | 1チャネル |
| VGA解像度TFT液晶表示インターフェース | 1チャネル | 1チャネル |
| USBシリアル変換 CP2102 | 1チャネル | 1チャネル |
| 4方向ジョイスティック（発射ボタン付き） | 1個 | 1個 |
| 電源 | 外部5V | 外部5V |
| 拡張コネクタ | 46ピン×2列（BeagleBone対応） | 46ピン×2列（BeagleBone対応） |
| 基板サイズ | 135mm×110mm，6層 | 135mm×110mm，6層 |
| 定価 | 46,000円（消費税別途） | 120,000円（消費税別途） |

の3倍の容量を搭載しています．写真3に示すCマウント・レンズ・ホルダを備えた300万画素CMOSカメラの入力インターフェースを備えています．なおISE WebPACKではXC6SLX150はサポートされていないので，開発には製品版のISEを使う必要があります．

表2に示すようにCQBB-IMG45/150は4種類の画像入力インターフェース，3種類の画像出力インターフェースを備えています．画像フレーム・データの高速並列処理用として，タイミング設計が容易な高速SRAMフレーム・メモリを搭載しました．

表3 AM3359プロセッサのメモリ・マップ

| ブロック名 | 開始番地(HEX) | 終了番地(HEX) | サイズ(バイト) | 備 考 |
|---|---|---|---|---|
| GPMC 外部メモリ | 0x0000_0000 | 0x1FFF_FFFF | 512M | 8/16ビット外部メモリ |
| 予約 | 0x2000_0000 | 0x3FFF_FFFF | 512M | 予約 |
| ブートROM | 0x4000_0000 | 0x4001_FFFF | 128K | |
| | 0x4002_0000 | 0x4002_BFFF | 48K | |
| 予約 | 0x4002_C000 | 0x400F_FFFF | 848K | 予約 |
| | 0x4010_0000 | 0x401F_FFFF | 1M | |
| | 0x4020_0000 | 0x402E_FFFF | 960K | |
| | 0x402f_0000 | 0x4020_03FF | 64K | |
| 内部SRAM | 0x402F_0400 | 0x402F_FFFF | | 32ビット |
| L3 OCMC0 | 0x4030_0000 | 0x4030_FFFF | 64K | 32ビット |
| 予約 | 0x4031_0000 | 0x403F_FFFF | 960K | 予約 |
| | 0x4040_0000 | 0x4041_FFFF | 128K | |
| | 0x4042_0000 | 0x404F_FFFF | 896K | |
| | 0x4050_0000 | 0x405F_FFFF | 1M | |
| | 0x4060_0000 | 0x407F_FFFF | 2M | |
| | 0x4080_0000 | 0x4083_FFFF | 256K | |
| | 0x4084_0000 | 0x40DF_FFFF | 5888K | |
| | 0x40E0_0000 | 0x40E0_7FFF | 32K | |
| | 0x40E0_8000 | 0x40EF_FFFF | 992K | |
| | 0x40F0_0000 | 0x40F0_7FFF | 32K | |
| | 0x40F0_8000 | 0x40FF_FFFF | 992K | |
| | 0x4100_0000 | 0x41FF_FFFF | 16M | |
| | 0x4200_0000 | 0x43FF_FFFF | 32M | |
| L3F CFGレジスタ | 0x4400_0000 | 0x443F_FFFF | 4M | 0x443F_FFFF |
| 予約 | 0x4440_0000 | 0x447F_FFFF | 4M | 予約 |
| L3S CFGレジスタ | 0x4480_0000 | 0x44BF_FFFF | 4M | 0x44BF_FFFF |
| L4_WKUP | 0x44C0_0000 | 0x44FF_FFFF | 4M | L4_WKUP |
| 予約 | 0x4500_0000 | 0x45FF_FFFF | 16M | 予約 |
| McASP0 DATA | 0x4600_0000 | 0x463F_FFFF | 4M | |
| McASP1 DATA | 0x4640_0000 | 0x467F_FFFF | 4M | |
| 予約 | 0x4680_0000 | 0x46FF_FFFF | 8M | 予約 |
| | 0x4700_0000 | 0x473F_FFFF | 4M | |
| ～以下略～ | | | | |

- 4Mバイト×3(CQBB-IMG150)
- 2Mバイト×2(CQBB-IMG45)

リアルタイム動画処理あるいは大容量の画像記憶用に128MバイトのDDR2 SDRAMも搭載しています．さらにジョイスティック・インターフェース(4方向＋発射ボタン)，UART-USB変換チップを使ったUSBインターフェース回路も搭載しています．

● BeagleBoneの拡張バス信号とFPGAとのインターフェース

表3に，AM3359プロセッサのメモリ・マップを示します．プロセッサは，0x0000_0000～0x1FFF_FFFF番地の512MバイトのGPMC(general-purpose memory controller)ブロック空間から外部のメモリ，周辺デバイスをアクセスします．

BeagleBoneの拡張バス・コネクタへの信号はマルチプレクスされており，MODE0～MODE7のいずれ

写真3 300万画素CMOSカメラ・モジュール

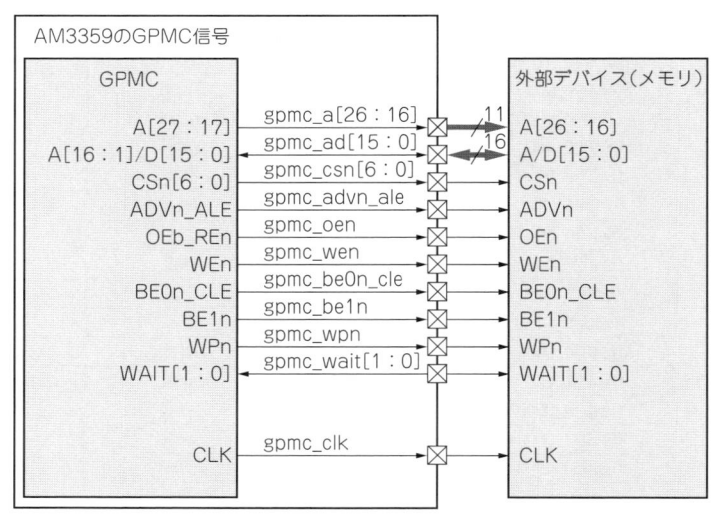

図1 BeagleBone搭載AM3359のGPMCインターフェース信号

かを選択することにより，ピン機能を選択することができます．このピン機能の選択はモードの選択として一括して行われるので，ピンごとに自由に機能を選ぶことはできません．

試作した画像プラットホームではBeagleBoneのMODE0を選択し，16ビット・アドレス／データ多重モードで外部のFPGA，メモリをアクセスします．

AM3359のMODE0では，データ・バス幅は16ビット（A1/D0〜A16/D15），アドレスは27ビット（A1/D0〜A16/D15 + A17〜A27）を備えています．しかし残念ながら，BeagleBoneはA21〜A27を拡張バス・コネクタに出力していません．A17〜A20はgpmc_a0〜gpmc_a3として出力されています．

画像処理システムは大容量の画像データをアクセスする必要があるので，これは少し残念です．

● BeagleBoneからCQBB-IMG45/150をアクセスするためのFPGA側のハードウェア

図1は，AM3359が16ビット・アドレス／データ多重モードで外部のデバイス（メモリや周辺デバイス）をアクセスするときの制御信号線を示したものです．ただしBeagleBoneの場合は，gpmc_a20〜gpmc_a26（A21〜A27に対応）が利用できません．

BeagleBone（プロセッサ）とFPGA間のアクセスは，
・プロセッサとのインターフェース・ロジック
・コマンド＆ステータス・レジスタ
を構成することによって行います．

FPGAに接続された高速SRAMフレーム・メモリおよびDDR2 SDRAMとのアクセスもこのロジック回路を経由して行います．

図2(a)はAM3359の非同期リード・サイクル（16ビット・アドレス／データ多重モード），図2(b)は非同期ライト・サイクルのタイミングです．

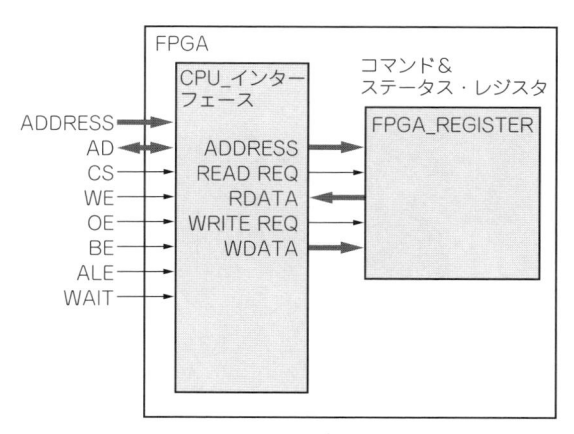

図3にBeagleBoneとのインターフェース・ロジックを示します．図中のCPUインターフェース・ブロックはCPU_IF.VHD，レジスタ・ロジックはFPGA_REGISTER.VHDとして，VHDLで記述しています．BeagleBoneとFPGAとのインターフェースに必要なロジックの他に，
・CMOSカメラ・モジュール初期化用の$I^2C$
・SRAMフレーム・メモリ制御ロジック
・3×3のテンプレート演算パラメータ・レジスタ
なども組み込んでいます．

● BeagleBoneからFPGA内のレジスタおよびフレーム・メモリをアクセス

BeagleBoneから，CQBB-IMG45/150上のFPGAに

図3 BeagleBoneとのインターフェース・ロジック

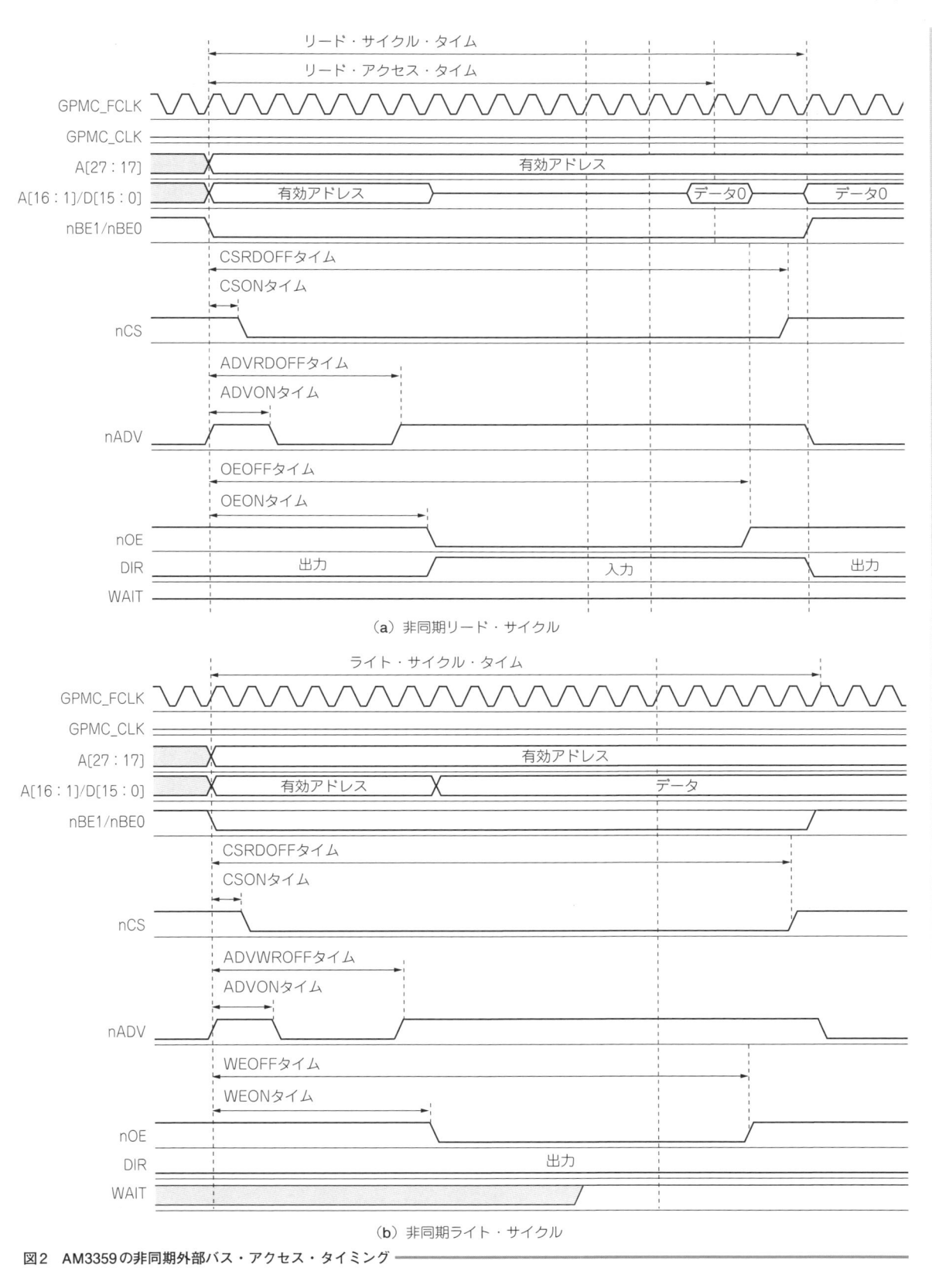

(a) 非同期リード・サイクル

(b) 非同期ライト・サイクル

図2 AM3359の非同期外部バス・アクセス・タイミング

**写真4** BeagleBoneとFPGAボード(CQBB-IMG150)をスタック接続した様子

接続されたSRAMフレーム・メモリ内の画像データを読み出し，Ethernetで接続したパソコンのハード・ディスクにファイルとして格納するプログラムを開発しました．

外部バスのアクセスに使用したプログラムは，BeagleBoneのLinuxに用意されていたソースに少し手を加えたものです．パソコンへの画像データ・ファイルの転送には，ファイル共有プログラムsamba.cを使いました．

● BeagleBone＋FPGAの今後
　～BeagleBone Blackか，Zynqか～

筆者はこのプラットホームを，並列画像処理技術による産業用高精細スクリーン印刷マスク検査装置の開発に活用して効果を上げています．

BeagleBone＋FPGAは開発の1ステップのつもりでした．製品化の段階では，AM3359とFPGAを1ボード化するか，あるいはXilinx社のプログラマブルSoCであるZynqへの移行を考えていました．

しかし，さらに高機能で低価格のBeagleBone Blackが発売されるに及んで，BeagleBone Black＋FPGAも場合によってはありかなと考え始めています．小ロット多品種が特徴である産業用システムでは，開発に要するコストと時間が大きな課題になっているからです．

検討のポイントは信頼性の保証とコスト，開発環境の成熟度です．"BeagleBone Black Industrial Edition"のような商品がリリースされれば，これを部品と見なして設計に取り入れていくことも考えられます．最後にBeagleBoneとFPGAボードを接続した様子を**写真4**に示します．

えさき・まさやす　（株）イーエスピー企画
てらにし・おさむ　（株）イーエスピー企画　土日システム開発部

OpenCLは
GPUだけ
じゃない

# Altera社製FPGA Stratix VをOpenCLで開発できる
# OpenCL for FPGAの最適化テクニック

大澤 俊晴 Toshiharu Oosawa

FPGAマガジンNo.4でOpenCL for FPGAの概要について紹介しました．今回は応用編としてOpenCL for FPGAの最適化テクニックについて解説します．最適化の柱は，パイプライン・スループットの向上，パイプライン・レイテンシの削減，メモリI/Oの効率化の3本です．

OpenCLを利用するメリットの一つは，プラットホームに依存しない点でしょう．正しく実装されたOpenCLプログラムは，どのようなOpenCL対応デバイス上でも正しく動くことが期待できます．ただし，「パフォーマンス」に関しては，いかなる保証もありません．デバイスが変われば，適切なOpenCLプログラムの書き方も変わります．裏を返せば，デバイスの特性に合わせてコードを記述すれば劇的に性能を向上させることができるといえるでしょう．

今回は，OpenCL for FPGAのソース・コードを元に，FPGAにおけるOpenCLカーネルの最適化テクニックについて解説します．

## 1 最適化テクニックの概要

### ● 用語の定義

本題に入る前に，使用する用語の定義をしておきましょう．

- カーネル…OpenCLでは，ホストとデバイス（FPGAなど）で動作するプログラムを明確に区分しており，デバイス側で動作するOpenCLプログラムのことをカーネルと呼ぶ．
- レイテンシ…あるワーク・アイテムの処理がカーネル・パイプラインに入ってからパイプラインを出るまでのサイクル数
- スループット…単位時間当たりに処理可能なワーク・アイテム数
- ワーク・アイテム…一般的な「スレッド」と同義で，カーネルはワーク・アイテム単位で処理を実装する．
- ワーク・グループ…ワーク・アイテムの集合
- 演算のベクトル化…繰り返し処理で配列の要素をひとつひとつ計算しているような部分を，高速に演算できるように変形すること．

### ● 最適化項目

OpenCL for FPGAの最適化は，次の3項目に大きく分けることができます．

(1) パイプライン・スループットの向上

スループットを向上させることは性能を向上させることと同義です．これ以外の最適化テクニックは，スループット向上のためのお膳立てといっても過言ではありません．スループットを向上させるには多くのリソースが必要となります．

(2) パイプライン・レイテンシの削減

レイテンシは，カーネル・パイプラインの深さ・複雑さと直結しています．これを削減することはリソース消費を減らすことにつながります．リソース消費が減れば，減った分のリソースをスループット向上に割り当てることができます．

(3) メモリI/Oの効率化

データ・インテンシブなアプリケーションでは，メモリI/Oの効率化が非常に重要になります．OpenCL規格には四つのメモリ空間があり，性能特性が異なるため，これらを使い分けることで効率の良いOpenCLプログラムを開発することができます．

## 2 パイプライン・スループットの向上

パイプライン・スループットを上げるには次の方法があります．

(1) カーネル・パイプラインの多重化
(2) 演算のベクトル化

### ● カーネル・パイプラインの多重化

num_compute_unitsアトリビュートをカーネル関数に付与すると，カーネル・パイプラインを多重化することができます（図1）．num_compute_unitsアトリビュートには引数を指定することができ，指定した数だけ多重化されます．リスト1はカーネル・パイプラインを二つに多重化する例です．

### ● 演算のベクトル化

演算のベクトル化ですが，OpenCL組み込み型のベクトル型を使用して記述を行います．512要素の配列の加算がベクトル化される様子を図2に示します．

OpenCL規格では2，4，8，16幅のベクトル型をサポートしており，**リスト2**に幅4のベクトル型を使用する例を示します．

**リスト2**では手動でベクトル化を行いましたが，Altera OpenCL Compiler Driver (aoc) はアトリビュートを使用した半自動ベクトル化をサポートしています．**リスト3**にnum_simd_work_itemsアトリビュートを使用した半自動ベクトル化を行う例を示します．ワーク・グループのサイズをコンパイラに伝えるためのreqd_work_group_sizeアトリビュートを併用する必要がある点に気を付けてください．このアトリビュートを付けなければ，コンパイラは自動ベクトル化を行うことができません．

パイプライン多重化とベクトル化はどちらも同じように演算スループットを向上させるための手段であり，それぞれにメリットとデメリットがあります．

パイプライン多重化のメリットは，リソースさえ足りていれば必ずスループットを向上できるという点です．ベクトル化ができるか否かはプログラムのコントロール・フローに依存します．一方，ベクトル化はよりリソース消費が少なく，メモリI/Oの粒度を上げることができるため，より効率的なスループット向上が望めます．

これらの手法を状況に応じて使い分け，場合によっては併用することも考えましょう．

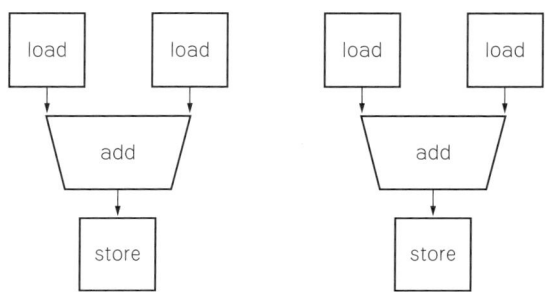

**図1 カーネル・パイプラインの多重化**

**図2 演算のベクトル化**

**リスト1 num_compute_unitsアトリビュートの指定**

```
__attribute ((num_compute_units(2)))
__kernel void vec_add(__global float* A, __global float* B, __global float* C)
{
  C[get_global_id(0)] = A[get_global_id(0)] + B[get_global_id(0)];
}
```

**リスト2 ベクトル幅4の指定**

```
__kernel void vec_add(__global float4* A, __global float4* B, __global float4* C)
{
  int n = get_global_id(0);
  C[n] = A[n] + B[n];
}
```

**リスト3 num_simd_work_itemsアトリビュートの指定**

```
__attribute ((num_simd_work_items(4)))                  // 4レーンにベクトル化
__attribute ((reqd_work_group_size(64, 1, 1)))          // workgroupサイズは(64, 1, 1)の倍数に固定
__kernel void vec_add(__global float* A, __global float* B, __global float* C)
{
  int n = get_global_id(0);
  C[n] = A[n] + B[n];
}
```

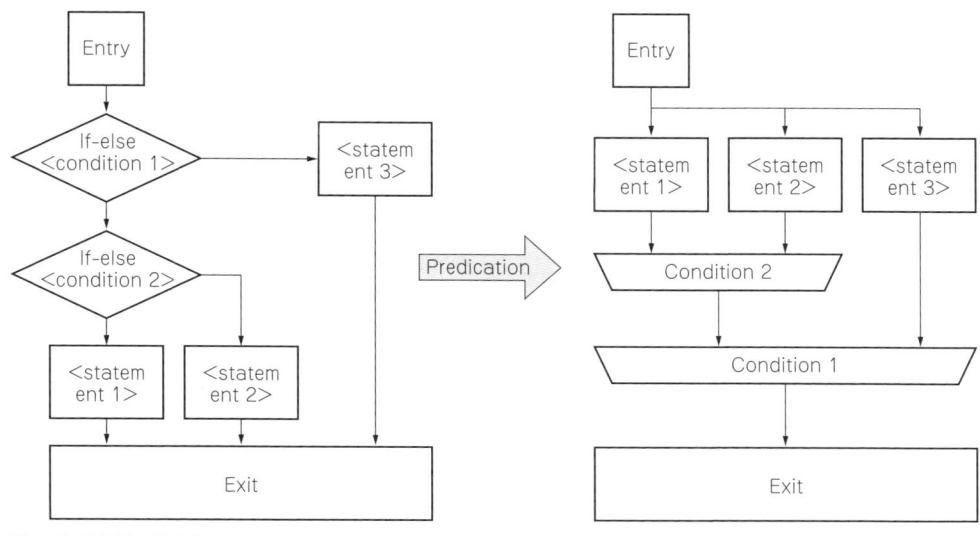

図3　条件分岐の最適化

## 3 パイプライン・レイテンシの削減

　パイプライン・レイテンシを削減するためには，OpenCLカーネル・コードがどのようなパイプラインに変換されるかを知っておく必要があります．本節ではリソース消費が大きくなると言われている条件分岐，ループ構造，浮動小数点数演算について解説します．

### ● 条件分岐について

　まず，条件分岐についてです．多くのGPU向けのOpenCL実装では，ワーク・アイテムごとに異なるコントロール・フローを通るような分岐を書くと性能が非常に低下するのですが，FPGAではそのような制限はありません．例えばリスト4に示す条件分岐のコードは，図3のように最適化された回路へ変換されます．全ての条件文が実行され，条件判定文はコンパイラによってシングル・ビットのフラグに置き換えられ，Activeな結果のみが採用されていることが分かります．ただし，全てのベーシック・ブロックの回路が作られるので，リソースをその分消費します．

### ● ループ・アンローリングについて

　次に，ループ・アンローリングについてです．リスト5に示すループ構造は，OpenCL for FPGAでは図4のようにフィードバック・ループへと変換されます．

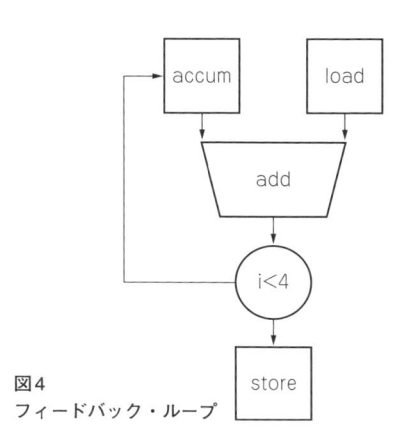

リスト4　条件分岐

```
if (<condition 1>)
{
  if (<condition 2>)
  {
    <statement 1>
  }
  else
  {
    <statement 2>
  }
}
else
{
  <statement 3>
}
```

リスト5　ループ構造

```
__kernel void sum_sample(__global int *x,
                __global int *sum_val)
{
  float accum = 0;
  for (int i=0; i<n; ++i)
  {
    accum += x[i];
  }
  *sum_val = accum;
}
```

図4　フィードバック・ループ

リスト6　#pragma unrollプラグマによる半自動アンロール

```
__kernel void sum_sample(__global int *x,
                         __global int *sum_val)
{
  float accum = 0;
  #pragma unroll
  for (int i=0; i<n; ++i)
  {
    accum += x[i];
  }
  *sum_val = accum;
}
```

```
__kernel void sum_sample(__global int *x,
                         __global int *sum_val)
{
  float accum = 0;
  accum += x[0];
  accum += x[1];
  accum += x[2];
  accum += x[3];
  *sum_val = accum;
}
```

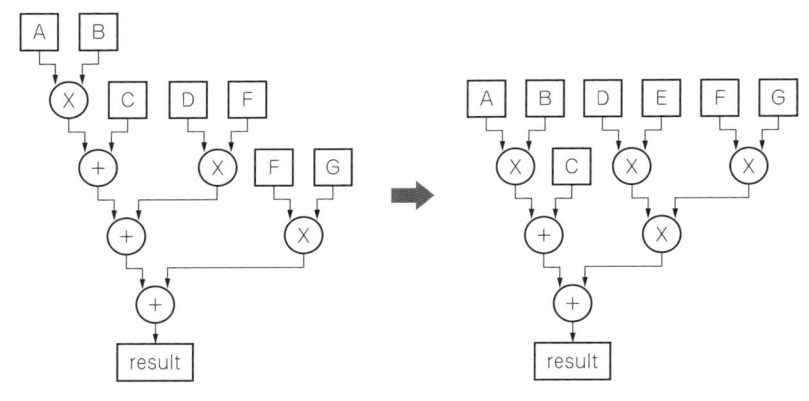

図5　浮動小数点演算のリオーダ

このフィードバック・ループには，ワーク・アイテムの調停のためにFIFOキューが作られており，ループ・ブロックのパイプラインがワーク・アイテムでいっぱいになると，後段のワーク・アイテムの実行はストールしてしまいます．そこで，固定長のループはできるだけ展開してレイテンシを縮めます．

このループ・アンローリングは，もちろん手動でも行えますが，**リスト6**のように#pragma unrollプラグマを使って半自動アンロールすることも可能です．

● 浮動小数点演算について

最後に，浮動小数点演算についてです．OpenCL for FPGAをサポートしているAltera社のFPGAは，モデルによっては多くのDSPブロックを搭載しており，加算はLE（Logic Element）へ，乗算回路はLEとDSPブロックを組み合わせにマッピングされます．DSPブロックの使用により，ある程度LEの消費を抑えることができますが，浮動小数点数演算にはそれでも多くのリソースが必要です．

aocには浮動小数点演算に関するコンパイラ・オプションが存在します．一つは浮動小数点数演算のリオーダを許可するオプションです（-fp-relaxed=true）．ただし，浮動小数点数のリオーダはIEEE 754-2008に準拠しないため，厳密な演算精度が必要な場合は注意してください（**図5**）．

また，浮動小数点数演算のツリーを融合演算へと変換するオプションもあります．-fpc=trueのオプションを付けると，コンパイラは**図6**のように浮動小数点演算のツリーを融合演算へと変換します．このオプションは，演算ノード間の丸め処理を省略し，代わりに仮数部を1桁増やします．こちらのオプションを付けた演算もIEEE 754-2008に準拠しませんが，多くの場合は融合演算の方がより高い精度を得られます．

● 浮動小数点数を固定小数点数に置き換え

値のレンジが問題ないのなら，浮動小数点数を固定小数点数に置き換えることも有効な手段の一つです．

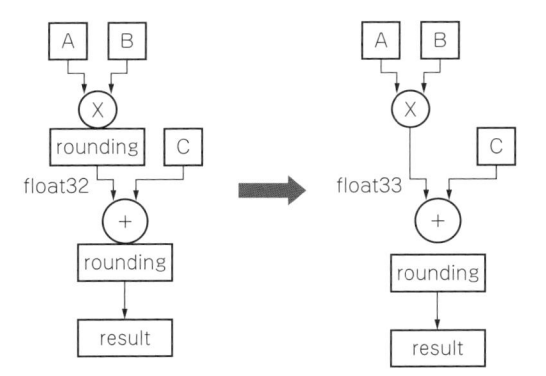

図6　浮動小数点数演算のツリーを融合演算へと変換

リスト7　17ビット固定小数点の例

```
__kernel fixed_point_add(__global const unsigned int * restrict a,
                         __global const unsigned int * restrict b,
                         __global unsigned int * restrict result)
{
  size_t gid = get_global_id(0);
  unsigned int temp;
  temp = 0x3_FFFF & ((0x1_FFFF & a[gid]) + ((0x1_FFFF & b[gid]));
  result[gid] = temp & 0x3_FFFF;
}
```

リスト8　ベクトル変数の代入

```
__kernel void update (__global const float4 * restrict in, __global float4 * restrict out)
{
  out[gid].x = process(in[get_global_id(0)].x);
  out[gid].y = process(in[get_global_id(0)].y);
  out[gid].z = process(in[get_global_id(0)].z);
  out[gid].w = 0;  // 使わなくても代入する
}
```

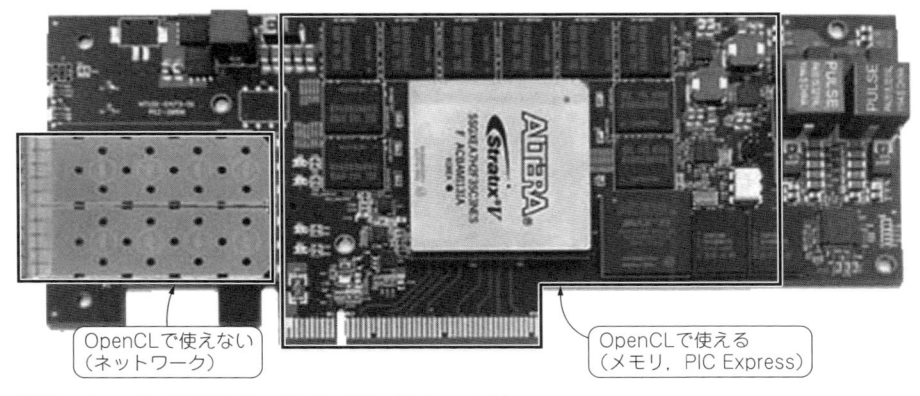

写真1　OpenCL対応評価ボードPCIe-385N（Nallatech社）

ただし，OpenCLは固定小数点数型をサポートしていないため，整数で代用する必要があります．OpenCL for FPGAコンパイラの特徴として，整数演算とマスクを組み合わせることで，17ビット固定小数点のような中途半端な幅の演算を記述することができます（リスト7）．

ほかにもレイテンシを縮めるための手段として，整数の除算やモジュロ演算，アトミック系の組み込み関数などコストのかかる演算をできるだけ避けることも重要です．また，リスト8のようにベクトル変数の代入は全要素同時に行う方が効率的です．現在の値をロード/ストアするよりも定数ストアの方が低コストになるためです．

## 4　メモリI/Oの効率化

● OpenCL対応評価ボードPCIe-385Nのグローバル・メモリ

最後に，メモリI/Oの最適化についてOpenCL対応評価ボードPCIe-385N（Nallatech社）を例にして解説します．大前提として，OpenCL 1.0の規格上カーネルはグローバル・メモリ経由以外の方法で外部I/Oができません（写真1）．

PCIe-385Nのグローバル・メモリの帯域は25.6Gバイト/sとそれほど高くはないため，メモリI/Oがボトルネックになりがちです．よって，メモリI/Oをできるだけ効率化することが重要です．

● コアレス化

まず，コアレス化というテクニックについて解説します．ここでの「コアレス」は「結合・融合」といった意味で使っており，その名の通り，複数のメモリI/Oを結合して一つの大きなメモリI/Oに変換することを言います．OpenCL for FPGAにおいては，小さいアクセス粒度の複数のLSU（Load Store Unit）を大きなアクセス粒度の単一のLSUへ変換すること，と言い換えてもいいでしょう．

グローバル・メモリのLSUは，64バイト以上でのアクセスが最も効率が良くなります．ローカル・メモ

**リスト9 aocによるメモリI/Oのコアレス化**

```
__kernel
void sum_x(__global const float *x,
           __global float *sum_val)
{
  int gid = get_global_id(0);
  *sum_val += x[4* gid + 0];
  *sum_val += x[4* gid + 1];
  *sum_val += x[4* gid + 2];
  *sum_val += x[4* gid + 3];
}
```

→

```
__kernel
void sum_x(__global const float4 *x,
           __global float *sum_val)
{
  int gid = get_global_id(0);
  float4 v = x[gid];
  *sum_val += v.x;
  *sum_val += v.y;
  *sum_val += v.z;
  *sum_val += v.w;
}
```

リの場合はアクセス粒度そのものによる性能差はありませんが，一般的にはメモリ・マスタ数が少ない方が性能は向上するため，LSUは結合した方が望ましいようです．

メモリI/Oのコアレス化自体は，連続した領域へのLSUを結合するものです．すなわち，ベクトル型でメモリI/Oができればコアレス化もできていることになります．また，**リスト9**のようにメモリI/Oの連続性が自明ならaocが自動的にコアレス化を行います．

● **グローバル・メモリは複数バンク構成のDDRメモリ**

PCIe-385Nでは，グローバル・メモリは複数バンク構成のDDRメモリとなっており，別バンクのメモリ・モジュールには並列にアクセス可能です．グローバル・メモリの仮想アドレスのマッピングはデフォルトでは2Kバイトごとのburst-interleavedとなっていますが，これをseparate-partitionsへ変更することができます．separate-partitionsにすることで，メモリ・インターコネクトが単純化され，多くの場合で動作周波数が向上します（**図7**）．ただし，連続するバッファが同じバンクに属することになるため，明示的に所属バンクを管理する必要があります．

仮想アドレスのマッピングをseparate-partitionsに変更するには，aocのオプション --sw-dimm-partition を付けてコンパイルする必要があります．また，ホスト側でOpenCLのメモリ・オブジェクトを生成する際に，Altera社拡張のflagとしてCL_MEM_BANK_1_ALTERA，CL_MEM_BANK_2_ALTERAで示されるバンク番号を指定します．

● **コンスタント・メモリについて**

次にコンスタント・メモリについて説明します．キャッシュ部はLEを使用して構成されており，データ本体はDDRメモリに配置されています．ある程度大きな固定の係数など，全てのワーク・アイテムが参照するような読み込み専用のデータを配置するためには有用です．ただし，キャッシュ・ミスした場合のペナルティがグローバル・メモリよりも大きくなるため，キャッシュ・サイズには注意が必要です．キャッシュ・サイズはaocのオプション（--const-cache-bytes <N>）で変更することができます．

● **ローカル・メモリについて**

最後にローカル・メモリについて解説します．基本的にはLSUの数を少なくすることが重要です．LSUが多くなれば，必然的にインターコネクトが複雑になり，動作周波数が低下します．また，複雑なロード/ストアのパターンも避けましょう．OpenCL for FPGAのローカル・メモリのメモリ・バンク数は可変であり，コンパイラが最適値への調整を行いますが，バンク数が増えるとやはり動作周波数が下がる傾向にあります．

また，OpenCL規格ではカーネル関数の引数にローカル・メモリを渡すことが可能であり，その場合のサイズは可変となっています．しかし，OpenCL for FPGAではコンパイル時にサイズを決定しなければな

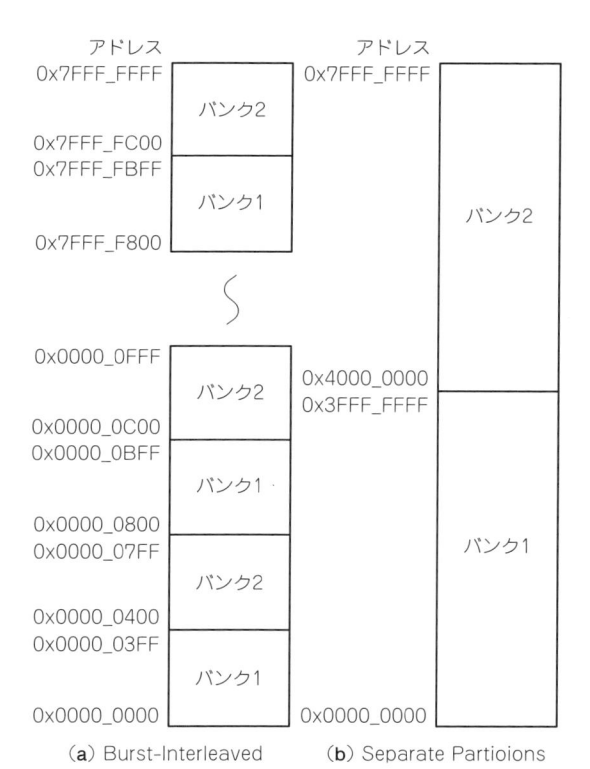

**図7 burst-interleaved と separate-partitions**

(a) Burst-Interleaved　　(b) Separate Partioions

リスト10 __localカーネル引数のサイズを指定

```
__kernel void myLocalMemoryPointer(
  __local float * A,
  __attribute((local_mem_size(1024))) __local float * B,   // B に 1kB 割り当て
  __attribute((local_mem_size(32768))) __local float * C)  // C に 32kB 割り当て
{
~中略~
}
```

りません．デフォルトでは16Kバイトを暗黙的に確保するのですが，local_mem_sizeアトリビュートを使用してこのサイズを指定することで，メモリ・ブロックの使用を抑えることができます（**リスト10**）．

＊　　＊　　＊

以上，OpenCL for FPGAにおける最適化のポイントについて，スループット，レイテンシ，メモリI/Oの三つの観点から解説しました．FPGAは周波数やリソース消費が性能要因となり得ますが，これはCPUやGPU上でOpenCLプログラミングを行っているときには意識することはありません．この違いを意識することが，OpenCL for FPGAにおいては重要です．

今回は解説しませんでしたが，OpenCL for FPGAでは，OpenCL 2.0のパイプという規格を先取りしてチャネルという名前で実装しています．また，タスク・カーネルという1ワーク・アイテムのみで動作する特殊なカーネルもサポートしています．実際の最適化の際には，これらのOpenCL for FPGA特有の機能も利用することで，より効率のよいプログラムを書くことができるでしょう．

おおさわ・としはる　（株）フィックスターズ

定番&最新FPGAの研究　～Altera編～
# Development Kit Example Designを流用した DDR系メモリ搭載システムの開発例

伊藤 圭 Kei Ito

> Altera社からはさまざまな開発評価ボード（Development Kit）が提供されており，それに対応したサンプル・デザイン（Development Kit Example Design）がWeb上で公開されています．DDR系メモリを搭載したシステムの場合，かなりの割合でこのサンプル・デザインを流用することができます．ここではこれらのデザインの活用方法について解説します．

## 1　Development Kit Example Designの概要

### ● 一般的な開発フロー

開発者がAltera社製FPGAのデザインを作成するフローは次のようになります．
(1) ピン情報などのボードに依存した情報の入力・設定
(2) RTLトップの記述
(3) 内部コードの記述
(4) コンパイル
(5) 実機で動作確認

この中で，ピン情報やRTLトップの記述はボード固有の情報なので，それぞれ入力する必要があります．内部コードに関しては既存のプロジェクトのソースが再利用しやすい環境になりつつあります．最近のFPGA開発ツールQuartus IIは，Qsysという新しい組み込みシステム・プラットホームを提供しています．また各種IPもこのQsys対応になったので，一層資産の再利用がしやすくなりました．

### ● リファレンス・デザインを活用

Altera社からはさまざまなリファレンス・デザインがリリースされています．そのうえ，同社のDevelopment Kit用に有用なデザインが同Kitと一緒にリリースされています．これらのデザインは同Kitの購入者でなくても自由にダウンロード，再利用が可能です．これらのデザインを再利用することにより開発者は内部コードの記述時間を大幅に短縮可能です．また初期試験など，早く結果を知りたい場合など，非常に効率良くプロジェクトを進めることができます．

もしターゲット・メモリがDevelopment Kitと同じであれば，パラメータを変更する必要もないので，ピン・ロケーションなど固有情報だけをそれぞれのボード用の設定に変更するだけで済みます．また，同Kit上で複雑な組み込みシステムを構築したい場合に，（既にメモリなどが動いているベース・システムがあるので）その上に必要なコンポーネントを追加していくことで，短時間で大規模なシステムが構築できます．

現在，Altera社のDevelopment Kitはほとんどの場合，次のようなデザインと一緒に出荷されています．
- メモリ・デザイン
- コミュニケーション・デザイン
- ビデオ・デザイン
- PCI Expressデザイン
- Ethernetデザイン

これらのデザインを有効に使うことが開発時間短縮の鍵になるでしょう．

今回はこの中でもメモリを主体としたシステムの構築をいかに短時間で行うかについて，その方法を紹介します．

### ● Development Kit Example Designを使うメリット

Altera社からは数多くのリファレンス・デザインやアプリケーション・ノートなどがリリースされていますが，その全てが実機上で確認されているわけではありません．場合によっては，古いデバイスがターゲットになっているために，新しいデバイス上では全く機能しないデザインもあります．

Altera社がリリースするDevelopment Kit Example Designsはそのボードの上で動くように設計され，また動作確認がされています．よって同じターゲット・デバイスであれば，ベース・デザインとしてすぐに使い始めることが可能です．

全てのDevelopment Kit Example Designではないのですが，Webページ（http://www.altera.com/products/devkits/kit-dev_platforms.jsp）にアップデートが頻繁にアップロードされる（図1）ので，最新のQuartus II開発ソフトウェアでコンパイルできるデザインが多数リリースされています．

もし，今開発中のボードがAltera社のDevelopment Kitとほぼ同じ回路なら，同じデザインが使えるわけなので，そもそもテスト・デザインなどを開発する必要すらなくなります．また，これらのデザインは既に

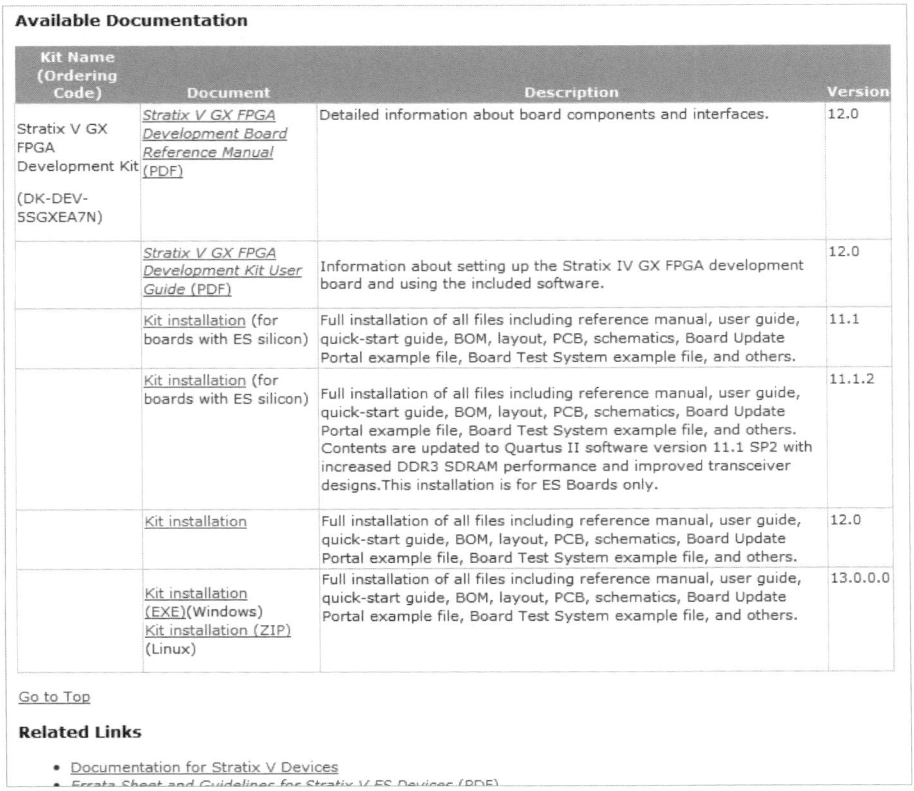

**Available Documentation**

| Kit Name (Ordering Code) | Document | Description | Version |
|---|---|---|---|
| Stratix V GX FPGA Development Kit<br>(DK-DEV-5SGXEA7N) | Stratix V GX FPGA Development Board Reference Manual (PDF) | Detailed information about board components and interfaces. | 12.0 |
| | Stratix V GX FPGA Development Kit User Guide (PDF) | Information about setting up the Stratix IV GX FPGA development board and using the included software. | 12.0 |
| | Kit installation (for boards with ES silicon) | Full installation of all files including reference manual, user guide, quick-start guide, BOM, layout, PCB, schematics, Board Update Portal example file, Board Test System example file, and others. | 11.1 |
| | Kit installation (for boards with ES silicon) | Full installation of all files including reference manual, user guide, quick-start guide, BOM, layout, PCB, schematics, Board Update Portal example file, Board Test System example file, and others. Contents are updated to Quartus II software version 11.1 SP2 with increased DDR3 SDRAM performance and improved transceiver designs.This installation is for ES Boards only. | 11.1.2 |
| | Kit installation | Full installation of all files including reference manual, user guide, quick-start guide, BOM, layout, PCB, schematics, Board Update Portal example file, Board Test System example file, and others. | 12.0 |
| | Kit installation (EXE)(Windows)<br>Kit installation (ZIP) (Linux) | Full installation of all files including reference manual, user guide, quick-start guide, BOM, layout, PCB, schematics, Board Update Portal example file, Board Test System example file, and others. | 13.0.0.0 |

Go to Top

**Related Links**

- Documentation for Stratix V Devices
- Errata Sheet and Guidelines for Stratix V ES Devices (PDF)

図1　Stratix V Development KitのWebページ

Development Kit上で動くことが確認されているものなので，信頼して使えます．万が一うまく動作しなかった場合では，切り分けがしやすく問題が見つけやすくなる，などのメリットもあります．

### ● カスタム・ボードの場合の注意

では逆にカスタム・ボードを使っている場合にはどうでしょう．当然のことながら，ピンの位置も違うでしょうし，場合によってはデバイスも少し異なるかもしれません．しかしながら，組み込みのシステムとしては，同じような構成の場合が多いのです．Nios IIプロセッサがあり，メモリがあり，JTAG-UART（USB BlasterなどからFPGA上のシステムであるUARTにアクセスを可能にするIP）があり，タイマがあります．この中でトラブルを起こしやすいのは外付けメモリです．その部分の動作確認がとれているデザインをベースにして始めると開発期間をかなり短くできるでしょう．

### ● 再利用方法

デザインを再利用するためには，パラメタライズ化，モジュール化など，いろいろとあります．Qsysの場合は，.qsysファイルが一つあれば簡単に再利用できます．また，これをサブシステムとしても使用することが可能です．また，同じメモリ・インターフェースを複数持ちたい場合は，同じサブシステムを複数回配置すればいいでしょう．

**図2**はサブシステムが二つ入った例です．この中ではcpu_systemとctl_0がサブシステムです．cpu_systemは，中にNios IIプロセッサや，Jtag-Uartなどの汎用CPUシステムが入ったサブシステムであり，ctl_0は内部にModular-SGDMA［Jarrod（Bad0men）Blackburn氏により書かれた高機能汎用スキャッタ・ギャザーDMA］が入った汎用のDMAエンジン・ブロックです．

## 2　Qsys/UniPHYの設定・使い方

### ● SOPC BuilderからQsysへ

Altera社はこれまでSOPC Builderという組み込み用プラットホームを提供していましたが，Quartus II Ver. 11.0より，新たな組み込みシステム用プラットホームのQsysが導入されました．これまでのSOPC BuilderとQsysとの大きな違いは，Qsysの方が高速で安定した動作が可能という点です．また，Qsysが対応しているコンポーネントの数も多くなっていま

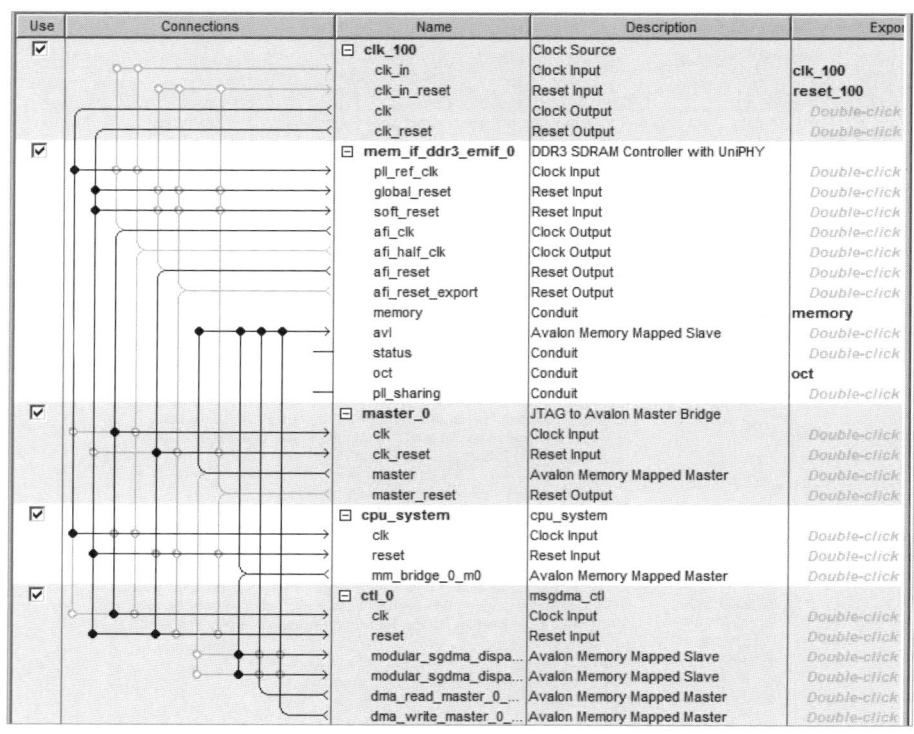

図2 サブシステムが入った例（cpu_systemとctl_0がサブシステム）

す．今後出てくるIPコアはQsys対応のものがほとんどになります．

まだQsysに移行されていない方はこれを機にぜひQsysに移行することをお勧めします（Quartus II 13.1からSOPC Builderは完全に削除された）．基本的なユーザ・インターフェースはSOPC Builderに似ているので，SOPC Builderのユーザは簡単に移行できるでしょう．

SOPC BuilderからQsysへの大きな変更点の一つは，クロック・ドメインの処理方法です．SOPC Builder時代では，自分でClock Crossing Bridgeなどを入れて全て手作業で処理をする必要がありました．それがQsysではほぼ自動で処理されます（詳細に関してはAltera社のWebサイトでQsysに関するドキュメントを確認のこと）．

このクロック・ドメインの処理が自動で処理されることで，異なるクロック・ドメイン間のタイミング処理に関してあまり気にしないでも，部品と部品をつなぐだけの感覚で組み込みシステムを構築できるようになっています．

● ALTMEMPHYからUniPHYへ

このQsysと同時期に，外付けメモリに関するインターフェースも刷新されました．これまではALTMEMPHYというIPが使われてきたのですが，今はUniPHYというIPが使われています．現在，UniPHYには，

・DDR2/3
・QDR2
・RLDRAM

などがラインナップされていて，それぞれに数多くのプリセットが用意されています（図3）．

Altera社のDevelopment Kitではなく，カスタム・ボードを使っているのであれば，これらの設定を変更する必要があるかもしれません．設定方法の詳細については，後述の「メモリごとの設定」の項を参照してください．

● Traffic Generatorを使ったテスト技法～物理インターフェース・レベルを短時間で確認する～

外付けメモリを含むデザインの場合，まず最初に外付けメモリがメモリとして正常に動いているか，読み書き可能か，を確認します．メモリが動いていない場合，CPUなどが期待している結果がメモリから戻ってきていないことになりますから，非常に重要なことです．

動作確認の方法はたくさんありますが，Altera社にも簡単に動作確認ができるIPコアとしてTraffic Generator（汎用試験信号生成IP．PRBSなどのパターン生成と結果照合機能を持つ）があります．それが

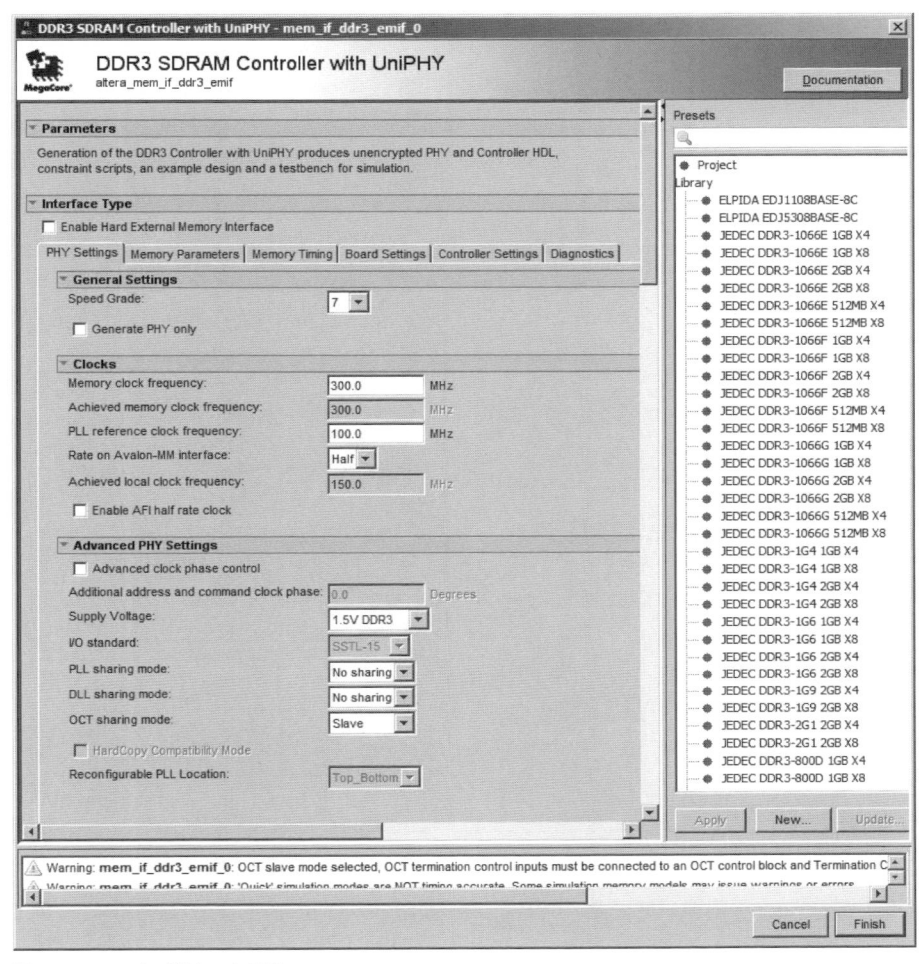

図3 UniPHYとプリセットの例

Avalon-MM Traffic Generator and BIST Engineです [図4(a)].

Traffic Generatorはデータ幅やアドレス幅などを設定[図4(b)]し,そのアドレス・レンジの中でシーケンシャル・アクセスや,ランダム・アクセスを行います.試験結果として次のような信号を出力します.

- traffic_generator_status_pass
- traffic_generator_status_fail
- traffic_generator_status_test_complete

これはSignal-Tap II Logic Analyzer(FPGA内の任意の箇所の状態をモニタできるロジック・アナライザIPとソフトウェア)などで確認できます.またLEDに接続して視認もできます.

このIPに関する詳細は,http://www.altera.com/literature/lit-external-memory-interface.jspの中のTraffic Generatorの項を参照してください.

● システム構築手順

Development Kitを使う場合,まず,既にあるQsysのデザインからUniPHYとCLKだけ残して他のものは削除します.次にTraffic Generatorを追加します.そうすればシステムは出来上がるので,数分でプロジェクトが作成できます.

図5は代表的なDDR3のDevelopment Kit Example Designのシステムです.このシステムを例に手順を解説します.

(1) まず,Modular SGDMA_0, master_driver_Modular SGDMA_0, master_0, clk_50を削除[図6(a)]
(2) 次に,Component Libraryの中からTraffic Generatorをシステムに追加[図6(b)]
(3) UniPHYとTraffic Generatorを接続し,Traffic Generatorの内部パラメータを設定するとTraffic Generatorを使ったQsysシステムの完成[図6

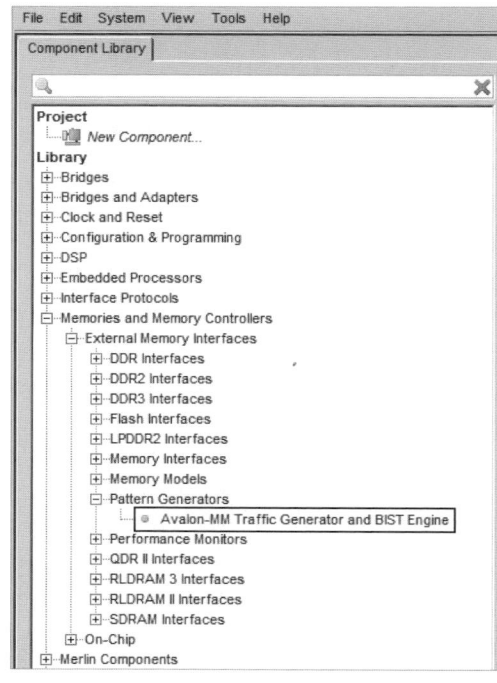

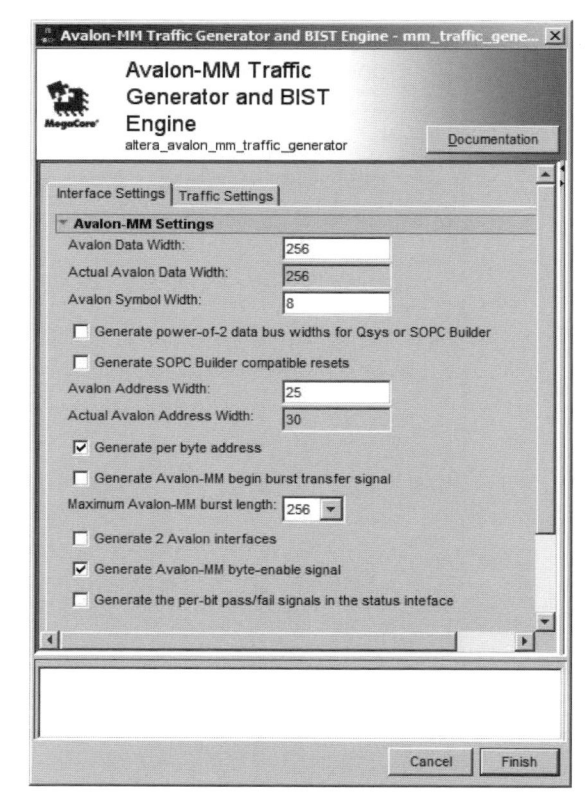

**図4 Traffic Generator**
(a) QsysIPコア一覧
(b) Traffic Generator設定項目

(c)].Traffic Generatorの内部パラメータの中で変更・確認が必要なのは，
- Avalon Data Width
- Avalon Address Width

の2点（**図7**）

(4) 最後にトップのRTLの変更・修正をして，プロジェクトをコンパイルする（試験結果をLEDなどにつなげると結果が分かりやすい）

● メモリごとの設定

もし今，Development Kitを使用し，同Kit付属のExample Designも使っていればUniPHYの設定を変更する必要はありません．もしカスタム・ボードや，別のターゲット・メモリを使用中であれば，それぞれの設定を合わせなければ正常に動きません．

よく使われるいくつかのターゲット・メモリに関してはプリセットが用意されています．また，全く同一でない場合でも，これらのプリセットをスタート・ポイントとして使用すると，開発時間を短縮できます．

以下に代表的なメモリ・インターフェースと，その中で重要な設定項目などについて説明していきます．

● DDR2/3ソフト・マクロ・コントローラ

代表的なメモリ・インターフェースのDDRは，DDR2もDDR3も基本的に非常によく似ています．代表的なパラメータとして以下があります（**図8**）．

- Memory clock frequency
 …メモリ・チップが実際に動作する周波数を指定
- PLL reference clock frequency
 …FPGAのreference CLKピンに来ている周波数
- Rate on Avalon-MM interface
 …Full/Half/Quarter

Soft Memory Controllerの例ならば，Stratix V GX Development KitとArria V GX/GT Development Kit，Cyclone V GX/GT Development Kitで確認可能です．

● DDR3ハード・マクロ・コントローラ

Stratix V FPGA，Arria V FPGA，Cyclone V FPGAからハード・マクロでメモリ・コントローラが導入されました．先ほどのソフト・マクロ・コントローラと大きく違うのは，コントローラのロジックが既にチップの中に配置されているところです．そのため，基本的にタイミングなどを気にする必要がなく，高速で安定して動作するというメリットがあります．

また，ソフト・マクロ・コントローラと違い，ローカル・バス側の周波数や，データ・バス幅を自由に選

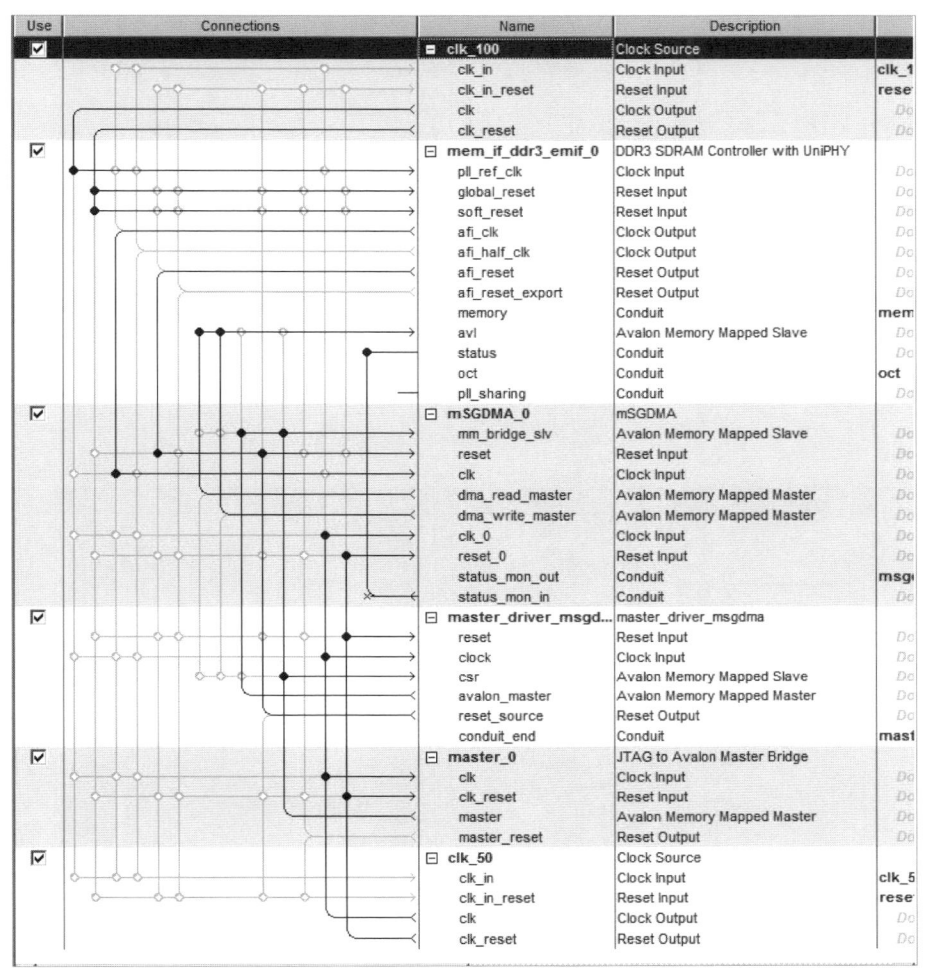

図5 Development Kit Example Designの代表的な例

択できるという大きなメリットもあります．これにより，ローカル・バス側の周波数を落として動作させたり，メモリだけを別のクロック・ドメインにしたりなどの自由度が大幅に上昇しました．

Qsysを使っていればクロック・ドメインなどはあまり気にする必要はありません．それはClock Cross Bridge（異なったClockドメインをまたぐ場合に使用するブリッジ）を自動で配置してくれたりするためですが，パフォーマンスはどうしても低下します．しかしこのハード・マクロ・コントローラはそのパフォーマンスの劣化を最小限に抑えます．そしてそのパフォーマンスをキープしたままなのでデザインの自由度が格段に増します．

ただし，物理的にチップ内に配置されているため，メモリをつなぐピンなどに制約があるので，注意してください．

● ハード・マクロ・メモリ・コントローラの設定

ハード・マクロ・メモリ・コントローラの例は，Arria V GX/GT/Starter Development KitとCyclone V GX/GT/SoC Development Kitで確認できます．

設定項目に関してはソフト・マクロ・メモリ・コントローラとほとんど同じですが，Rate on Avalon-MM interfaceの設定項目はFullしか選択できなくなっています．

Controller Settingsタブの中でMultiple Port Front Endが設定可能になります．その後，ここでローカル・バス・サイドのData widthなどを指定します．

ソフト・マクロ・コントローラの場合には自動的にローカル・バス・サイドのData widthは決定されてしまいます．しかしながら，例えばここで設定する内容によりRate on Avalon-MM interfaceでいうHalf rateやQuarter Rateに設定するのと同様の設定が可能になります（図9）．

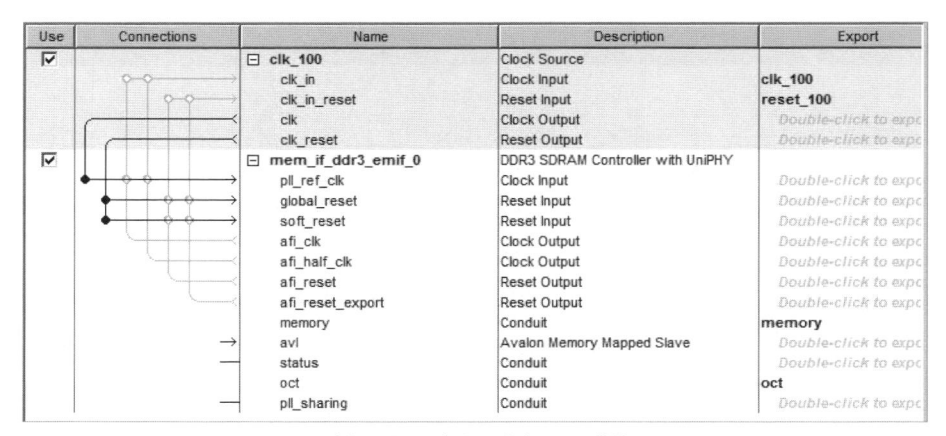

(a) UniPHYとCLK入力のみの状態

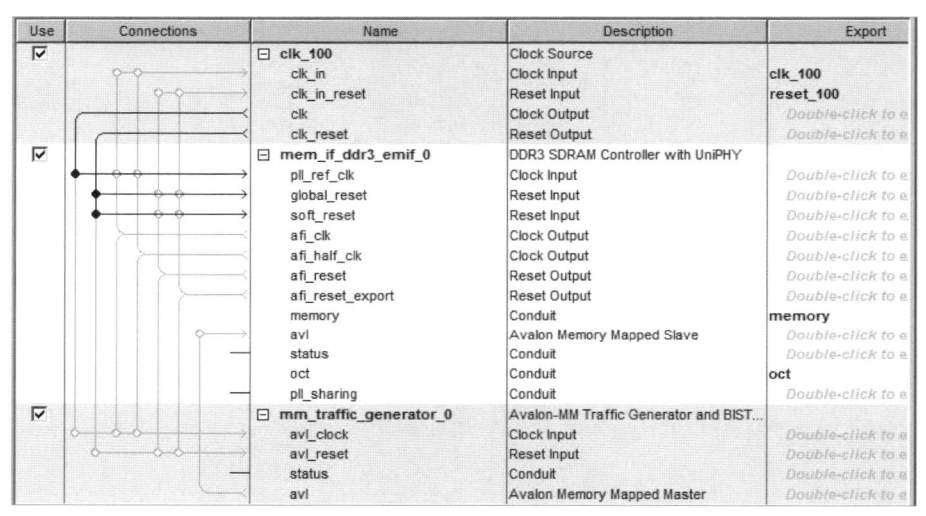

(b) Traffic Generatorをシステムに追加

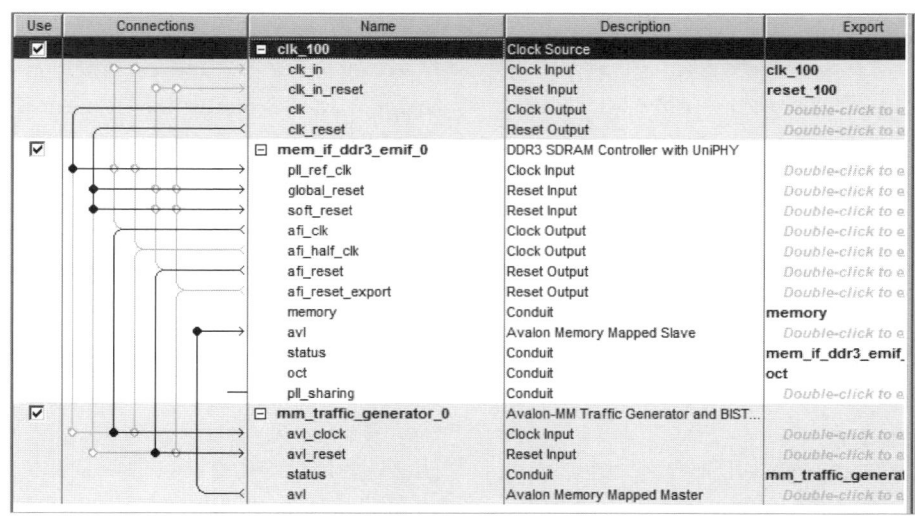

(c) 最小構成システムの完成

図6 UniPHYにTraffic Generatorを接続

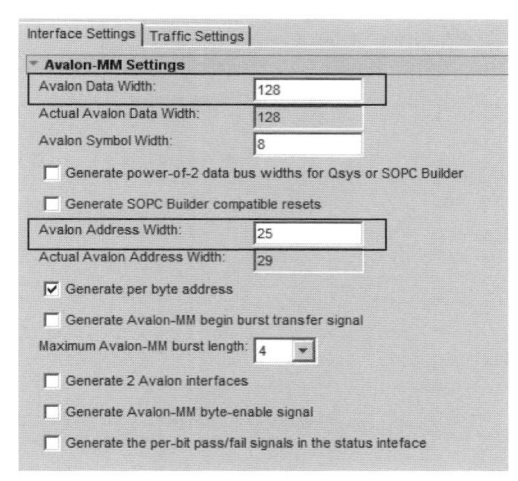

図7 Traffice Generatorの設定画面

ハード・マクロ・メモリ・コントローラを使うとシステム側のインターフェースも変わります．図10はハード・マクロ・メモリ・コントローラを使ったTraffic Generatorシステムの例です．このように，それぞれのローカル・インターフェースごとにクロックとリセットを指定します．

● Example Design（MegaWizard）とQsys + Traffic Generatorの違い

もしQsys内でUniPHYを使わずに，MegaWizardからUniPHYを構築したいなら，Altera社から外付けメモリの参照デザインとして，Example Design（MegaWizard）が提供されています．これは「Traffic Generatorを使ったテスト技法」で説明した，Qsys内でUniPHYとTraffic Generatorを使った例と非常に

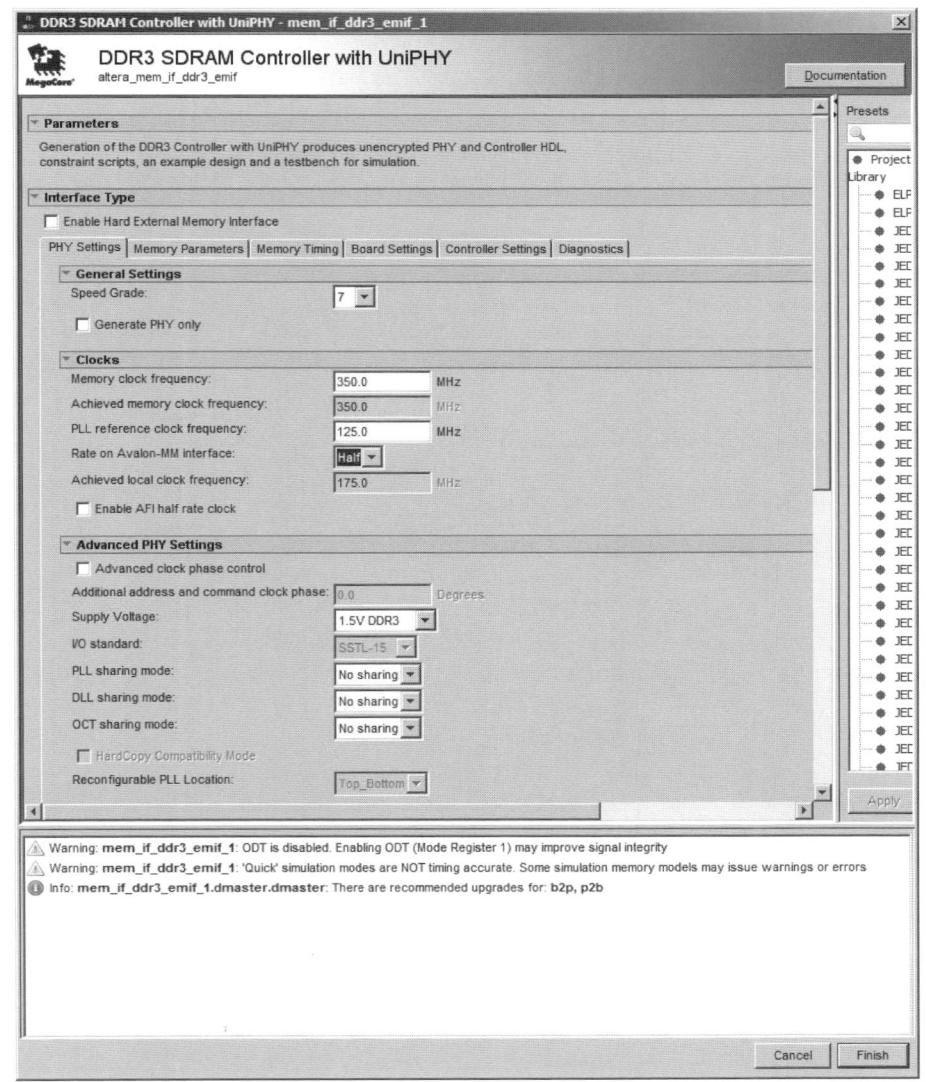

図8
DDR3 SDRAM
設定項目例

2　Qsys/UniPHYの設定・使い方　91

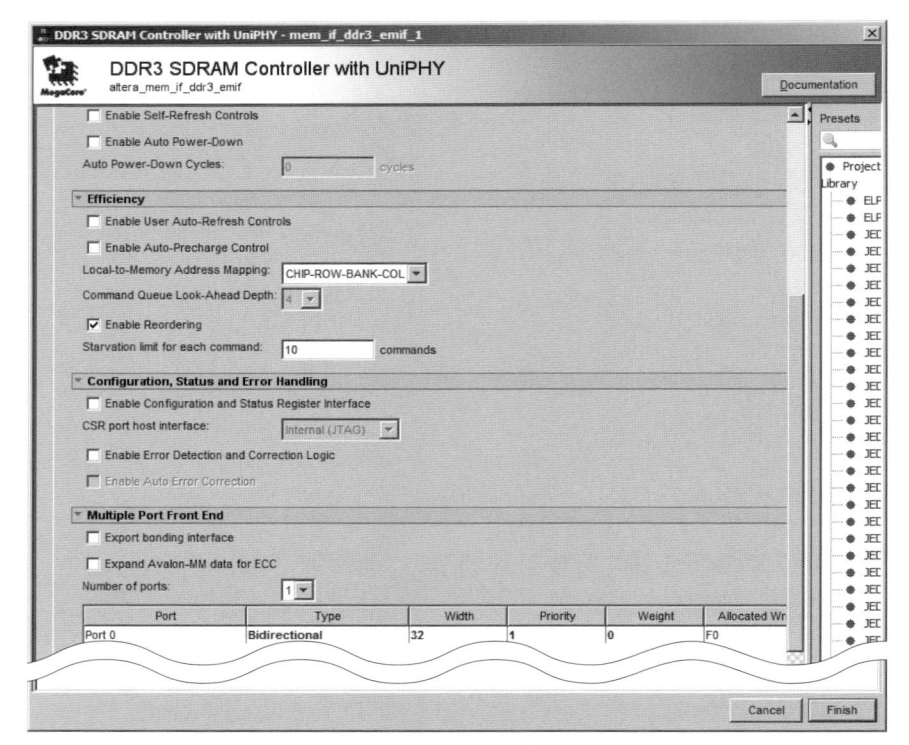

(a) DDR3 SDRAM

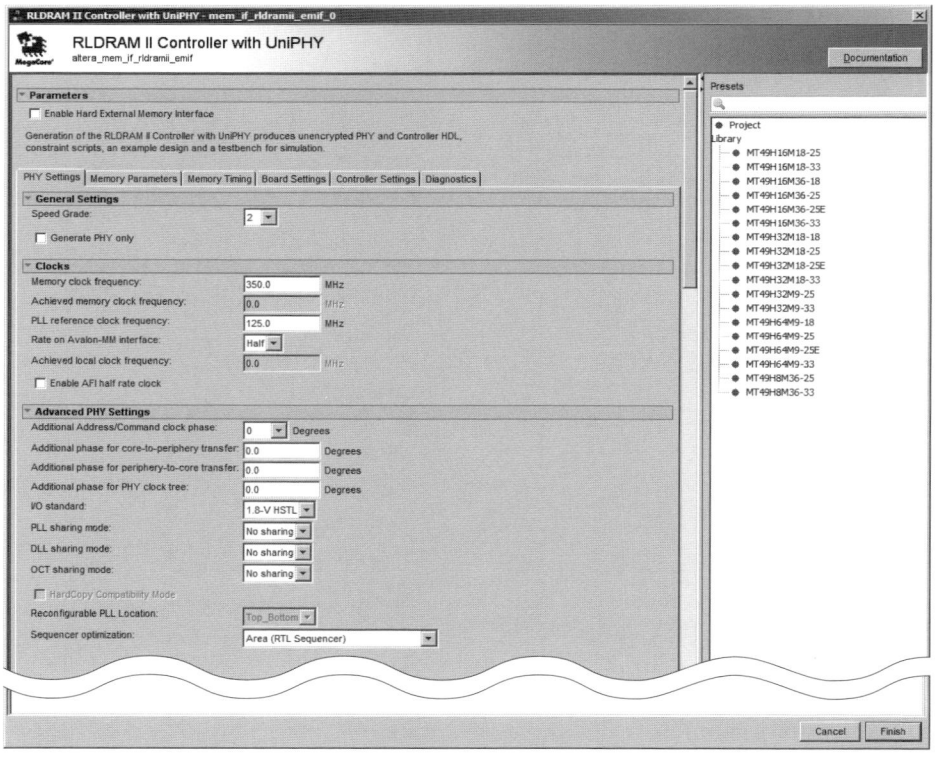

(b) RLDRAM II

図9　ハード・マクロ・メモリ・コントローラの設定

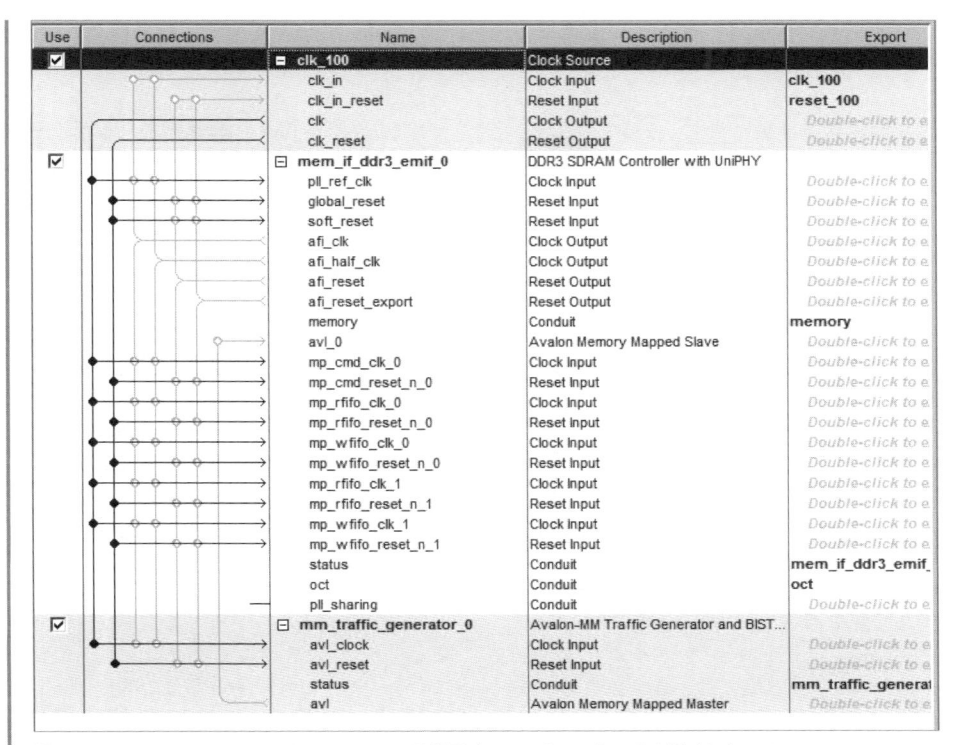

図10 ハード・マクロ・メモリ・コントローラ使用時のローカル・システム側インターフェース

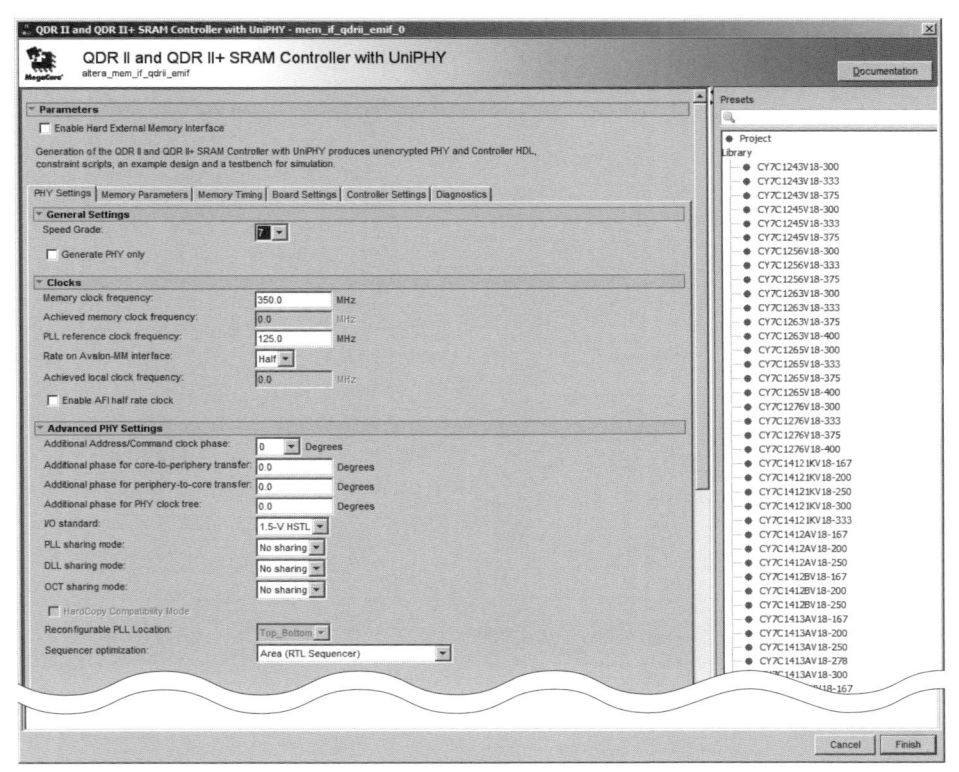

(c) QDR II

2 Qsys/UniPHYの設定・使い方

似ていますが(内部動作は同じ),ファイル構成や接続方法などが違います.Example Designは使い回しがいまいちだったり,バージョンアップがしにくかったりしますが,Qsysの方は扱いやすくなっています.

例えば,ddr3_testという名前のUniPHYをMegaWizardから生成すると,図11のようなExample Designファイル・フォルダ構成になります.

この中で,ddr3_test.vがUniPHY自体のトップのRTLです.しかしプロジェクトのトップRTLではありません.それ以外にもいくつかフォルダができています.ddr3_test_example_designの中にExample Designが生成されます.そしてExample Designフォルダの中にexample_projectというフォルダがあります.この中にプロジェクト・ファイル,プロジェクトのトップRTLが存在します.ファイル構成上,違和感があるかもしれませんが,プロジェクト・ディレクトリの一つ上の階層にUniphyのコードが置いてある状態です.

● .qsfファイルの変更点(MegaWizard時のみ)

次に,このexample_projectフォルダ内の.qsfファイルをそれぞれのボード用に書き直す必要があります(ピン配置など).もし,UniPHYの設定を変え,UniPHYを再構築した場合には,このExample_projectフォルダ内も全て上書きされてしまいます.

そのため,設定変更をするたびに,毎回.qsfファイルの変更や,その他の変更を加える必要があり,非常に不便です.

もし今後Uniphyの設定を変える予定が全くなければ,example_projectフォルダのみが必要なフォルダになります(example_projectフォルダの中に必要なファイルは全て入っているので).しかし万が一Uniphyの設定を変える可能性がある場合には,上記の一番上の階層に置かれるddr3_test.vファイルが必要になります.このファイルの中にUniphyの設定情報が記載されています.

Qsysベースの開発手法の場合は,.qsysファイルの中にUniPHYの設定情報などが全て組み込まれているので,UniPHYの変更も簡単です.また,プロジェクト・ファイルなどに一切関与しないので,プロジェクト設定を一度すれば,その後にUniPHYを何度変更しても,プロジェクトの設定を変更する必要はありません.

MegaWizardからメモリを生成し(Exmple_projectではなく),カスタム・プロジェクトで使用する場合には,メモリに接続する部分のユーザ・ロジックを自ら書く必要があります.これは非常に時間がかかるのでお勧めできません.逆にQsysの方はQsys Editor上からマウスでコンポーネントとコンポーネントをつないでやれば,Qsysが自動でバス幅処理や,バースト処理を記述してくれます.

● カスタム・ボードへの変更方法(UniPHY側)

既にカスタム・ボードを使用する場合の変更点に関しては記述しましたが,メモリの種類,メモリのタイミング・パラメータの入力やローカル側の設定などを,それぞれのターゲット・メモリに沿うように変更する必要があります.

ここで注意が必要なのは,データ幅などの設定です.パフォーマンスをあまり気にしないようなシステムであれば問題ありません.しかし,高いスループットを出したい場合には,システム上でデータ幅を合わせてやらないとパフォーマンスが出しにくくなります.

例えばシステム全体が100MHzのクロックを使用していて,メモリはローカル・バス側を256ビット幅で使っているとします.そこへデータの読み書きをする

```
ddr3_test
ddr3_test_example_design
ddr3_test_sim
ddr3_smc.qpf
ddr3_smc.qsf
ddr3_smc.qws
ddr3_test.bsf
ddr3_test.ppf
ddr3_test.qip
ddr3_test.sip
ddr3_test.spd
ddr3_test.v
```

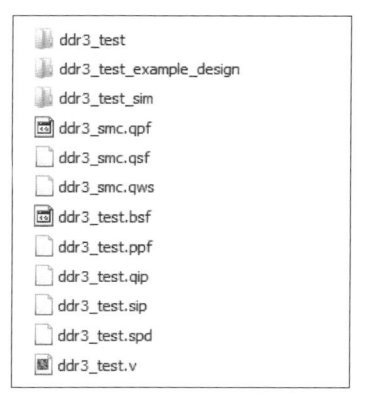

**図11 Example Design(MegaWizard)出力ファイル群**

---

## コラム 参考用に使えるDevelopment Kitへのリンク

Cyclone V GT FPGA Development Kitを使用している場合は,次のURLを参照してください.

http://www.altera.com/products/devkits/altera/kit-cyclone-v-gt.html

Table2にソース・コードへのリンクが張られています.またインストール先のexamplesフォルダの下に,example designがあります.

DMAが512ビット幅で接続すると，パフォーマンスがかなり出しにくくなります．またDMA側が常に待ち状態になってしまいます．

256ビット側が100MHz動作，512ビット側が50MHzで動作しているなら，データ・レートが一致するので，高いスループットが得られます．逆に同じデータ幅でもクロック・レートが異なるブロックがある場合には同様にパフォーマンスが得られない場合があります．時と場合により，可能な限り同じデータ幅とクロック・スピードを選ぶとパフォーマンスが出しやすくなります．

● カスタム・ボードへの変更方法（board側）

ボード・レベルの変更点としては，まずピンの設定を変えることです．また，場合によっては使うリファレンス・クロックの周波数が違うときは，制約設定SDCの記述も変える必要があります．もしピンが変更された場合にはピンに対する制約をし直す必要があります．その場合はまず，「Processing」→「Start」→「Start Hierarchy Elaboration」を行い，その後に「Tools」→「TCL Script...」を選び，***_PIN_assignments.tclを選択して，Runボタンを押します．これにより，ピンごとの設定が.qsfファイルに書き込まれます．

## 3 小構成のシステムの例

次は，先ほどの方法より多少時間はかかりますが，実用的な最小構成システムの構築方法を紹介します．

● システム構築手順

(1) Development Kit Example Deisgnから不要なコンポーネントを削除

Qsysを開き[**図12(a)**]，次のコンポーネントを削除します．

- Modular SGDMA_0
- master_driver_Modular SGDMA_0
- product_info

システムによってはこれ以外のコンポーネントが存在するかもしれません．その場合には**図12(b)**のよ

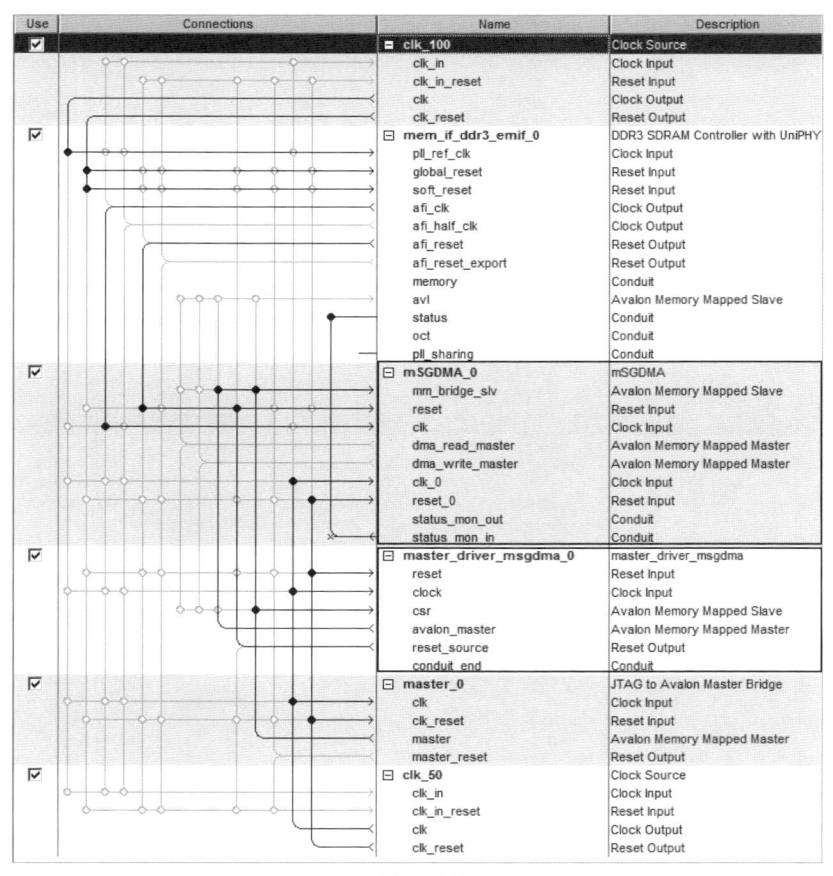

(a) 削除前

**図12 代表的なDevelppment Kitのシステム例**

うなシステムを構築してください．

(2) Jtag to Avalon Master BridgeとUniPHYを接続

次にJtag to Avalon Master Bridge（Jtagポート経由でシステム上のmemory mappedバス上のコンポーネントにマスタとしてアクセスができるようになるIP）とUniPHYを接続します［図12(c)］．その上でJTAG to Avalon Master BridgeのmasterポートをUniPHYのavlポートに接続してます．

(3) 最後にトップのRTLを修正・変更してコンパイル

わずかこれだけの操作で最低限のメモリ動作確認が可能です．

● System Consoleからアクセスする～ほぼゼロコーディングでメモリ動作を確認する手法～

まずターゲットFPGAをコンフィグレーションします．次にSystem Console（FPGAでデザインを実動作させながらデバッグを行うシステム・レベルのデバッグ・ツール）を開きます．開く方法はいくつかあります．

一つは，QsysのメイSystem画面からToolsメニューを開き，System Consoleをクリックします（図13）．

もう一つは，Windowsのスタート・メニューからNios II Command Shellを開き［図14(a)］，その上で「system-console」と打ち込んでください［図14(b)］．真ん中の"-"（マイナス）を忘れないでください．

どちらの方法からでも，図15のようにSystem Consoleのコマンドライン・ツールが立ち上がります．デフォルトでは，右下のウィンドウがコマンドライン・ウィンドウになっています．

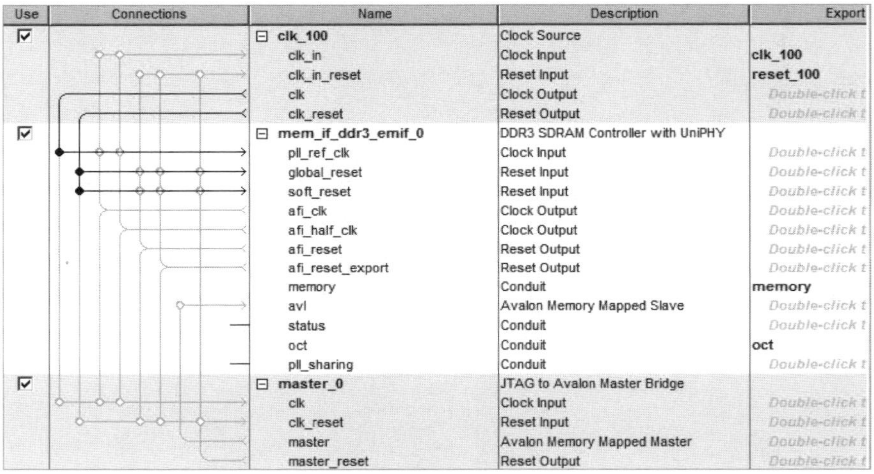

(b) 削除後

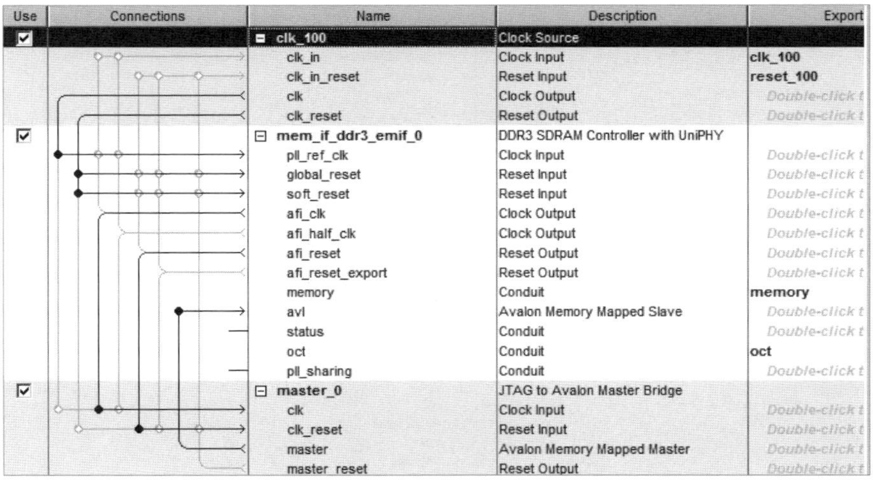

(c) Jtag to Avalon Master Bridge追加後

図12 代表的なDevelppment Kitのシステム例（つづき）

● サービスの開き方

この操作，およびSystem Consoleの詳細に関しては，http://www.altera.com/literature/hb/qts/qts_qii53028.pdfを参照してください．

まず，ポートを探しパスを設定します．

```
set nios [ lindex [ get_service_paths
master ] 0 ]
```

次に図16のように，そのポートを開きます．

```
open_service master $nios
```

● 直接読み書きをする例

それでは，実際にSystem Consoleからデータの読み書きを行ってみましょう．例えば，アドレス0x00100000から4バイトを読み出す場合は，

```
master_read_memory $nios 0x00100000 4
```

とします（図17）．アドレス0x00100004に4バイトのデータ（32ビット値で0x80003412）を書き込む場合は，

```
master_write_memory $nios 0x00100004
[ list 0x12 0x34 0x00 0x80 ]
```

とします．書き込みデータの並び順に注意してくださ

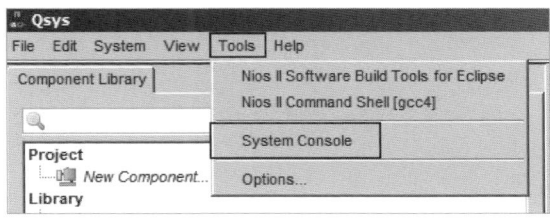

図13 Qsysから開く

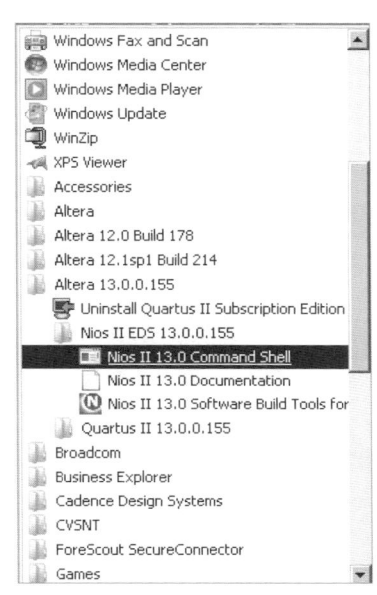

(a) スタート・メニューからNios II Command Shellを開く

(b) 起動コマンドを入力

図14 Nios II Command Shellから開く

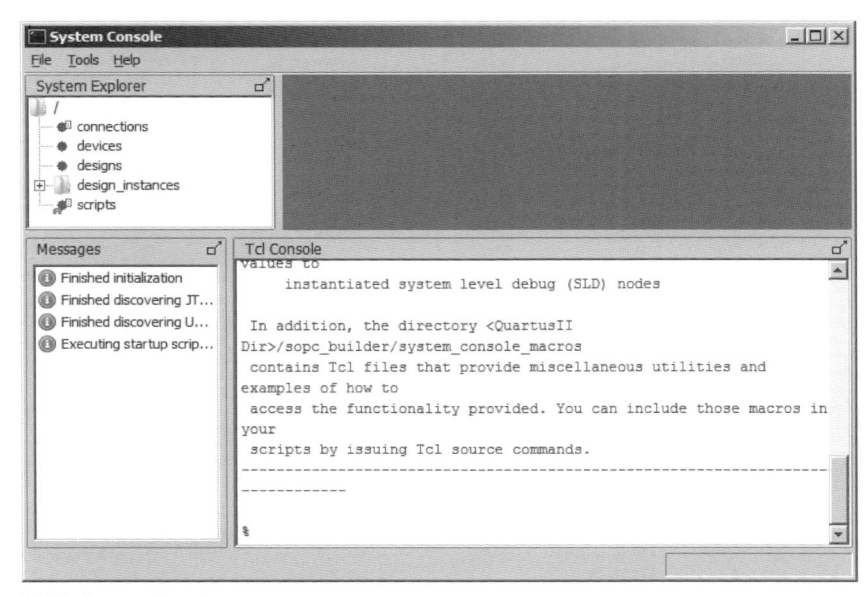

図15 System Console

3 小構成のシステムの例　　97

い.
　また,
`master_write_from_file`
や,
`master_read_to_file`
を使うと，一定区間のデータを全て読み出してファイルに書き出したり，ファイルのデータをターゲット・メモリに書き込んだりできます．

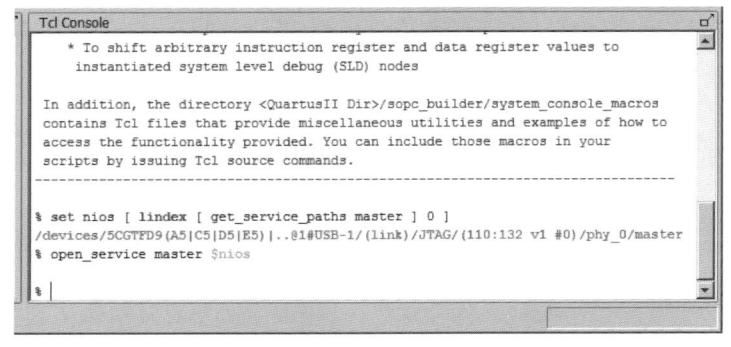

**図16** System Consoleからopen_serviceを行う

**図17** 読み出し時の例

**図18** 代表的なDevelopment Kit Example DesignのCPUシステムの例

● カスタム時の変更方法

Qsysのアドレス・オフセットによってアドレスが変わります．または，Qsys上のアドレスを変更すれば，アクセスするアドレスも変わります．

そして，UniPHYの設定によってはノードが増えます．UniPHYのデバッグ機能用のポートとして，Jtag to Avalon Master Bridgeが使われているため，複数のノードが検出される可能性があります．これは非効率的ではあるものの，実際につないでみてデータを読み出すと，何も書いてないはずなのに，何かしらのデータが読み出せる場合，そのノードはデバッグ・ノードである可能性が高いのです．

もう一つ，.jdiファイルの中に入っている情報から判断する方法もあります．

また，コンパイル結果の情報からどのノードがUniPHY用で，どのノードが実際に使いたいノードかを見分ける方法もあります．

CPUなどを追加するとノードが増えます．CPUの中にも同じようにAvalon Memory Masterのノードが入っています．しかし，CPUの場合は違うVender IDを使っているので簡単に見分けられます．なぜならNios II プロセッサ は70を使っていて，Jtag To Avalon Memory Masterは110を使ってるからです．

複数のJtag to Avalon Master Bridgeが存在する場合があります．現在さまざまなコンポーネントが内部でJtag to Avalon Master Bridgeを実装しています．UniPHYもその一つで，場合によってはUniPHYだけでも二つも使われています．

## 4 ミドルクラス構成のシステムの例

● CPUからメモリにアクセス

Example Designを使いながら，より実践に近いプロジェクトを短時間で構築できます．

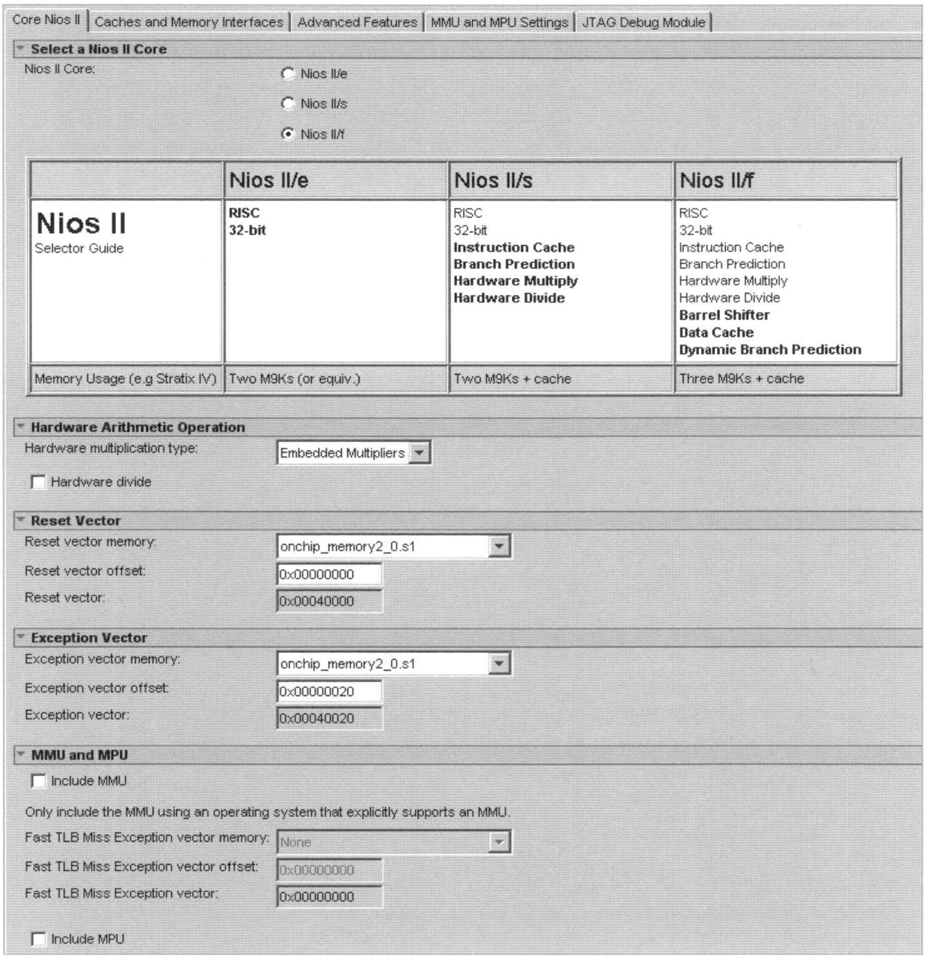

図19 Nios II プロセッサ設定画面

ここでは，Development Kit Example Designをベースにシステムを構築する例を説明します（図18）．
- Nios II プロセッサを追加
- On-Chip Memoryを追加
- その他を追加
- Modular SGDMAを削除

CPUの設定方法などの詳細は省略しますが，図19のように設定してください．

On-Chip Memoryは，多少大き目のサイズを指定してください．それはデバイスにかなり依存するためで，使用中のターゲット・デバイスに合ったサイズを指定してください．262144バイト以上あると安心です（図20）．

その他のコンポーネントは基本的にデフォルト設定で問題ありません．

これで作成したシステムに名前を付けて保存すれば，Qsysサブシステムの完成です．この.qsysファイルをコピーして，別のプロジェクト・フォルダに入れればすぐに使うことができます．

図18のサブシステムを別のシステム内に組み込むと，図21のような形で表示されます．基本的には，システムCLK信号とリセット信号を接続し，Avalonマスタをつなげます．そのつながった先のコンポーネントに対してCPUからアクセスが可能になります．

本例ではターゲット先としてUniPHYのavlポートにつなぎます．

● **ソフトウェアを使って全てのアドレスに対して書き込み／読み出しを行う**

アプリケーション・プログラムはOn-Chip Memoryから実行します．そのため，試験ターゲットのメモリは試験専用で使われ，試験アプリケーションの実行には一切関与しません．

なお注意点として，Nios II プロセッサはアドレス・バスが32ビットまでしか対応していません．よって4Gバイト以上のアドレスにはアクセスできません．また，0x80000000以上のアドレスにはアクセスできないようになっています．

次の例はメモリ読み書きのCソース・コードです．

```
//読み出し　オフセット・アドレス0から32ビット読み出し
IORD(mem_if_ddr3_emif_0_base, 0);
//書き込み　オフセット・アドレス0に0x01を書く
IOWR(mem_if_ddr3_emif_0_base, 0, 0x01);
```

● **カスタム・ボード時の変更方法**

環境によっては使用しているクロック周波数が違ったり，場合によっては入力CLKをPLLで生成してから使用するような場合もあるかもしれません．そのような環境のときは，CPUシステム側のCLKはター

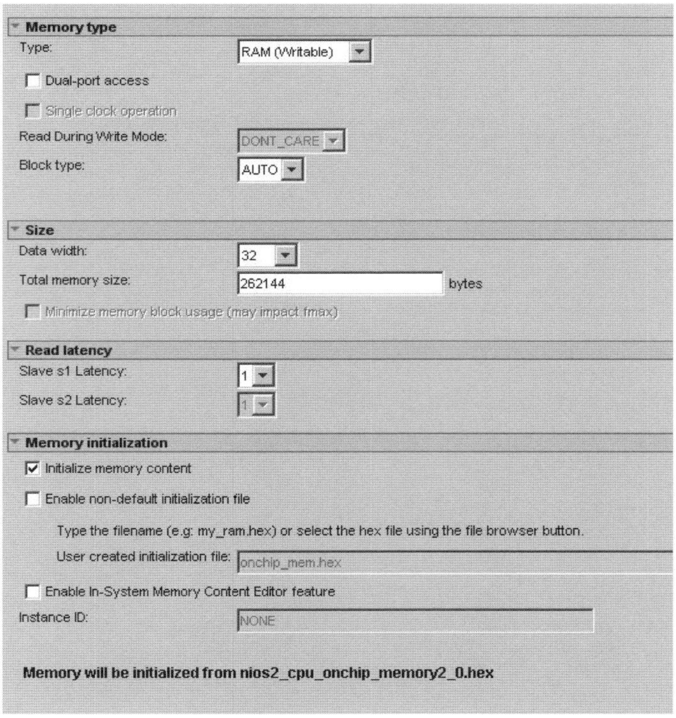

図20　On-Chip Memory設定画面

図21 CPUサブシステム

ゲット・メモリのローカル・バス用CLKを使うとよいでしょう．パフォーマンスを気にしないのであれば，CPUシステム用CLKはなるべく低い周波数を選ぶようにするとタイミング問題が起きない可能性が高くなります．

On-Chip Memoryのサイズは環境によっては大きくとれない場合もあるかもしれません．そのときは別の外部メモリ内にプログラムを格納する方法を採らざるをえないかもしれません．

いとう・けい

## 定番＆最新FPGAの研究　〜Xilinx編〜
# Xilinx社製FPGA開発ツール標準添付のISEシミュレータの使い方

丹下　昌彦 Masahiko Tange

> FPGAは，コンフィグレーション・データを何度でもダウンロードし直しすることができるので，シミュレータを使わずに実機に流し込んで動作確認を始められます．しかし大規模システムの開発ではシミュレータの活用は欠かせません．Xilinx社製FPGA開発ツールには，シミュレータ・ソフトウェアとしてISimが付属しています．ここではシミュレーションのメリットと種類，そしてISimの基本的な使い方について解説します．

## 1 FPGA開発の実際

### ● FPGAはシミュレーションしなくても開発できる？

FPGAはVerilog HDLやVHDLなどで論理を記述したら，PC上で論理合成・配置配線を行い，JTAGで即ダウンロード…といったように，手軽に実際の装置で動作させることができます．これがFPGAの最大の特徴でもあります．

簡単な回路の場合は，ソースを修正して実機でテストを繰り返しても何とか開発は可能です．しかしこの方法は少し回路が複雑になるとすぐに破綻します．

**(1) 入力信号を簡単には作れない**

入力がスイッチなど簡単に操作できる信号である場合は，手で入力信号を操作できます．しかし実際の回路では入力は他の装置から来る信号であったり，音声や映像，通信回線で送られる信号などさまざまで，実機で簡単に入力信号を入れられることはまれです．

**(2) 出力を確認するのが困難**

出力を確認する際にも同じことがいえます．LEDが付いていたり，オシロスコープで出力が確認できる場合はよいのですが，信号が高速な場合や，音声・映像・計測データなどの信号の場合は波形を見ても正常なのかどうか判断することは困難です．

**(3) 論理合成・配置配線には時間がかかる**

仕様が複雑になってくると，ソースを修正した後の論理合成・配置配線はかなり時間がかかるようになってきます．比較的安価なシリーズであるSpartan-6では，中規模クラス（XC6SLX45など）でも，スライス使用率が6〜7割を超えてくると10分以上かかることが多く，大規模デバイスでは1時間以上かかることも珍しくありません．

**(4) デバッグが困難**

思い通りの動作をしないときに（どちらかというと一発で動いてくれることはまれだと思う）どこに原因があるのか探すにも実機では困難です．設計した回路の途中の信号を見たい…そのようなことは数々ありますが，実機でこれを行うにはどこかに信号を出力する必要があります．テスト・ピンなどがあらかじめ実機にあればよいのですが，ない場合は一時的に他の信号ピンの割り当てを変える，それもできなければ余っているピンにはんだ付けなどの方法しかありません（BGAパッケージが多くなっているので，これも困難なことが多い）．

### ● シミュレータを使うメリット

シミュレータを使うと，これらの点が解決します．FPGAでもシミュレータを使うべきなのです．さらにこのほかにも，シミュレータを使用するメリットは数多くあります．

**(1) テスト・データをファイルから読み込ませる**

デバッグや試験などで，特定のパターンのデータを入力に与えることができると非常に効率が上がります．このような場合にテスト・パターンをファイルに記録しておき，FPGAの入力信号として使うことができると便利なのですが，実機でこれを実現させるにはそれだけでも大がかりな回路が必要です．特に高速の信号になるとお手上げになる場合が多いと思います．シミュレータを用いると簡単にテスト・データをファイルから入力させられます．

音声や画像などの処理を行う場合などに，パソコンを使って入力するデータをあらかじめファイルとして作成しておき，これを読み込ませてデバッグや試験を行うことなどが可能になります．実機ではタイミング良く必要なデータを入力させることは難しい場合が多いのですが，この方法を使えば何度でも同じ条件でデバッグや試験を行うことが可能です．

**(2) 出力ファイルに書き出す**

逆に，FPGAの出力をファイルに書き出すこともできます．書き出したファイルをPCを使って解析するなど，再現性の高い作業が可能になります．

**(3) 実行中にレジスタなどの値を書き出す**

ソフトウェアのデバッグでは，printfなどの関数をソース・コードに埋め込み，実行中の変数の値を書き出すことで内部動作を確認することがよく行われて

います．HDL記述されたハードウエアでも同じようなことが行えると便利なのですが，実機でこれを行うことは通常は困難です．しかしシミュレータ上では，簡単に行うことができます．

このように，シミュレータはFPGA開発にはなくてはならないツールといえます．

● シミュレーションの種類

FPGAでは，HDLなどのソース・ファイルを論理合成・配置配線する過程をいくつかのステップに分けています．シミュレーションはそれぞれの過程で行うことができます．

・Behavioral
　ソース・コードを合成前にシミュレーションを行う
・Post-Translate
　Translateプロセスの後でシミュレーションを行う
・Post-Map
　Mapプロセスの後でシミュレーションを行う
・Post-Route
　完全に配置配線された後でシミュレーションを行う

RTLコードのデバッグや動作確認のためにシミュレーションを行うことが多いと思われますが，その場合はBehavioralを使用します．BehavioralではRTL記述のみで結果を得ます．そのためゲートや配線の遅延などは考慮されません．逆にPost-Routeは配線遅延などを考慮した結果が得られますが，シミュレーションに必要な実行時間はかなり遅くなります．

## 2 Xilinx ISE でのシミュレータの使い方

● ISE Simulator (ISim) とは？

HDLのシミュレータとしては，Mentor Graphics社のModelSimが最も有名です．Xilinx社も，以前は

表1　ISE Simulator (ISim) の種類

| ISEの種類 | ISE Simulatorの種類 | ISE Simulatorの制限 |
|---|---|---|
| ISE Design Suite：Logic Edition | Full Version | なし |
| ISE Design Suite：DSP Edition | | |
| ISE Design Suite：Embedded Edition | | |
| ISE Design Suite：System Edition | | |
| ISE WebPACK | ISE Simulator Lite | HDL コード・サイズが50,000行を超えるとパフォーマンスが低下 |

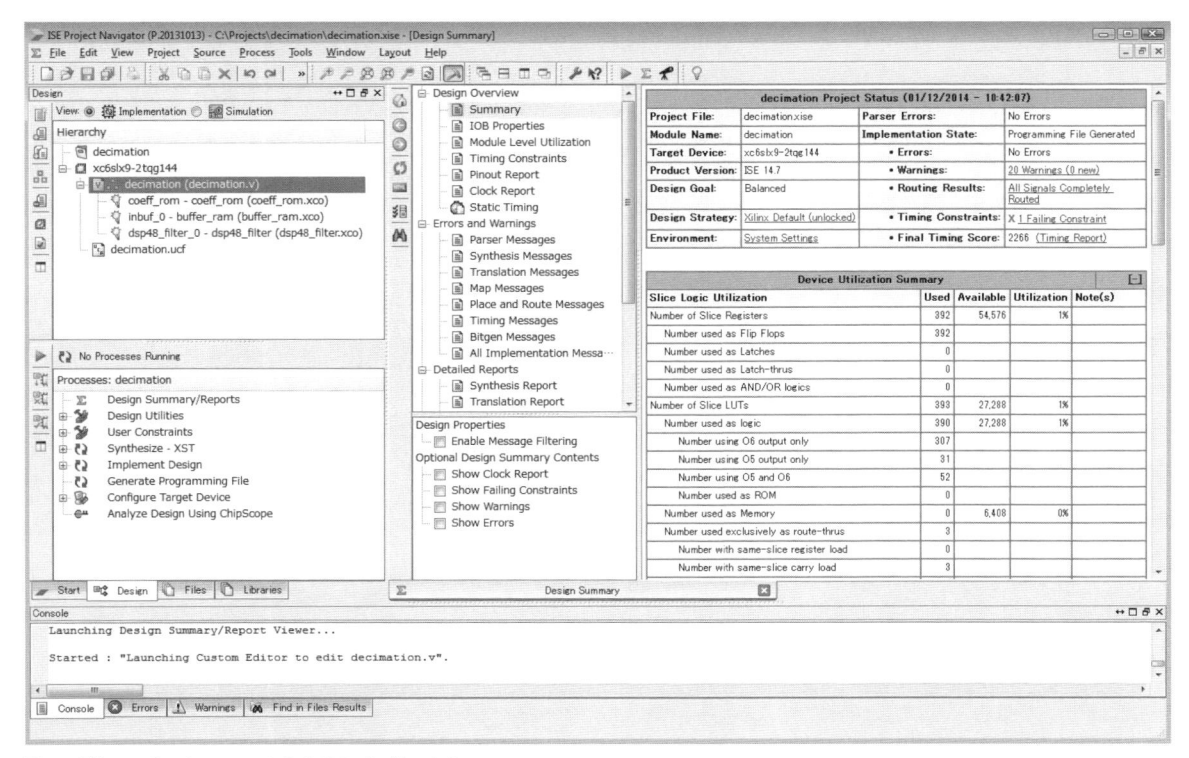

図1　デシメーション・フィルタのISEプロジェクト

図2 デシメーション・フィルタの仕様

ModelSimを同社製デバイス専用にカスタマイズしたModelSim XEを無償で使用できるようにしていましたが，現在はModelSim XEはサポートされていません．その代わりに，現在ISEには標準でISE Simulator（ISim）が搭載されています．現時点で，ISimは**表1**に示すように2種類の製品があります．

● ISE Simulator の起動

ISE SimulatorはISEの一部なので，起動するのは簡単です．一般的に，シミュレーションを行うには，対象となるデバイスのライブラリを準備したりするなど多少面倒な作業がありますが，ISE Simulatorでは一切不要です．

ここでは，例としてディジタル・フィルタのシミュレーションを行ってみました．**図1**はそのISEプロジェクトです．このフィルタはデシメーション・フィルタと呼ばれるもので，入力からデータを間引いて出力します．単純にデータを間引くと出力データに問題が生じるため，フィルタを使ってあらかじめ不要な成分を取り除きます．

**図2**は作成したディジタル・フィルタの入出力仕様です．

● テスト・ベンチの作成

シミュレーションを行うためにはテスト・ベンチと呼ばれるモジュールを作成する必要があります．これは，シミュレーションの対象となるモジュールに必要な信号を与え，また結果を取り出すためのモジュールです．

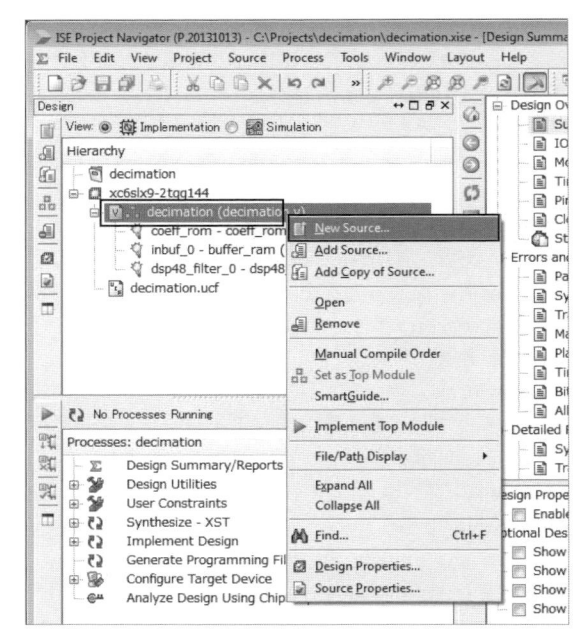

図3 テスト・ベンチの新規作成

テスト・ベンチは最初から記述してもよいのですが，対象となるモジュールから最低限の機能を持ったテスト・ベンチを自動的に生成する機能がISEには備わっています．今回はこれを利用します．ISEプロジェクトのソース・ファイルを右クリックし（**図3**），「New Source」→「Verilog Test Fixture」をクリックするとテスト・ベンチのファイル名を入力します（**図4**．ここではtv_decimationとした）．この次にどのモジュールに対するテスト・ベンチを作成するのかを選択します（**図5**）．

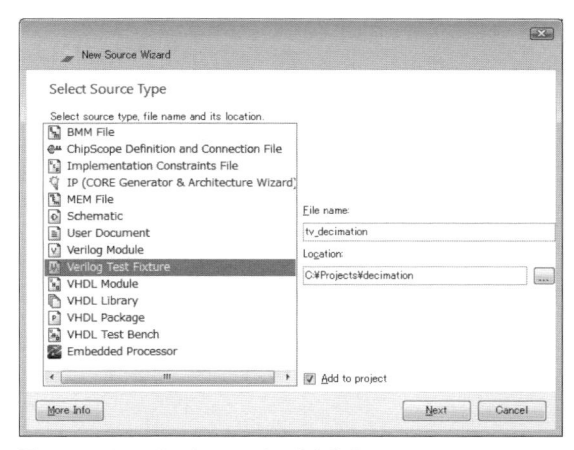

図4 テスト・ベンチのファイル名を入力

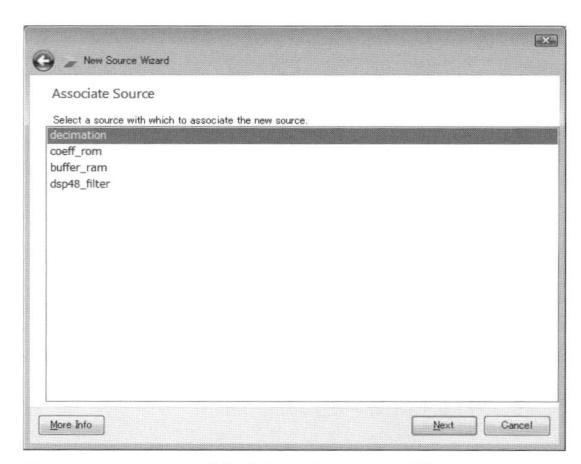

図5 テスト・ベンチを作成するモジュールの選択

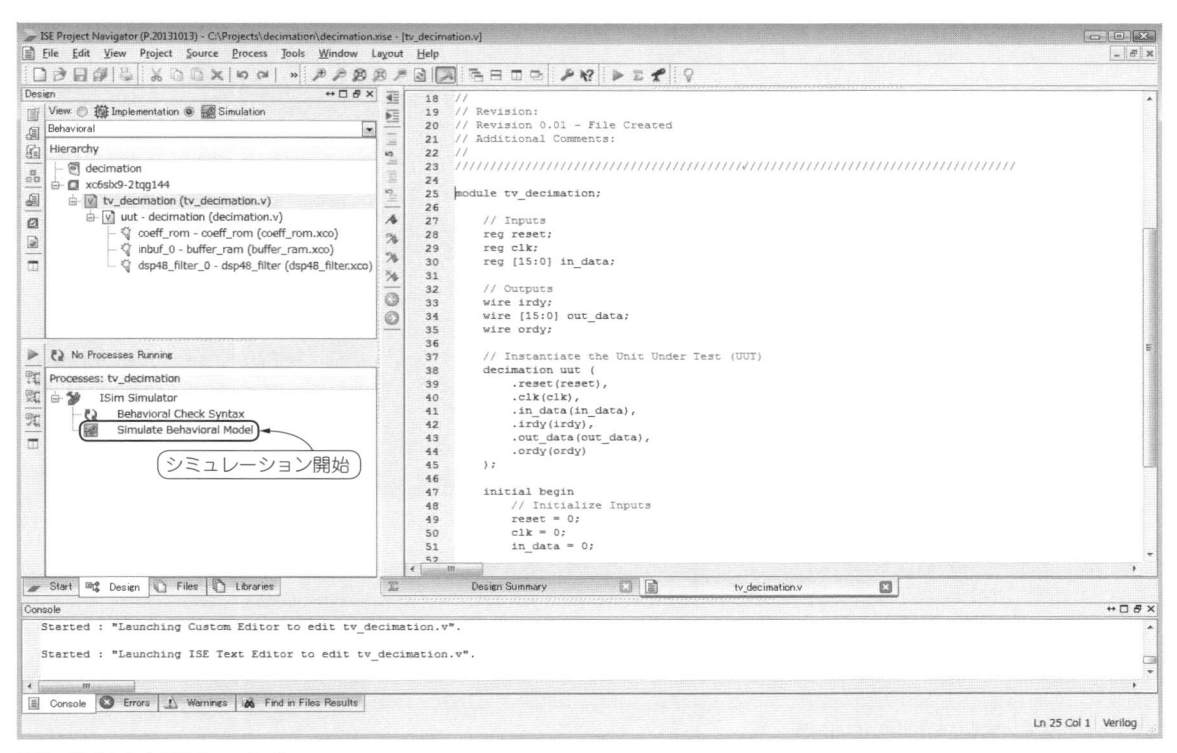

図6 作成されたテスト・ベンチ

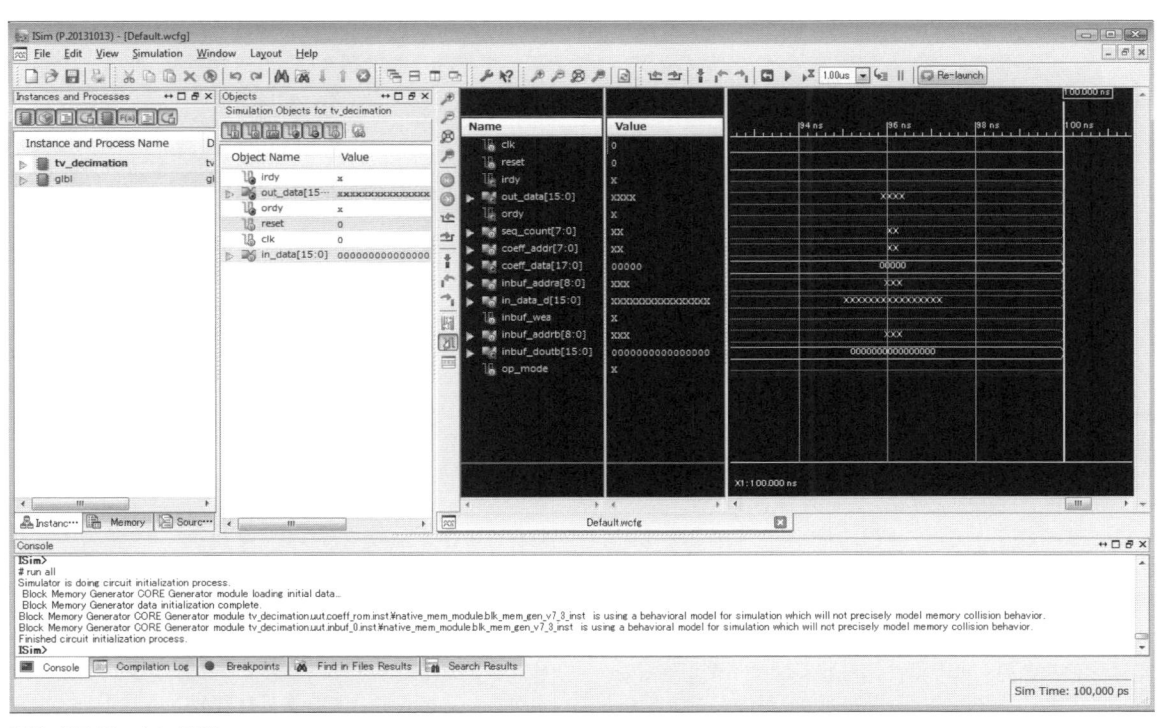

図7 ISE Simulator画面

2 Xilinx ISE でのシミュレータの使い方

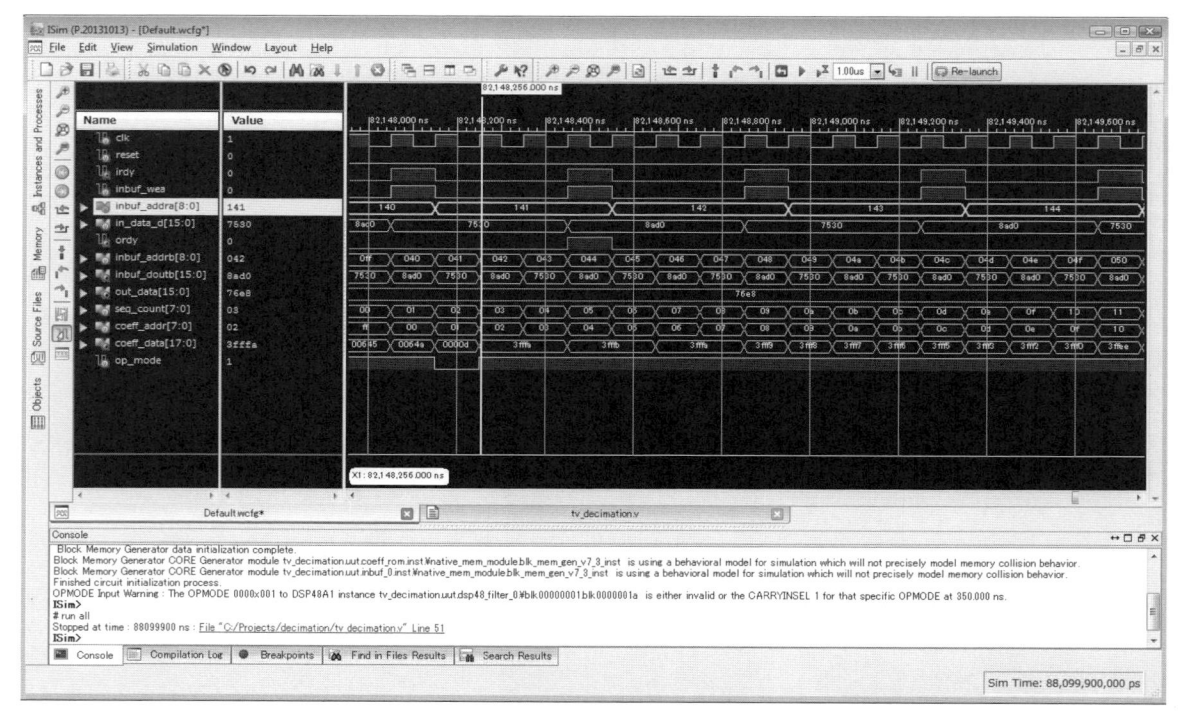

**図8** 入力信号を設定して動作中のISim画面

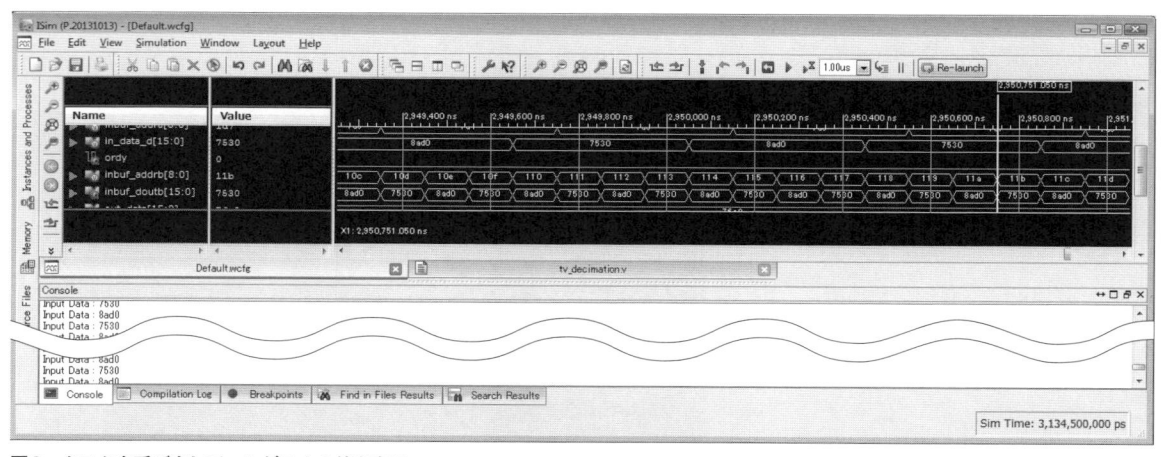

**図9** タスクを呼び出して，レジスタの値を表示

　ここまで終了すると，新しいテスト・ベンチ tv_decimation.vが作成されています．

　ViewをSimulationに切り替え（図6），作成されたテスト・ベンチを見ると，モジュールの入力信号に対してはレジスタが，出力信号に対してはワイヤが宣言されています．入力信号は全て初期値0が代入されます．

● シミュレーション開始

　シミュレーションを行うには，Simulate Behavioral Modelをダブルクリックします（図6）．ここでは，初期状態のままなので入力データは全て0，出力データは不定（赤色の信号で値が'X'）です（図7）．

　後は実際のモジュール仕様に合わせてテスト・ベンチを修正します．今回は簡単にするために，clk（クロック）とreset（リセット），入力信号は少々強引ですが矩形波を入力してみました（図8）．

　シミュレーションでは，RTLソース中に以下のようなタスクと呼ばれる制御を記述することができます．これを用いると，画面やファイルへの入出力を行

106　　Xilinx社製FPGA開発ツール標準添付のISEシミュレータの使い方

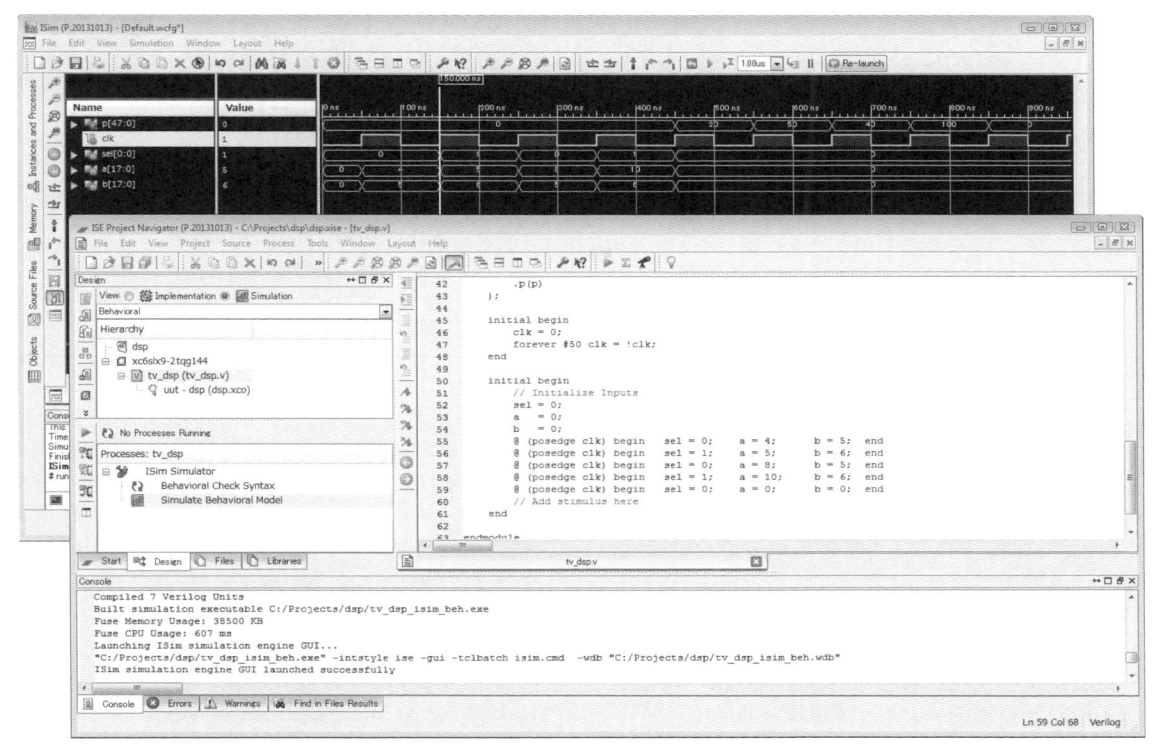

図10 シミュレータで，DSPスライスの動作を確認する

うことができます（タスクの種類は非常に多いため，表示関連のものだけを示す）．

- $write, $display, $strobe
  呼び出された時点での値を出力
- $monitor
  指定された値が変化したら値を出力
- $fopen, $fclose
  ファイルのオープン・クローズ
- $fwrite, $fdisplay, $fstrobe
  呼び出された時点での値をファイルへ出力
- $fmonitor
  指定された値が変化したら値をファイルへ出力
- $fread, $fgetc, $fgets
  ファイルから値を読み込む

● 入出力データを書き出し

図9は図8と同じシミュレーションですが，タスク呼び出しを用いて入出力データを書き出しています．タスク呼び出しは，テスト・ベンチだけではなく，全てのRTLソース中に記載することができます（当然だが，シミュレーション以外ではファイルや画面への入出力は無視される）．

このように，シミュレーションを用いることにより実機を用いることなく詳細なデバッグや検証が可能です．ハード・コピーや画面出力によって結果を残すこ

とも簡単にできるので，モジュールの評価試験報告などにも必須です．シミュレーションでモジュール単位の機能を確実に検証しておくことが，大規模なシステムでは非常に重要になります．

● シミュレータのちょっと便利な使い方

ISimはISE付属のCORE Generatorなどで作成したIPコアであっても，正確に動作を追うことができます．CORE Generatorの機能が複雑になると，マニュアルを見ただけでは理解しにくいものも多くあります．また，IPコアの設定が正しいかなどと不安になることもあります．そんなときは，CORE Generatorで作成したIPコア単体をシミュレータで動かしてみると，動作がよく分かります．DSPスライスなどは自由度の高い機能ですが，いきなり実機で動かすとなるとそのデバッグは大変です．シミュレータを使って動作を確実に理解してから実機で動かすと，遙かに短い時間で完成させることができます（図10）．

また，他社からIPコアなどを購入しサポートを受ける場合などは，シミュレータでの動作結果が重要になります．シミュレータでの動作を見ることで，ユーザ側の問題なのか，IPコア側の問題なのか，ハードウェアが悪いのかなどを客観的にとらえることができます．

たんげ・まさひこ　（株）エアフォルク

# USB 3.0対応 EZ-USB FX3 の GPIF II 活用の基礎

DMAとステート・マシン，GPIF II Designerの使い方を理解しよう

馬場 鉄平 Teppei Baba

手軽にUSB 3.0接続を実現するならFX3！

　Cypress Semiconductor（以下Cypress）社のEZ-USB FX3（以下FX3）は，USB 3.0に対応したコントローラです．特徴としては，ARM9プロセッサを内蔵し，さまざまなデバイスを直接接続可能なGPIF（General Programmable Interface）を搭載していることです．FX3は同社USB 2.0対応コントローラEZ-USB FX2の上位品種で，GPIFもGPIF IIと大幅に機能アップしています．

## 1 EZ-USB FX3とGPIF IIの概要

### ● EZ-USB FX3を特徴付けるGPIF II

　FX3はUSB 3.0（5Gbps）の物理層チップ（PHY）を内蔵し，ARM9プロセッサを搭載したUSBペリフェラル・コントローラで，GPIF IIやI²C，SPI，UART，I²Sの各種シリアル・インターフェース，そしてUSB 2.0のOn The Goにも対応しています．ARMプロセッサとGPIF IIの連携による，汎用性の高いインターフェースを備えています．

　GPIF IIはFX3に搭載されているプログラム可能な回路で，FX3と外部プロセッサを媒介する接着剤のような働きをします．マイクロプロセッサ，ASIC，FPGA，イメージ・センサ，メモリなどのさまざまな外部プロセッサをFX3に接続できますが，GPIF IIは外部プロセッサごとの制御信号の違いを吸収し，FX3から透過的にアクセスできるようにします（図1）．なお，GPIF IIはUSB 2.0ペリフェラル・コントローラのFX2LPに搭載されているGPIFの拡張版です．

### ● GPIF IIの働き

　図2にFX3のブロック図を示します．GPIF IIとUSBエンドポイントはDMAバスに接続しており，CPUを介さず高速にUSBエンドポイントとの間でデータをやり取りします．GPIF IIから来たデータをそのままUSBエンドポイントに転送する以外にも，USBパケット化するためのヘッダをCPUから付加する機能や，USBエンドポイントから入力したデータのヘッダを取り除く機能があります．例えば画像のようなサイズの大きいデータはGPIF IIからDMAを通じてUSBエンドポイントへ転送し，USBパケットのヘッダのようなサイズの小さいものは転送前にCPUで付加するというように，CPUとGPIF II，DMAが連携することで高速性と柔軟性を両立しています．

### ● GPIF IIのスペック

　GPIF IIは8/16/32ビットのデータ・バス幅と，最大100MHzのクロックをサポートしています．そして最大40個のプログラム可能な入出力ピン（GPIOピン）を持ちます．データ・バスの最大幅はFX3の型番によって異なり，最大16ビットのものと32ビットのものがあります．それぞれスペック上の最大帯域は1.6Gbpsまたは3.2Gbpsです．

　GPIF IIで利用可能なGPIOピン数も型番によって異なります．詳しいスペックについてはデータシート[1]をご覧ください．なお，EZ-USB FX3 Development Kit（以下FX3 DVK）のCYUSB3KIT-001にはデータ・

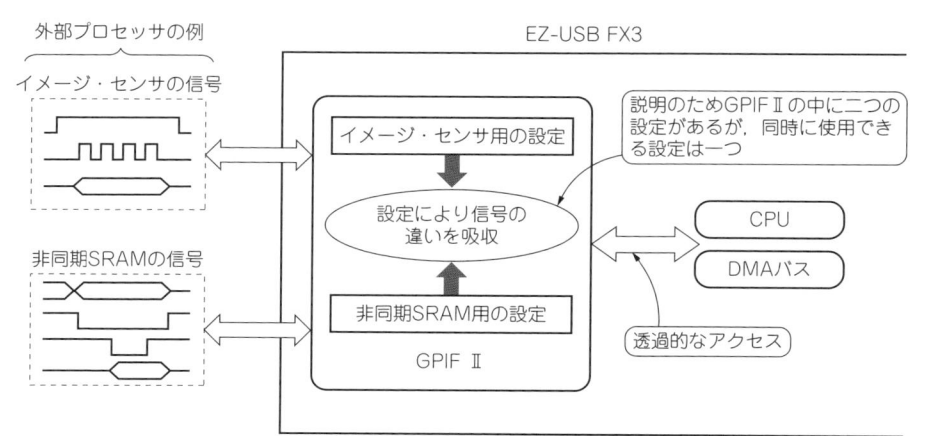

図1
GPIF IIの働き

図2 FX3のブロック図

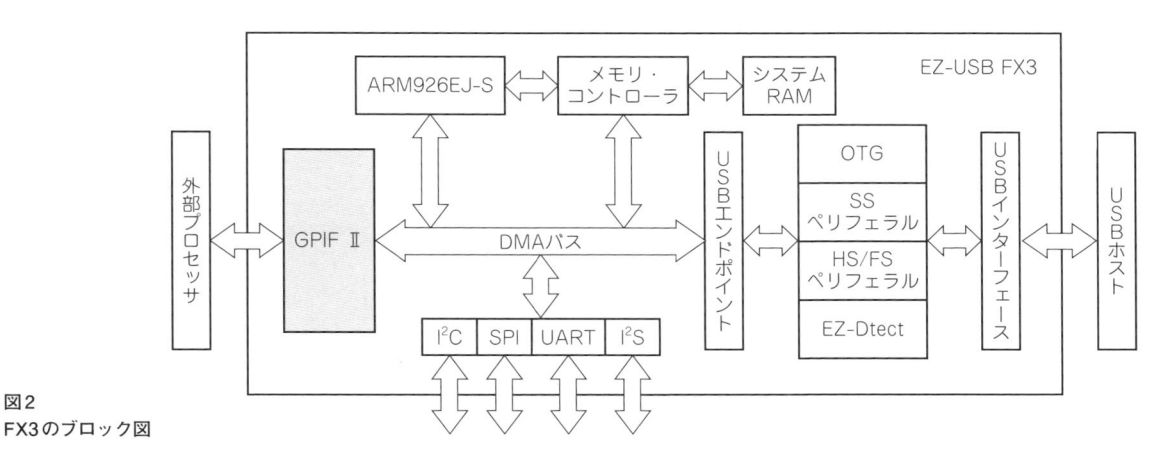

バス32ビットに対応したCYUSB3014-BZXIが搭載されています．本記事はCYUSB3KIT-001とEZ-USB FX3 Software Development Kit 1.2.3（以下FX3 SDK）について解説します．

## 2 GPIF IIの動作

### ● GPIF IIとDMAの関係

GPIF IIの動作を知るには，まずDMAとの関係を理解する必要があります．図3に外部プロセッサからデータを入力する場合のGPIF IIとDMAチャネルの関係を示しました．DMAチャネルとは，DMAを通してデータをある一方からもう一方へ転送するときに用いる機能です．DMAチャネルはリング・バッファ（DMAバッファと呼ぶ）を持ち，データを生成する「プロデューサ」，データを消費する「コンシューマ」に関連付けられます．プロデューサとコンシューマには次のものが選択可能です．

- USBエンドポイント
- GPIF II
- CPU
- I²C / SPI / UART / I2S

図3ではプロデューサがGPIF II，コンシューマがUSB INエンドポイントです．逆にプロデューサをUSB OUTエンドポイント，コンシューマをGPIF IIとすることもできます．

### ● DMAチャネルの種類

外部プロセッサから受信したデータはGPIF IIを通じてDMAバッファに書き込まれます．1個のバッファの容量まで書き込まれるかあるいはGPIF IIからの指令があると，書き込み先が次のバッファに切り替わります．そして書き込まれたデータのサイズとアドレスがCPUに渡され，ファームウェアからアクセス可能な状態となります．

また，CPUへの割り込みを発生させず，そのままUSBエンドポイントに送出する方式もあります．CPUに割り込みを発生する方式をマニュアル・チャネル，発生しない方式をオート・チャネルと呼びます．前者はCPUからDMAバッファの内容を編集できます．後者はCPUからDMAバッファの内容を編集できませんが，CPUの干渉が最小限に抑えられるため，GPIF IIの帯域幅を最大限に利用できます．マニュアル・チャネル/オート・チャネルについては稿を改めて紹介するつもりです．

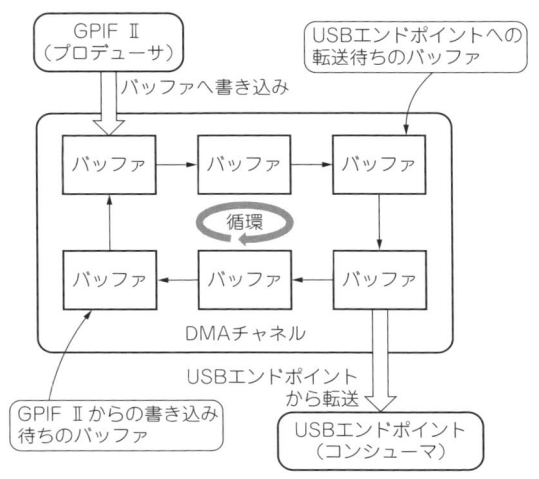

図3 GPIF IIとDMAバッファ

### ● GPIF IIのステート・マシンの動作

GPIF IIの心臓部はステート・マシンです．図4にステート・マシンのソフトウェア的なイメージを示します．GPIF IIの動作を簡単に述べると次の通りです．
(1) 初期状態から開始します．
(2) 条件（遷移式）が成立すると別の状態（ステート）に遷移します．
(3) ある状態に遷移したときに指定処理（アクション）が実行されます．

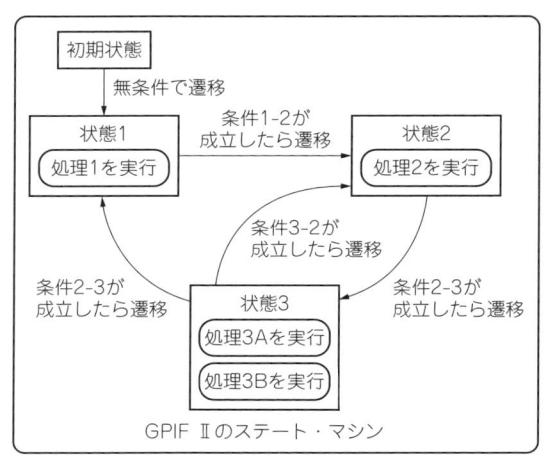

**図4 GPIF IIのステート・マシン**

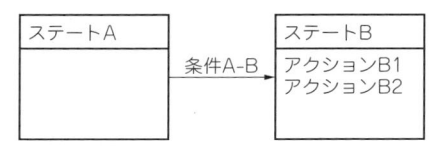

**図5 ステートのいろいろ**
（a）アクションと遷移式の関係
遷移直後にアクションが実行される．1個のステートが持つアクションは0〜n個．
（b）遷移元・遷移先 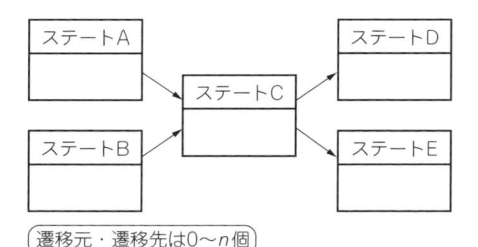
遷移元・遷移先は0〜n個

　ステート・マシンの動作は次の三つから構成されます．
- ステート：文字通りステート・マシンの状態．最大256個設定可能
- アクション：状態遷移したときに実行される操作を示す
- 遷移式：ステート間を移動（状態遷移）するときの条件式．Cypress社のドキュメント[2]にはTransition Equationと表記されている

　ステートやアクション，遷移式の構成は，ファームウェアからGPIF IIへのパラメータとして設定します．FX3 SDKのGPIF II Designerというツールを使ってグラフィカルにステートや遷移式，アクションを構成し，パラメータを生成できます．動的にバス幅を変更するなどの一部のケースを除いて，ツールから出力されるパラメータの意味を知る必要はありません．

● ステート

　1個のステートはアクションや遷移元，遷移先をそれぞれ複数個持ちます（図5）．ステート・マシン実行中は設定された複数のステートの中から「現在のステート」を1個だけ持ち，遷移式が成立したときにステート間を遷移します．現在のステートはファームウェアからも操作可能です．ただし，ファームウェアから操作すると性能に支障をきたす場合があるので，性能要件が厳しいときはGPIF IIだけで状態遷移を完結するのが望ましいようです．

● アクションと遷移式

　ステートに設定可能なアクションと遷移式の一部を表1と表2に示します．各アクションによりデータ・バスやGPIOピン，CPU，DMAバッファ，カウンタなどに対して次に示す操作をします．
- データ・バス：バスの入出力や，バスの値と任意の値を比較する．
- GPIOピン：データ・バス以外の任意の目的でアサイン可能なピンで，真偽値を入出力する．任意の目的で使用する以外の用途として，ピンをDMA Flagsのピンとして割り当てるとDMAバッファの状態を外部プロセッサに知らせる信号を出力する．
- CPU：CPUに対して割り込みを発生させ，ファームウェアのコールバック関数を呼び出す．ファームウェアと連携することで非常に柔軟な処理が可能となる．ただし，CPUへの割り込み頻度が多いと性能への影響があるので注意が必要．

**表1　ステートのアクション**（一部）

| アクションの名称 | 説　明 |
| --- | --- |
| IN_DATA | バスからの入力およびDMAへの出力 |
| DR_DATA | バスへ出力 |
| COMMIT | DMAバッファの切り替え |
| COUNT_DATA | カウンタの制御 |
| DR_GPIO | GPIOピンへの出力 |
| CMP_DATA | バスの値の比較 |
| INTR_CPU | CPUへ割り込み発生 |

**表2　ステートの遷移式**（一部）

| 条件の名称 | 説　明 |
| --- | --- |
| ピン名（任意に設定可） | GPIOピンの信号の値（真偽値） |
| DMA_RDY_CT | DMAバッファに書き込み可能かどうか |
| DATA_CNT_HIT | カウンタ値が指定した値と一致するかどうか |
| CMP_DATA_MATCH | バスの値が指定した値と一致するかどうか |
| FW_TRG | CPUから指定する値 |

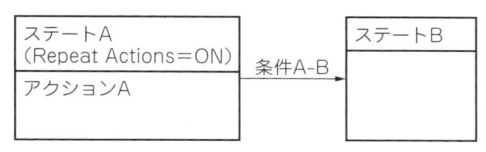

**図6 Repeat Actions**
ステートAのRepeat Actionsを有効にすると条件A-Bが成立するまでアクションAが繰り返し実行される.

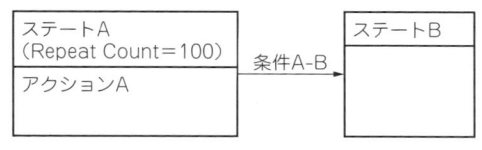

**図7 Repeat Count**
ステートAのRepeat Countの値を0以上に設定すると,設定した値だけアクションAを実行してから条件A-Bをチェックする.

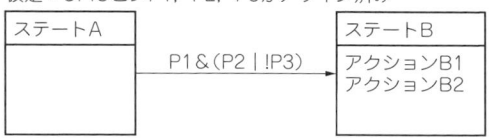

**図8 遷移式の記述方法**
遷移式は論理式で表す.この例では,P1 and (P2 or (not P3))を表す.

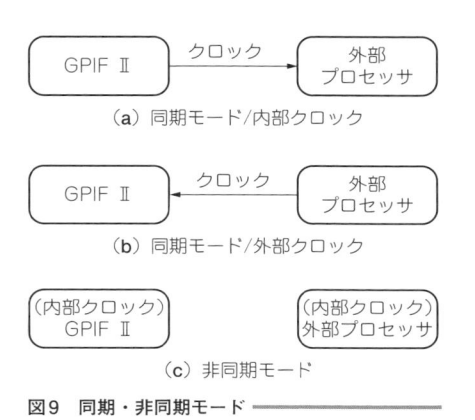

**図9 同期・非同期モード**

- DMAバッファ：DMAバッファの切り替えを行う.
- カウンタ：GPIF Ⅱは任意の目的で使用可能な内部的なカウンタを持ち,アクションにより初期値設定やインクリメント・デクリメントを行う.値は32ビットで$0 \sim 2^{32-1}$の範囲.カウンタが設定値に達したとき,自動的に初期値に戻すかどうかのオプションがある(Reload counter on reaching limit).カウンタにはデータ・カウンタとアドレス・カウンタ,コントロール・カウンタがある.いずれも用途は制限されないが,RAMの読み書きなどを想定してデータ用とアドレス用として区別して用意されている.コントロール・カウンタは主に制御信号と関連付けて使用する.なお,アドレス・バスには時系列でデータ・バスと共有する方法と,データ・バスとは別のピンをアサインする方法がある.

● ステートの属性

アクションに関連して,ステートは次の属性を持ちます.

- Repeat Actions (Repeat Actions until next transition)：有効にすると遷移式が成立するまで繰り返しアクションを実行する(**図6**).
- Repeat Count：1以上の値を設定すると,遷移式をチェックする前に設定値の回数だけアクションを実行する(**図7**).前述のカウンタとは異なり,設定値は8ビット(0〜255)でステートごとに固有の値.

これらの属性は,例えばIN_DATAアクションは1クロックでバス幅の分だけデータを取得するので,続けてバスから入力するにはRepeat ActionsかRepeat Countを使用する必要があります.通常USBパケットとして複数バイトをまとめて送るので,ほとんどの場合はいずれかの属性を使用することになります.

● 複雑な遷移式を使用するときの注意点

ステート間の遷移式は論理式で記述します(**図8**).論理式の各オペランドには**表2**に示したものが使用できます.遷移式は複雑になるとMirror Statesと呼ばれる機能が使用されます.これに対して単純な遷移式のときはSingle Stateで動作します.

Mirror StatesはGPIF Ⅱのハードウェアで複雑な遷移式を扱えるように,1個のステートを複数のステートと,より単純な複数の遷移式へ内部的に分解する機能です.より複雑な遷移式を扱えるようになります.Mirror Statesを使うかどうかはGPIF Ⅱ Designerでコンパイル時,自動的に判断されて結果が表示されます.動作原理が少々複雑なのでここでは説明しませんが,Single StateとMirror Statesでは動作が異なる部分があるので扱いには注意が必要です.筆者の考えではまずSingle Stateで表現できないか試みて,Single Stateで表現し切れないときにMirror Statesを用いることをお勧めします.大抵はSingle Stateで表現することができます.

● クロックの方式

GPIF Ⅱの設定のうち,ステート・マシン以外の設定で重要なものの一つに,クロックの方式があります.GPIF Ⅱにはクロックを外部プロセッサと同期するか否かで次の方式があります(**図9**).

- 同期モード：FX3と外部プロセッサのクロックを共有する.FX3の内部クロックを外部プロセッサに出力する方法と,外部プロセッサからのクロックをGPIF Ⅱに入力する方法がある.
- 非同期モード：FX3と外部プロセッサのクロックを共

有しない．GPIF IIはFX3の内部クロックで動作する．

GPIF IIには本記事に挙げていないアクションや遷移式などを含む他の機能があります．詳しくはGPIF II Designerのユーザ・ガイド[2]をご覧ください．

## 3 GPIF II Designerによる状態遷移の設計

### ● GPIF II Designerとは

GPIF II Designerは前述の通りGPIF IIの設定を作成するためのツールです．GPIF II Designerからファームウェアで使用するためのC言語のヘッダ・ファイルが生成されます．ファームウェアではヘッダ・ファイルを取り込んで，それに記述されたパラメータを実行時にGPIF IIへ設定するよう実装します．

GPIF II Designerの使い方についてはGPIF II Designerのユーザ・ガイド[2]に委ね，アプリケーションの画面だけ紹介します．GPIF II Designerのインターフェース定義タブとステート・マシン・タブの画面を図10と図11に示します．紙面上では見づらいかもしれませんが，画像から雰囲気をつかんでいただければと思います．インターフェース定義タブでは同期・非同期モードやピン・アサインなどの基本情報を設定します．ステート・マシン・タブの画面ではステート，アクション，遷移式を用いてステート・マシンを構築します．これらのほかにタイミング・タブもあります．タイミング・タブの画面ではステート・マシンの構成を元にタイミング・チャートを生成します．タイミング・チャートはステート・マシンの動作をシミュレーションするためのもので必須ではありません．

### ● GPIF IIの実験用回路

筆者はステート・マシンの動作を理解するために，

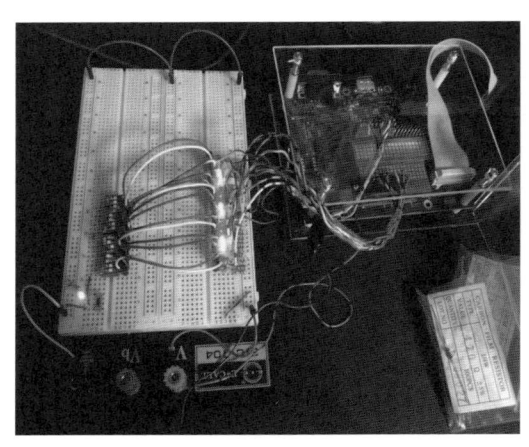

**写真1 GPIF II実験用回路**

スイッチや抵抗，LEDで構成された実験用回路とFX3 DVKを接続して動作確認を行いました（**写真1**）．GPIF IIの各ピンに独立して信号を送れるようにした，ごく単純な回路です．図12の回路をGPIOピンとデータ・バスのピン数だけ作成して接続しました．見た目の問題なのでLEDは必須ではありません．スイッチの代わりにFPGAを接続しても同様の実験を行えます．一つ注意するべき点は，FX3 DVKにおけるGPIF II入出力のコネクタにSamtec社製の特殊なものを使用しており，このような実験用回路に接続するには同社のコネクタから2.54mmピッチなどに変換する基板を製作する必要があることです．

この実験の目的は次の通りです．
- GPIOピンに接続したスイッチの切り替えにより，データ・バスに接続したスイッチの設定の通りにDMAバッファへデータが書き込まれることの確認．
- 期待した通りに状態遷移することの確認．

4個のGPIOピン，8ビット・データ・バスを全て入力専用として使用し，非同期モードも使用しました．

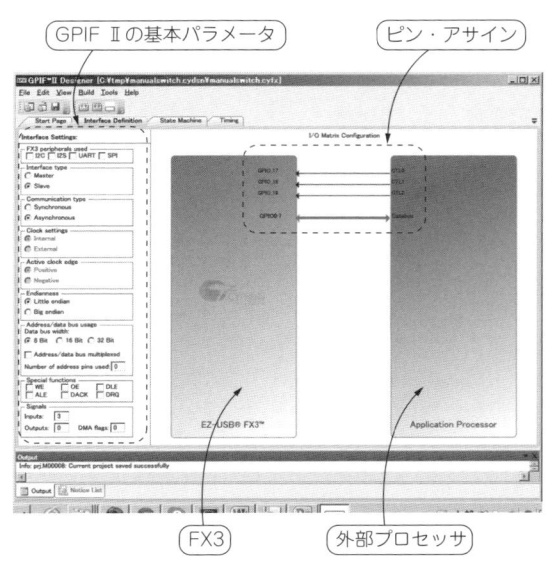

**図10 GPIF II Designerのインターフェース定義画面**

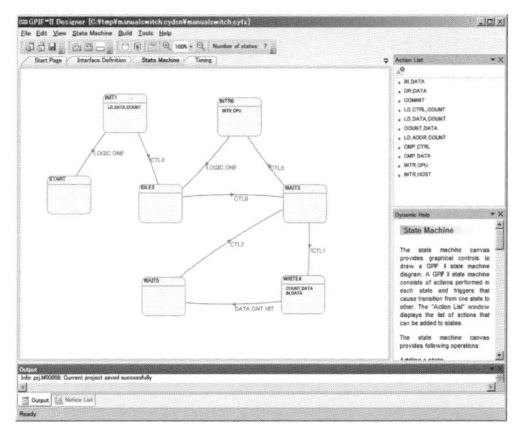

**図11 GPIF II Designerのステート・マシン定義画面**

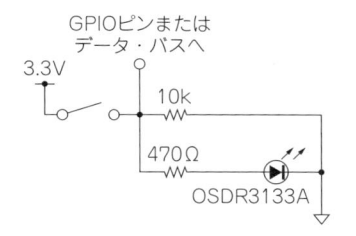

図12 GPIF Ⅱ実験用回路(1個のピンについて)

```
[Interface Type]
Slave
[Communication Type]
Asynchronous
[Endianness]
Little endian
[Address/data bus usage]
Databus width : 8bit
Number of address used : 0
[Signals]
Inputs : 4,  Outputs : 0
DMA flags : 0
```

図13 実験用回路のインターフェース定義

USBへの出力にはこだわらず，GPIF Ⅱへ入力されたデータはファームウェアの`CyU3PDebugPrint`関数でUARTにデバッグ・ログとして出力しました．

● 実験用回路に対応するステート・マシンの概要

実験用回路に対して作成したGPIF Ⅱ Designerのプロジェクトにおけるインターフェース定義タブの画面を表したものを図13に示します．インターフェース定義では基本的な情報の設定に加えて，GPIF ⅡのGPIOピンIDと外部プロセッサのピン名をマッピングします．外部プロセッサのピン名は任意に編集します．ここではCTL0～CTL3を制御信号とします．制御信号の入出力方向は矢印で示され，入力または出力の一方向を選択します．データ・バスやアドレス・バスは常に両方向です．

● 実験用回路のステート・マシンにおける各ステートについて

ステート・マシン・タブの画面を図で表したものを図14に示します．手動のスイッチで信号を切り替えるときのチャタリング対策として，なるべく同一の制御信号が遷移式に含まれないようにしました．例えばIDLE→WAIT1の遷移式はCTL0で，WAIT1からの遷移式にはCTL0を含みません．次に各ステートについて説明します．

- START：ステート・マシンはSTARTステートから開始する．START→IDLEのLOGIC_ONEという名称の遷移式はアクションを1回実行してから無条件に遷移するという条件．
- IDLE：データ・カウンタの初期値を設定する．READステートで指定回数だけデータ・バスから入力するためにデータ・カウンタを使用する．STARTステートで初期値を設定したいところだが，GPIF Ⅱの制約でSTARTステートにはアクションを追加することができない．
- WAIT1, WAIT2：単に遷移することを確認するために挿入．
- READ：データ・バスから指定回数だけIN_DATAアクションにより入力する．遷移式が成立するまで繰り返し入力したいのでRepeat Actionsを設定．回数を制限するためにCOUNT_DATAを使用．
- INTR：INTR_CPUアクションによりCPUに割り込みを発生する実験のためのステート．割り込みを発生するとファームウェア上で登録したコールバック関数が呼ばれる．

● LOAD_DATA_CNTの初期値に関する注意事項

READステートにおいてCOUNT_DATAアクションによりカウンタをインクリメントして，指定の回数(128回)だけデータを入力してからWAIT2へ遷移するようにしています．ここではバス幅が8ビットなので，IN_DATAを実行した回数は入力したバイト数に等しくなります．128バイト入力するために，IDLEステートにおけるLOAD_DATA_CNTアクションの最大値を128から1を引いた127に設定します．なぜ1

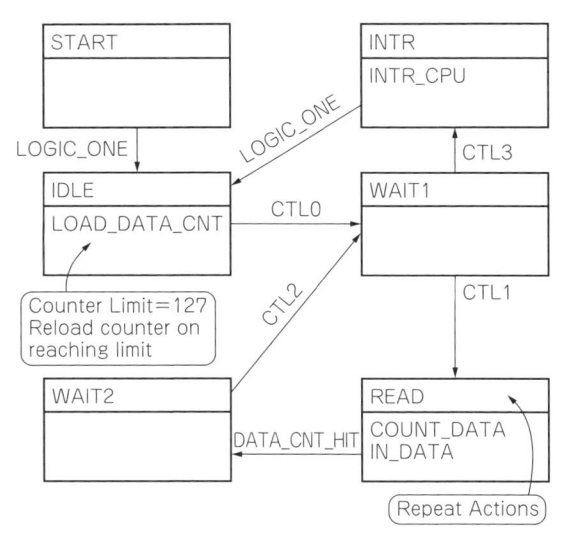

図14 実験用回路のステート・マシン

を引くかというと，COUNT_DATAアクションによりデータ・カウンタが最大値に達したとき，DATA_CNT_HITが真になると同時にカウンタが自動的に0に戻るのですが，このとき余分に1クロック消費するのでIN_DATAアクションも1回余分に呼ばれるからです．参考文献(3)にカウンタのリロードに関する記述があります．

● 実験用回路のファームウェア

FX3 SDKにはいくつものサンプル・プログラムが同梱されています．しかし後述するSlave FIFO以外にはGPIF Ⅱのサンプルが含まれていません．実験用回路はSlave FIFOとは関係ありませんが，GPIF Ⅱを使用するという意味では共通部分が多いので，FX3 SDKに同梱されているサンプルslavefifo_examples/slfifosyncを流用するのが近道です．slfifosyncに次の変更を加えて何か所か調整することで，実験用回路のGPIF Ⅱを動作・観察できるはずです．

・GPIF Ⅱ Designerから出力したヘッダ・ファイルをcyfxgpif_syncsf.hに上書き．
・CyU3PGpifLoad関数，CyU3PGpifSMStart関数の引数をcyfxgpif_syncsf.hの内容に合わせて変更．
・INTR_CPUアクション経由で呼ばれるコールバック関数をCyU3PGpifRegisterCallback関数で登録．コールバック関数内でGPIF Ⅱの現在のステートやDMAバッファの内容をデバッグ・ログで出力．現在のステートはコールバック関数の引数に渡される．
・SlFifoAppThread_Entry関数を変更して，定期的にGPIF Ⅱの現在のステートをデバッグ・ログに出力．この関数には定期出力するためのロジックが既に記述されている．現在のステートはCyU3PGpifGetSMState関数により取得する．

● GPIF Ⅱへの理解をさらに深めるには

ここで挙げたステート・マシンは単純なもので実用的ではありませんが，GPIF Ⅱの基本動作を理解するには十分なものだと筆者は考えています．筆者は基本動作を理解した後，ここに挙げていないアクションや遷移式をテストしたり，FPGAを接続してGPIF ⅡからFPGAの方向への出力について実験したりすることで理解を深めました．

## 4 Slave FIFOの活用

● Slave FIFOとは

Slave FIFOはCypress社が提供しているGPIF Ⅱと外部プロセッサ間のFX3の標準的なプロトコルで，GPIF Ⅱの設定の一種です．FPGAとFX3との接続にSlave FIFOを採用することで，FPGAとFX3間のプロトコルを設計する手間が省けます．パフォーマンスはCypress社が実証[4]しています．Slave FIFOはFX3と外部プロセッサの間でFIFOに対しての読み込みと書き込みの機能があり，データ・バスを共有して複数のFIFOを扱うことができます．ここでのFIFOとはDMAチャネルが持つDMAバッファを指します．DMAチャネルは同時に複数生成して，入力用・出力用にそれぞれ複数割り当てることができます．FPGAを使用する場合，ほとんどケースにおいてSlave FIFOで十分であるものと考えられます．

● Slave FIFOの種類

Slave FIFOには次の方式があります．
・Sync/Async：GPIF Ⅱの同期・非同期モード．
・2bit/5bit：アドレス・バスの幅が2ビットのものと5ビットのものがある．アドレスはFIFOの番号を意味する．2ビットは最大4個のFIFO，5ビットは最大32個のFIFOに対応．

以上の組み合わせからSlave FIFOにはSync Slave FIFO 2bit，Async Slave FIFO 2bit，Sync Slave FIFO 5bit，Async Slave FIFO 5bitの4種類があります．

● Slave FIFOの参考資料

Slave FIFOのFPGA側の実装方法は参考文献(5)のURLからダウンロード可能です．Altera社およびXilinx社の設計ツール向けのそれぞれのプロジェクト・ファイル，およびVHDLとVerilog HDLのサンプル・ソース・コードが公開されています．

ソース・コードが公開される以前は，同URLからダウンロード可能なドキュメント[6]を参照してFPGAを設計開発するしかなく，それも解読が困難な個所があって比較的敷居の高いものでした．現在はソース・コードが公開されたことで，Slave FIFOのFPGA側の開発がより容易になりました．ただしソース・コードが公開されているとはいっても，FPGAの実装者はGPIF Ⅱ Designerでのステート・マシン定義をある程度読めるようにしておくと，より開発効率を高めることにつながると筆者は考えています．GPIF Ⅱの動作を理解することは不具合の発生時や，期待する速度が得られないとき非常に役立つものです．

● Slave FIFOのハードウェア構成

Slave FIFOを使ったハードウェア構成を図15に示します．FPGAは各種ペリフェラルの信号とSlave FIFOの信号を橋渡しする役割を担います．例えばイメージ・センサから得た画像をFPGAで画像処理をした後にFX3へSlave FIFOで出力するという構成が考えられます．FX3のARMプロセッサは画像処理が可能なほどの性能とメモリを持たないので，大量のデータを編集する必要があるならば図15のような構成を採用することになります．Slave FIFOの場合，データをUSBパケット化する処理，すなわちヘッダ

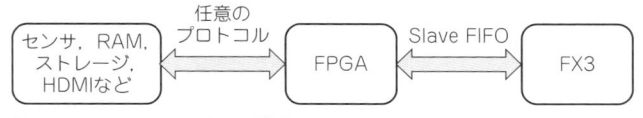

図15 FPGAのハードウェア構成

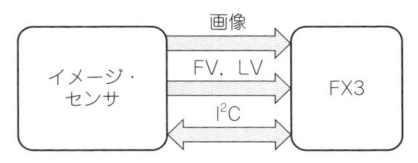

図16 イメージ・センサ直結方式のハードウェア構成

を付加する処理はFPGAで行うか，FX3のファームウェアで行うかを選択できます．

なお，FX3はSlave FIFO以外にADMux（Address Data Multiplexed interface），非同期SRAMをGPIF Ⅱの設定の一種として標準対応しています．

## 5 イメージ・センサ直結方式

### ● イメージ・センサ直結方式とは

イメージ・センサ直結方式という言葉は，Slave FIFOと区別するために筆者の会社で使用しているものです．Cypress社のドキュメントには用語として記述されていません．直結方式とはGPIF ⅡにFPGAなどを介さずに，直接イメージ・センサのパラレル・データ・バスを接続する方式を意味します．イメージ・センサの画像をそのままUSBに転送する場合に利用します．USB 3.0の帯域を利用すれば，フルHD（1920×1080）60fpsの動画を非圧縮で転送可能です．PCの性能が向上している昨今，高解像度の画像を外部プロセッサではなくPC上でリアルタイムに画像処理するという構成も，要件次第では現実的なものとなっています．

### ● イメージ・センサ直結方式とSlave FIFOの比較

Slave FIFOと直結方式を比較しましょう．Slave FIFOでは複数のFIFOを使用することで複数のセンサのデータを受け渡しが可能ですが，直結方式の場合は原則1個のセンサしか接続できません．これはGPIF Ⅱの「現在のステート」が同時に1個しか持てないことに起因します．イメージ・センサを1個だけ接続する場合で，かつ画像処理をホスト側で行うということであれば，直結方式を選択できる可能性があります．Slave FIFOよりもGPIF Ⅱに関するより深い知識が必要になるものの，直結方式が可能であるのはFX3の柔軟性の高さを示すものです．製品開発において直結方式が選択可能かどうかを検討するのは製造コストの面において価値があります．

### ● イメージ・センサ直結方式の参考資料

直結方式を採用する場合，イメージ・センサは機種ごとにタイミング・チャートが異なるため，GPIF Ⅱの設定は機種ごとに開発することになります．画像データをUSBパケット化する処理はFX3のファームウェアが担うことになるので，Slave FIFOよりもパフォーマンスを意識した作り方をする必要があります．

Cypress社は直結方式の開発に役立つ情報として，直結方式でUSB Video Class（以下UVC）を使用するデバイスの設計に関するドキュメントと，GPIF Ⅱ Designerの使い方に関するトレーニング用の動画を公開しています[7]．UVCは市販のUSBカメラに採用されているデバイス・クラスで，ホスト・ドライバが主要なOSに組み込まれています．GPIF Ⅱを用いたUVCのファームウェアは参考文献(7)のURLで公開されています．ただし，あくまでサンプルなので，製品レベルの品質には達していません．

### ● イメージ・センサ直結方式のハードウェア構成

最後に一般的な直結方式のハードウェア構成を図16に示します．イメージ・センサからは画像と垂直同期・水平同期信号（FV, LV, VSYNC, HSYNC）が出力されます．一般的なイメージ・センサは制御用に$I^2C$をサポートしていることが多く，FX3からは$I^2C$により制御します．FX3は$I^2C$インターフェースを標準サポートしています．

◆参考文献◆

(1) CYUSB301X EZ-USB FX3：SuperSpeed USB Controller, Doc No. 001-52136 Rev. *N, 2013年6月, Cypress Semiconductor
(2) GPIF Ⅱ Designer, Doc No. 001-75664 Rev. *A, 2012年7月, Cypress Semiconductor
(3) Interfacing an Image Sensor to EZ-USB FX3 in a USB video class (UVC) Framework Doc No. 001-75779 Rev. *C, 2013年7月, Cypress Semiconductor
(4) EZ-USB FX3 Maximum Throughput Demo（http://www.cypress.com/?rID=59492）, 2012年3月, Cypress Semiconductor
(5) Source files for FPGA code and FX3 firmware（http://japan.cypress.com/?rID=51581）, 2013年6月
(6) Designing with the EZ-USB FX3 Slave FIFO Interface, Doc No. 001-65974 Rev. *H, 2013年6月, Cypress Semiconductor
(7) Designing an image sensor interface with the GPIF Ⅱ Designer（http://www.cypress.com/?rID=62824）, 2012年7月, Cypress Semiconductor

ばば・てっぺい　インフィニテグラ（株）

## システムLSI向けのオンチップ・バスの業界標準仕様
# SoC標準バス AMBA & AXI バスの紹介

中島 理志，野尻 尚稔 Satoshi Nakajima, Naotoshi Nogiri

これからはFPGAでもAXIの時代！

Altera社およびXilinx社から，ARM Cortex-A9プロセッサを内蔵したFPGAが登場しました．プロセッサとFPGA部分との接続には，AXIと呼ばれるバスが採用されています．これはこれらのFPGAだけで使われているバスではなく，半導体業界内で一般的に使われている標準バスとなっています．ここではこの標準バスの変遷や，現在の最新仕様であるAXIについて解説します．

　LSIの集積技術の向上は，高性能で複雑なディジタル・システムを1チップで実現することを可能にしました．その結果，一昔前では考えられなかったようなディジタル製品が次々と登場しています．例えばスマートフォンやタブレット，ディジタルTVなど，10年前では複数のチップを搭載した複雑な電子基板を複数接続することにより実現していた機能が，今や一つのアプリケーション・プロセッサ（AP）に集約されつつあります．

　本書が取り扱っているFPGAの世界においても，APと同じように高集積化の流れが来ています．一部のFPGAにはARM Cortex-A9プロセッサがハード・マクロとして採用されており，オリジナルIPコアをユーザ・ロジック側に搭載すれば，最先端のモバイル向けAPとまではいわずとも，特定用途に特化した自家製AP（？）を作れるレベルまで集積度が高まっています．実はそのFPGAの内部では，AP設計で広く使われているオンチップ・バスAMBAの導入が始まっており，周辺IPコアの再利用，効率の良いシステム設計の実現に裏方ながら貢献しています．これらFPGAを触って初めてAMBAを知った読者の方もおられるのではないでしょうか？

　そこで今回は，AMBA導入の歴史的背景やロードマップ，後半ではAMBA仕様の詳細について紹介したいと思います．AMBAはバス仕様だけで成立したものではなく，その時代のARMプロセッサに課せられた要件と深く関わりを持ちながら進歩してきたものです．今回の記事でその隠れた事実を少しでもお伝えできればと思っています．

## 1　AMBAってなに？

　まず，AMBA（Advanced Microcontroller Bus Architecture）とは，ARM社が策定しているシステムLSI向けのオンチップ・バス仕様で，「アンバ」と発音します．AMBAプロトコルは，SoC（System-on-a-Chip）における機能ブロックの接続と管理のためのオープン標準のオンチップ・インターコネクト仕様です．オープン標準なので，どなたでもARM社のWebページから無償で閲覧可能であり，さらに同社はAMBA仕様の策定や公開，保守をライセンス／ロイヤリティ無償で行っています．

### ● バスの仕様が異なると接続できない

　そもそもIPコア・ライセンスが主たる事業であるARM社が，バス仕様の策定や公開，保守を始めるには理由がありました．LSI内の機能ブロックをIPコアとして流通させるにあたり，情報の伝達経路と手順であるバス・プロトコルが各社各様の仕様を持ってしまうとIPコア同士が直接接続できないため，IPコアの再利用性，流通性を妨げます［図1（a）］．

　かといってIPコアごとにバス・プロトコルを変換する回路を入れる事は，余分なロジックとそれに伴う遅延を発生させ，全てのケースで効果的な解決になりません［図1（b）］．

### ● 統一バス仕様を策定

　そこで解決策として打ち出したのが，自ら統一バス仕様を立ち上げオープンにすること，その仕様に賛同してくれるパートナを増やすこと，そしてARM社から提供されるIPコア全てをそのバス仕様に準拠させることでした．こうすることによってIPコアの流通を円滑にし，さまざまな設計資産の再利用を促進させながら拡張性を持たせたシステムの提案とエコ・システム構築を試みたのです．

　最初のバージョンであるAMBA 1.0は，1995年に公開されました．初期の仕様では，ASB（Advanced System Bus）とAPB（Advanced Peripheral Bus）という二つの単純なバス仕様のみが定義されています．ASBはプロセッサとメモリ，および高性能デバイスを接続するためのバスで，APBはI/Oなどの周辺デバイスを接続するためのバスの2種類で構成されていました．その後，AMBAは地味ながらも順調にプロファイルの追加バージョンアップを重ね，現在では最新のAMBA 4が2011年に公開されています（図2）．

　ちなみにAMBAというのはバス仕様の総称で，

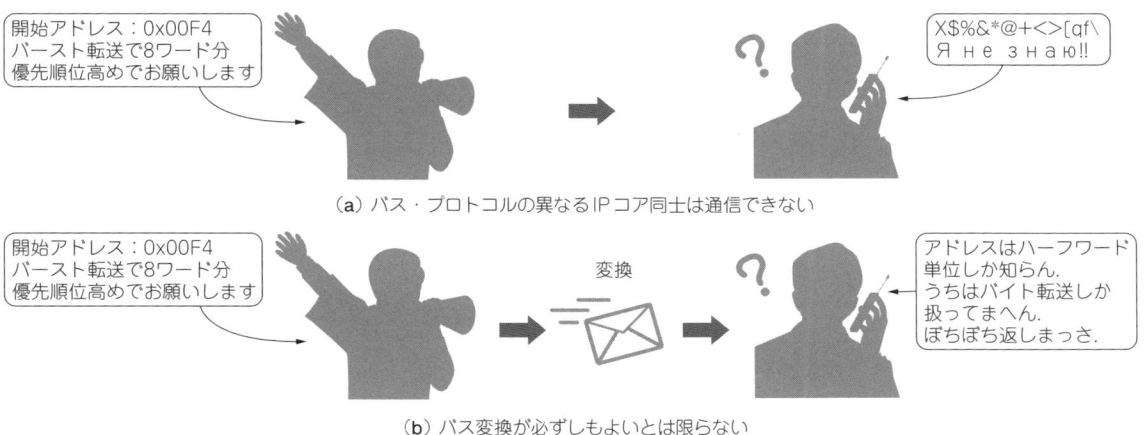

図1 IPコアの接続
(a) バス・プロトコルの異なるIPコア同士は通信できない
(b) バス変換が必ずしもよいとは限らない

AHBやAXI，ACEなどはバス・プロトコルの名称です．バス・プロトコルの説明については，詳細を後述します．

● AMBAはARMプロセッサとともに進化

ではなぜAMBAはこのような時代進化を遂げたのでしょうか？

その背景にはARMプロセッサを取り巻く時代の変化があります．一つ目の波は「ハードIPコアからソフトIPコアへの要望の変化」，二つ目は「信号ベースからチャネル・ベース設計への移行」，三つ目は「異種マルチコア間のキャッシュ・コヒーレンシ最適化の要望」です．それぞれの要望は，半導体の設計トレンドとそれに適応して変化を続けてきたARMプロセッサに密接に関連しています．それでは順を追って見ていきましょう．

## 2 AMBAとプロセッサの切っても切れない関係

● AMBAとARMプロセッサの関係

先述の通りAMBAの歴史を振り返る上でARMプロセッサの進化は無視できません．まずは大きな流れをつかんでもらう意味で，ARMプロセッサの歴史と，それに対応したAMBA仕様の相関図を図3に示します．

この図で分かるように，右上に伸びているハイエンド・プロセッサではAHB（AMBA 2）→ AXI（AMBA 3）→ ACE（AMBA 4）とバスの名前も変化しています．一方，右下に伸びているローエンド・プロセッサでは，先端のアーキテクチャであっても過去のAHBを標準に採用したアーキテクチャになっています．

● プロセッサの性能が上がればバスも強化が必要

ARMプロセッサの演算能力を，DMIPS（Dhrystone MIPS）と呼ばれる業界で広く使われている指標で比較すると図4のようになります．この図で分かるよう

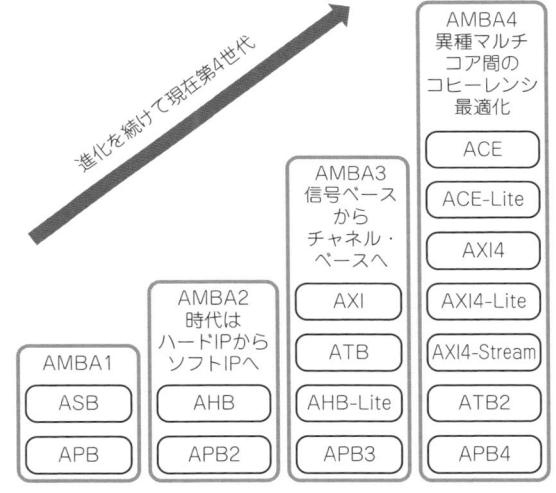

図2 AMBAの変遷

進化を続けて現在第4世代

AMBA1: ASB, APB
AMBA2 時代はハードIPからソフトIPへ: AHB, APB2
AMBA3 信号ベースからチャネル・ベースへ: AXI, ATB, AHB-Lite, APB3
AMBA4 異種マルチコア間のコヒーレンシ最適化: ACE, ACE-Lite, AXI4, AXI4-Lite, AXI4-Stream, ATB2, APB4

に，1990年後半から携帯電話をはじめとして広く使われ始めたARM7TDMIと，最先端のモバイルAPに搭載されているCortex-A15は200倍以上の演算性能差があります．

あらためて考えると，プロセッサというのはデータ処理を実行するマシンなので，単位時間当たりのプロセッサの性能が向上することは，単位時間当たりのメモリとのデータのやり取りが増加することとほぼ同義です．プロセッサ・マイクロアーキテクチャでは，性能向上のためにさまざまな手法（プリフェッチ，分岐予測，STRバッファリング，マルチイッシュ，リネーミングなど）を凝らすことになります．一方，20年前に比べて性能が200倍になったプロセッサが要求するメモリ帯域を支えるためのバス構造が，20年前と同じでよいのでしょうか？答えは明らかにNoです．バス構

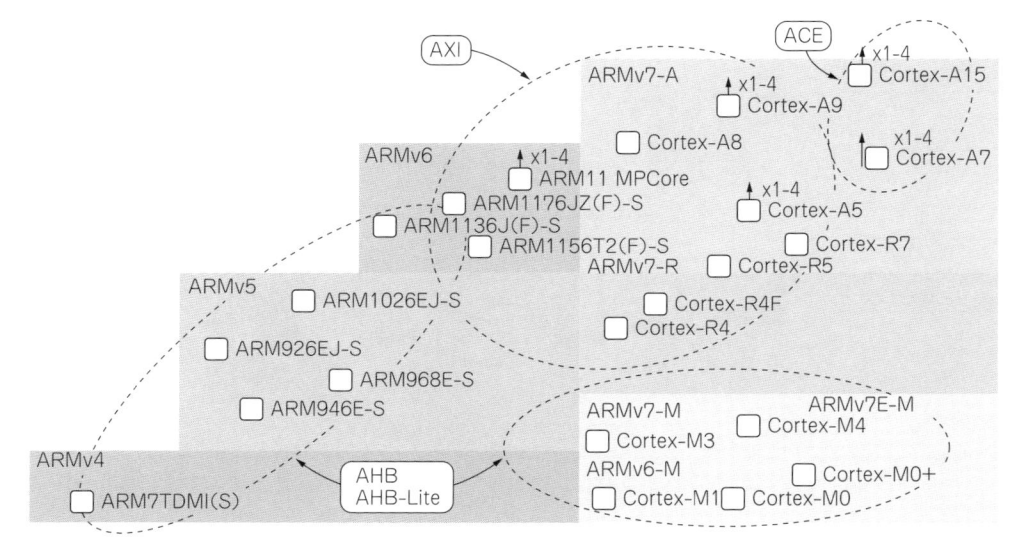

**図3　ARMプロセッサとAMBAの相関図**

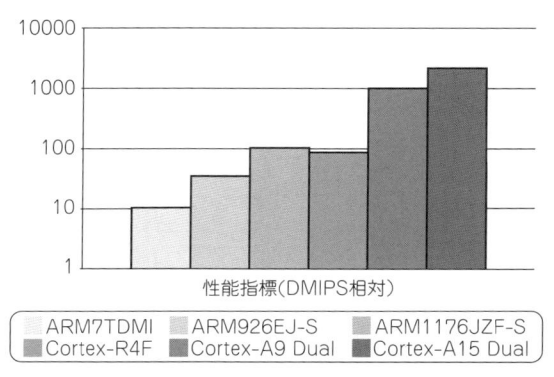

**図4　ARMプロセッサ性能**（DMIPS相対×動作周波数×コア数で概算）

造自体もプロセッサの進歩に応じて発展しています．

● AMBAバージョンアップの歴史

ではプロセッサの進化は，バス仕様へどのような影響を及ぼしてきたのでしょうか．AMBAはAMBA 2，AMBA 3，AMBA 4の3回の大規模な更新を得て現在に至っています．時代背景も踏まえて説明しましょう．

**(1) AMBA 2世代**
　　〜ハードIPコアからソフトIPコアへ〜

さて，時代をさかのぼること1990年代後半，LSIの設計トレンドとしてソフトIPコアの利用が主流になってきました．そのため，従来ハード・マクロ（製造プロセス決め打ちのデータ）で提供するのが主流であったARMのプロセッサ・ビジネスが，顧客からの要望として論理合成可能なIPコア（ソフトIPコア）での提供を求められることが増えてきました．

背景としては，設計ツールの性能向上や集積化の流れが進んだ結果，ソフトIPコアを用いても動作周波数にも消費電力的にも実用に耐えうるLSI設計が可能になり始めたことなどがあります．ただし論理合成可能なソフトIPコアとして利用するには，いくつかのバス設計上の制約がありました．単相クロック同期設計，単一方向信号のみの利用などです．さらにARMプロセッサにキャッシュ・メモリが乗り始めた時期とも重なり，バースト処理やパイプライン処理，排他制御などの要望も出てきました．それらの要望を踏まえてAMBA 1を元に改変されたものがAMBA 2となります．

**(2) AMBA 3世代〜信号ベースからチャネル・ベース設計への移行〜**

時代は進んで2000年代中ごろの話です．ARMプロセッサもフラグシップ・モデルがARM9からARM11シリーズ，一部Cortex-A8の話も聞こえ始めた時期です．製造プロセスや設計ツールの進化のおかげで，さらに高集積，高動作周波数のLSIが製造可能になってきました．LSIに搭載するIPコアも高速動作を前提としたキャッシュ・メモリ付きプロセッサから，過去の設計資産を使い回している周辺機器まで，バス階層がより深くなりました．同時に機能リッチなOSが組み込みにも使われ始めて，メモリ保護や特権モード，セキュリティに関するソフトウェア側からの要望がLSIに組み込まれていきます．

これらの要件を次世代バス設計の要件に落とし込んだ結果，バースト転送の効率化やインターコネクトによる設計自由度の向上，低高速IPコアの混在環境を前提とした柔軟なタイミング設計が必要との結論に至

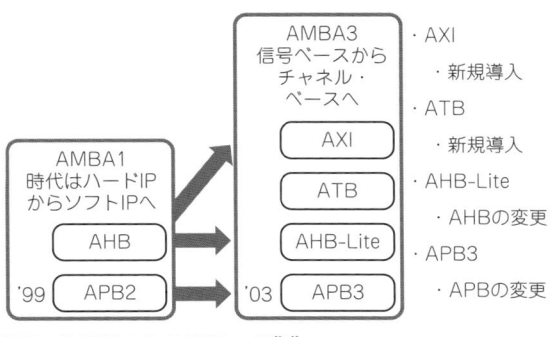

図5 AMBA2からAMBA3への進化

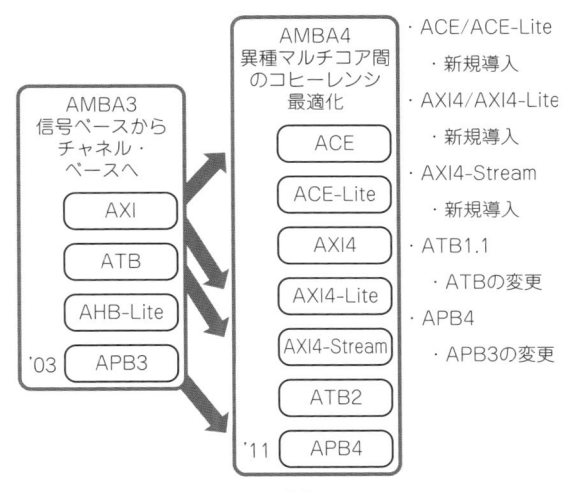

図6 AMBA3からAMBA4への進化

りました．その結果生まれたのがAMBA 3仕様であり，その中心となるのがAXIというバス・プロトコルです．

AXIプロトコルでは，従来のAHBで実装されていたアドレスや制御とデータのタイミング制約を撤廃，読み出し・書き込みチャネルを分離し，チャネル間同期をハンドシェイクに委ねるチャネル・ベースへと移行を果たしました．さらにはアウト・オブ・オーダでの転送完了の許可，TrustZone対応など，その時のLSI要件に適したバス仕様となっています（図5）．

**(3) AMBA 4世代～異種マルチコア間のキャッシュ・コヒーレンシ最適化の実現～**

さらに時代が進んで2010年前後，つい3，4年ほど前の話です．ARMプロセッサの世代だと，Cortex-A15の発表とそれに付随したbig.LITTLEのコンセプトを提唱しはじめた時期です．組み込みSoCの高集積化，高機能化はとどまることを知らず，半導体としてコストの整合する限りにおいて必要なIPコアを全部乗せて設計を行うことが主流になりつつありました．ARMベースのモバイル向けAPの誕生です．プロセッサの動作周波数も1GHzを優に超え，利用されるコア数もDual/Quadコア・プロセッサを束ねるL2キャッシュの容量も増えてきました．

さらにはディスプレイ解像度の増加や無線通信容量の向上に伴い，一つのAP上でメモリ帯域を大量に消費するGPUやビデオ・エンジンの利用頻度も増えました．増大するメモリ帯域の要求に対して，設計側では内部バス幅やメモリ・デバイスへのアクセス帯域を広げる努力が進められましたが，単なる「幅の拡張」以上の要求がバス仕様にも求められるようになりました．ARMでも異なるマルチコア間でキャッシュ・データの再利用性，QoS（Quality Of Service）の実現，仮想化やセキュリティの支援をバスでどうやって実現するかという点が課題になっていました．

そこで新たに導入するAMBA 4仕様ではACEプロトコルをAXIの上位に規定し，これまでの機能へ

キャッシュ属性やバリア属性の表現，CPU外部のMMU（Memory Management Unit）に対して情報を送るためのDVM（Distributed Virtual Memory）を追加しました（図6）．

その他，AMBA 3 AXIにも拡張を施してAXI4を導入，そのAXI4の高密度実装向けプロトコルであるAXI4-Streamを新たに策定しました．デバッグや周辺機器向けバス・プロトコルであるATBやAPBも若干の仕様拡張を行いました．

## 3 ABMAのプロトコル仕様の概要 ～AMBA 2からAMBA 4まで～

ここまで，AMBA仕様がどのように策定され進化してきたのか，その背景を見てきました．次はより具体的にプロトコル仕様を見ていきます．一足飛びにAXIの詳細に立ち入るよりも，まずAHBの概要を理解しておくとAXIの理解が容易になります．そのため，ここではまずAMBA 2からAMBA 4までの技術的な違いを簡単に紹介します．

● **AMBA 2 AHBとAPB**

AMBA 2仕様は1999年に公開されました．前述のとおり，この時点ではARMプロセッサはまだハードマクロでしたが，周辺回路には論理合成を用いる設計手法が既に一般的になっていました．AMBA 2ではそれを反映して，バス仕様は単相クロックを使用した同期設計となり，双方向信号を使う代わりに単方向の信号となったのが，AMBA 1との大きな違いです．

AMBA 2にはプロセッサのメイン・メモリを接続することを意図したAHB（Advanced High-performance Bus）と，周辺回路を接続することを意図したAPBの2種類が規定され，図7のようにブリッジを介して接

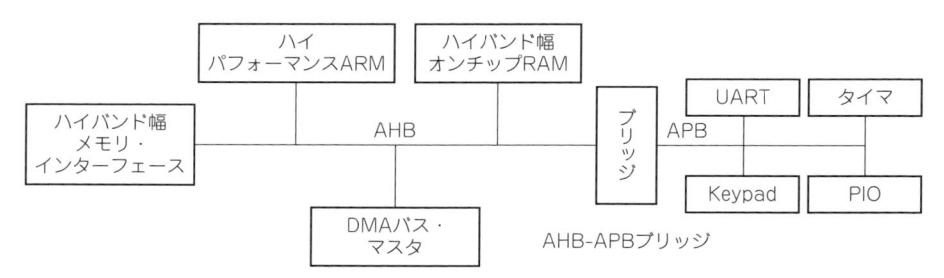

図7 典型的なAMBA 2ベースのシステム

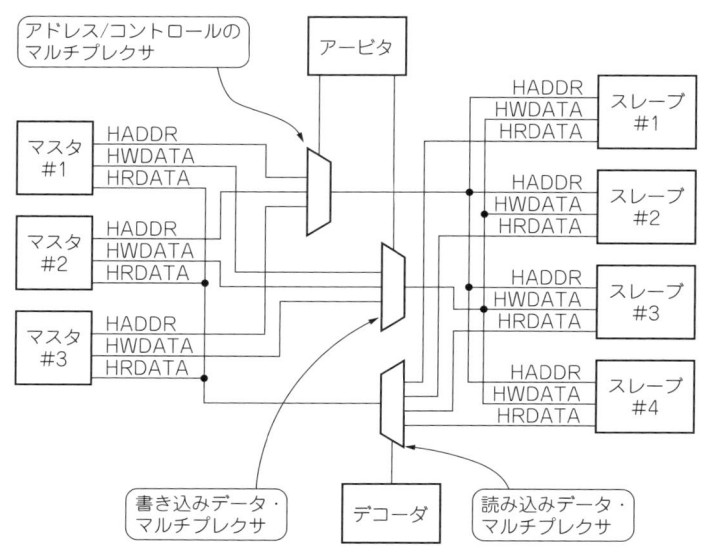

図8 AHBのバス構造

続されることを想定しました．これは，プロセッサ性能の向上に必要なメモリ帯域を確保しつつ，低速な周辺回路とバスを分離することによって，回路規模と消費電力の削減を狙ったものでした．なお，APBはAMBA 1にも存在しましたが，単方向信号などの仕様の更新に合わせて，AMBA 2でのAPBをAPB2と呼ぶことになりました．

● AHBはシングル転送とバースト転送をサポート

AHBではシングル転送とバースト転送をサポートしています．さらに，単純なインクリメント・バーストに加え，プロセッサがキャッシュをミスしたときに，必要とされているデータを最初に転送できる，ラッピング・バースト転送もサポートしています（ラッピング境界の最終アドレスまでアドレスをインクリメントした後，ラッピング境界の先頭に戻るバースト転送のこと）．一方のAPBは単純さを重視してシングル転送のみ，しかもスレーブ側からのウェイト信号さえ存在しないバス仕様となっています．

AHBは理解が容易であったことと，多くの採用実績を持つARM9ファミリのプロセッサのバス仕様として採用されたことにより，ASIC設計におけるバス仕様のデファクト・スタンダードとなりました．

AHBは共有バスとしての振る舞いを規定した仕様（バス・マスタの調停，ハンドオーバなどの規定が存在する）となっていて，図8のような構造を仮定しています．その後，マルチレイヤ構造などの実際の利用形態に合わせた，インターフェースのみを規定するAHB-Liteに継承され，現在でもCortex-MファミリをはじめとするARM IPコア製品において広く使われるプロトコル仕様となっています．

APBもその後，ウェイト信号の追加などAMBA 3仕様で細かな仕様の修正が行われ（これをAPB3と呼ぶ），Cortex-Aファミリのデバッグ・インターフェースなど，高いデータ転送性能が必要とされない用途に使用されています．

● AHBのシングル転送

ここで後述するAXIとの比較のために，AHBでの転送例を見てみましょう．図9はアドレスAへの書き

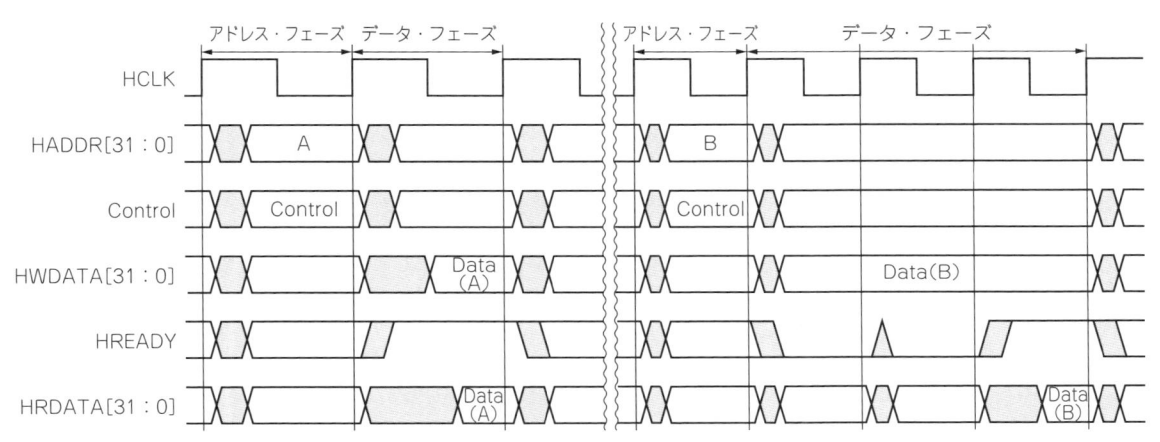

**図9** AHBのアドレス・フェーズとデータ・フェーズ

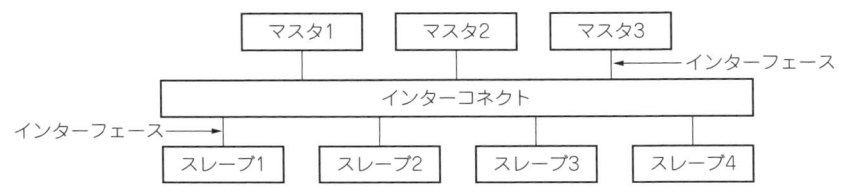

**図10** AXIのインターフェースとインターコネクト

込みと読み出しの動作をまとめて書いたものであり，現実にHWDATAとHRDATAが同時に動作することはありません．ここで注目してもらいたいのは，一つの転送はアドレス・フェーズとデータ・フェーズに分かれていて，この二つのフェーズが1サイクルずれていること，そしてデータ・フェーズが次の転送のアドレス・フェーズと重なっていることです．

アドレスのデコードには一般的に時間がかかるため，このようにすることでスレーブに十分な応答時間を与えつつ，動作周波数を上げることが可能になります．また，HREADY信号により転送を引き伸ばすこともできます．

● AMBA 3 AXI

AMBA 3は2003年に公開されたインターフェース仕様であり，前述のAHB Lite，APB3に加えてAXI（Advanced eXtensible Interface）プロトコルが追加されたのが特徴です．AXIはプロセッサの性能向上に合わせ，広帯域なデータ転送と高い周波数での動作を可能にするプロトコルとして設計されました．同年にARMは，AXIを採用した初のARMプロセッサ，ARM1176JZ（F）-SとARM1156T2（F）-Sを発表しています．

AMBA 2のAHBやAPBと異なり，仕様の名称が「〜バス」ではなくなっているように，AXI仕様ではバス全体の動きを規定するのではなく，コンポーネント間のインターフェースを規定するプロトコルという位置づけになっています．従来はまとめて「バス」と呼ばれていたもののうち，実際のデータや応答の転送を行う部分を「インターコネクト」と呼び，AXIプロトコルに従う限りインターコネクトの実装方法は問いません（**図10**）．

これによりプロセッサのインターフェース仕様を変えることなく，その時々で利用できるコストと性能バランスを持った構造のインターコネクトを採用できるという利点を持っています．

さらに，動作周波数やメモリ帯域の向上を見越したプロトコル設計により，ARM1176JZ（F）-S以降，全てのCortex-A，Cortex-Rファミリ，およびMali GPUファミリなどで採用され，現在でもARM IPコア製品での主力のインターフェースとなっています．

● AMBA 4 AXIとACE

2010年にはAXIのアップデートを含むAMBA 4仕様が発表されました．これにより従来のAMBA 3 AXIをAXI3，AMBA 4 AXIをAXI4と呼ぶことになりました．同時にAMBA 4には，AXI4を元にバースト長を1に限定したAXI4-Liteプロトコルと，データ・ストリームの転送に特化したAXI4-Streamプロトコルが追加されました．前者は信号レベルでAXI4との高い互換性を持ちつつも，APBと同程度のデータ転送能力でかまわない用途に向けたもので，後者はデータ・ストリームをメモリを経由せずに（アドレス信号を使用せずに），パイプライン的に処理するようなコ

ンポーネント間の接続に向けたものです．

また同年にARMは，AXI4をサポートするプロセッサとしてCortex-A15 MPCoreを，インターコネクトなどのシステムIPコア製品群としてCoreLink 400シリーズをそれぞれ発表しています．

さらに2011年には，AMBA 4にACE (AXI Coherency Extensions) 仕様が追加されました．それまでARMでは，ARM11 MPCore，Cortex-A9 MPCoreをはじめとした4コアまでのキャッシュ・コヒーレンシ機能を持つプロセッサを製品化していましたが，より高い性能，もしくは従来にない性能と電力のバランスを実現するために，4コアを超えるプロセッサ間キャッシュ・コヒーレンシ機能が必要となりました．このためのAXIに対するプロトコル仕様拡張がACEです．

フル機能を持ったACEインターフェースを使用すると，キャッシュ付きマスタ間で相互にキャッシュのスヌープが行えますが，サブセットのACE-Liteでは単一方向のスヌープだけが行えます．ACE-Liteはプロセッサ以外の周辺回路で使用されることを想定しています．

## 4 AXIの紹介

次はいよいよ本題となるAXIを，AHBとの比較を交えながら見ていきます．まずAXIの主な特徴を項目として挙げると次のようになります．
- チャネルによる情報の受け渡し
- 書き込みと読み出しのアドレス分離
- 開始アドレスのみによるバースト転送
- レジスタ・スライス挿入による容易なタイミング収束
- 複数未解決 (outstanding) アドレス発行とアウト・オブ・オーダ完了

AHBをご存知の方にはあまりなじみのない用語が多く，一見複雑に見えるかもしれませんが，順を追って理解すればそれほど難しくありません．個々の特徴を見ていきましょう．

### ● AXIの基本…五つのチャネル

AXIにおいてマスタとスレーブを接続するのは，次の五つのチャネルです（**図11**）．ここで，マスタとは書き込みや読み出しといったAXIトランザクションを開始するコンポーネントで，スレーブとはそのトランザクションを受けて応答するコンポーネントです．

(1) 書き込みアドレス・チャネル (AW)
(2) 書き込みデータ・チャネル (W)
(3) 書き込み応答チャネル (B)
(4) 読み出しアドレス・チャネル (AR)
(5) 読み出しデータ・チャネル (R)

### ● 書き込みアドレスと読み出しアドレス信号の分離

AHBとの比較でまず目に付くのが，書き込みアドレスと読み出しアドレス信号の分離です．AHBでは書き込みと読み出しで共通のアドレス信号を使用していました．これではせっかくデータ信号がHWDATAとHRDATAのように方向別に存在しているのに，同時には使えず，片方しか使えないことになります．信号線の利用率向上のため，それぞれにアドレス信号を用意したと見ることができます．

次のAHBとの違いはチャネルという考え方ですが，これも信号線の利用効率を上げる工夫です．例えばAHBでは，読み出しデータをすぐに返せないスレーブがHREADY信号を引き伸ばすと，待たされたマスタは他に何もできない状態が続きます．AXIの各チャネルは独立して情報を受け渡せるので，読み出しデータの転送中であっても書き込みデータの転送を並行して行うことができます．

全てのチャネルにおける情報の受け渡し方法は共通しています．各チャネルにはVALIDとREADYという信号があり，これによりハンドシェイクを行います．VALID信号は情報を送り出す側（**図11**での矢印

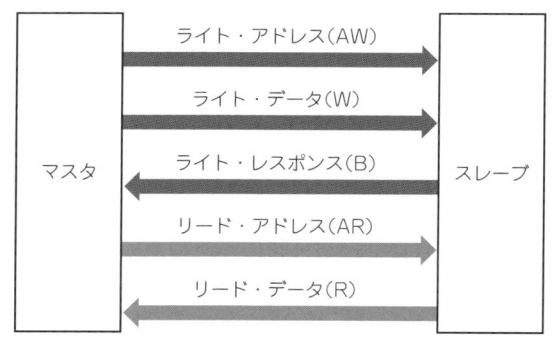

**図11 AXIの五つのチャネル**

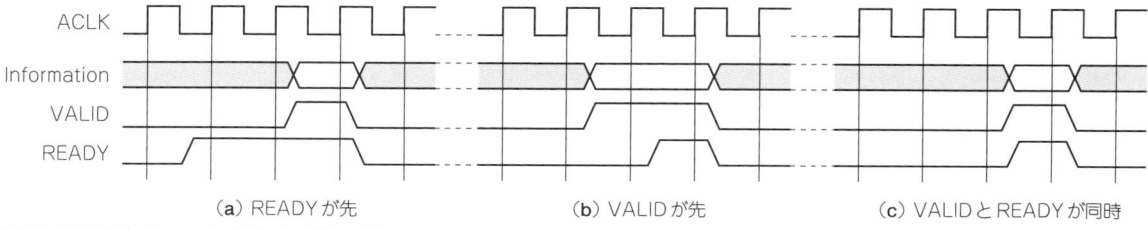

**図12 VALIDとREADYによるハンドシェイク**
(a) READYが先　(b) VALIDが先　(c) VALIDとREADYが同時

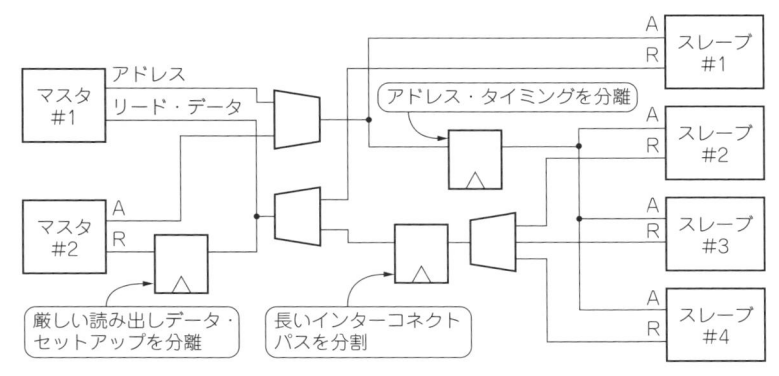

図13 チャネルへのレジスタ・スライスの挿入

の元)が出力し，"H"レベルの場合に情報が有効であることを示します．READY信号は情報を受け取る側(矢印の先)が出力し，"H"レベルの場合に情報を受け取れることを示します．

READY信号は情報を受け取れる準備ができていればVALIDより先にアサートしても[図12(a)]，VALIDを待ってからREADYを返してもかまいません[図12(b)]．一方のVALIDは，READYを待ってはいけません．なおAMBA仕様では，転送時間の短縮のために，VALIDを待たずにREADYを"H"にしておく設計を推奨しています．

● 開始アドレスのみによるバースト転送

バースト転送はAHBにも存在しましたが，連続アドレスに対するアクセスであっても，マスタは毎回アドレスを出力する必要がありました．AXIではバースト転送が基本となり，トランザクション開始時に開始アドレスと転送長，バーストの種類を示せば，その後のアドレス生成はスレーブの役割となります．これにより空いたアドレス・チャネルをほかの目的に使用でき，チャネルの利用効率を上げられます．

なお，バースト長や種類といった情報は制御信号と呼ばれ，アドレス・チャネルに含まれています(後述)．また，データ・チャネルにはLASTという信号があり，バースト転送の最後のデータと同時に"H"レベルにすることで，バースト転送の終了を示します．

またキャッシュ・メモリを持つプロセッサが一般的になり，プロセッサからメイン・メモリに対して出力されるトランザクションの大部分が，キャッシュへのリフィルやキャッシュからの退避(eviction)となりました．さらに動画や静止画の処理など，広いメモリ帯域を必要とするアプリケーションには連続したデータを扱うものが多くあります．バースト転送の効率化はこうしたアプリケーション要求を反映しています．

● タイミング収束性

AXIのチャネル間の独立性とVALIDとREADYによるハンドシェイクは，タイミング収束性の向上にも有効です．近年のSoCには多数のマスタとスレーブ・コンポーネントが集積され，配置によってはコンポーネント間の配線長が長くなります．AXIのチャネルには任意の位置にレジスタ・スライスを挿入できるので，サイクル単位でのレイテンシは生じるものの，動作周波数を上げることができます(図13)．

Cortex-Aファミリではプロセッサの動作周波数が大きく向上しましたが，柔軟にインターコネクト内のレジスタ位置を調整し，動作周波数とレイテンシのバランスをとることができるのもAXIの特徴の一つです．

● 複数未解決アドレス発行とアウト・オブ・オーダ・トランザクション完了

チャネルの利用効率を上げ，システム性能を向上させる上で大きな役割を果たすのがこの複数未解決アドレス発行(以下，複数アドレス発行)とアウト・オブ・オーダ・トランザクション完了(以下，アウト・オブ・オーダ完了)のサポートです．

一つのトランザクションが開始して，まだ完了していない状態を，未解決トランザクションが存在する状態といいますが，前者はこの状態で複数のアドレスが発行できることを意味します．例えば，読み出しデータが返ってくるのを待たずに，次やその次の読み出しトランザクションを開始することができます．

後者は，トランザクションの発行順序と無関係にトランザクションを完了できることを意味します．例えば，低速スレーブと高速スレーブが混在するシステムの場合，低速スレーブに対する読み出し要求よりも後から発行された読み出し要求に，高速スレーブが先行して応答できます．

このような応答順序の入れ替えを行うには，応答がどのアドレスに対するものなのかを示す情報が必要となります．この情報をIDタグと呼びます．例えば，読み出しアドレス・チャネル(AR)にはARIDという信号があり，順序を入れ替えていいトランザクション

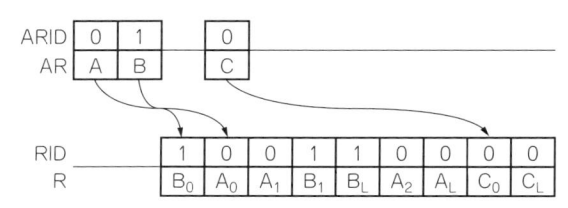

**図14 アウト・オブ・オーダ読み出しバースト**

同士には異なるIDを付けておきます．そして，スレーブは読み出しデータ・チャネル（R）へデータを返す際に，どのIDに対する応答かを示します．このIDタグにはもう一つの役割があり，読み出しデータ転送をインターリーブする（あるIDのデータ転送に別のIDのデータ転送を挟み込む）こともできます（**図14**）．なおAXI3には，同じようにWIDを使用した書き込みデータ・インターリーブもありますが，AXI4で削除されました．

● アウト・オブ・オーダの注意点

この複数アドレス発行とアウト・オブ・オーダ完了は混同しがちですが，実現方法を考えると容易に区別できます．前述のとおり，アウト・オブ・オーダ完了はアドレスと応答の対応付けを示すためにIDタグを使用する必要があります．一方の複数アドレス発行は，応答が返ってくる前に次のアドレスを発行するだけなので，IDタグによる対応付けは不要です．実際，IDタグを持たないAXI-Liteプロトコルでも複数アドレス発行は使用できます．また，別な表現をすると，異なるIDを持つトランザクションに対する応答は順序を入れ替えてかまいませんが，同一IDを持つトランザクションに対する応答は，アドレスの発行順序通りに行う必要があります（イン・オーダ完了）．

● AXIトランザクション例 ～書き込みバースト～

では，具体例でAXIプロトコルのトランザクションを見てみましょう．**図15**は書き込みバースト・トランザクションを示しています．各チャネルのVALIDとREADYのハンドシェイクに注目してください．VALID信号とREADY信号の両方が"H"レベルになるタイミングで，アドレスやデータなどの各情報が受け渡されます．

この例での書き込みトランザクションは，マスタが書き込みアドレス（AWADDR）と制御情報（AWVALIDなど）を書き込みアドレス・チャネル（AW）に送信した時点で開始されます．このトランザクションは，マスタが一連の書き込みデータ（WDATA）を，書き込みデータ・チャネル（W）に送信し，スレーブが書き込み応答（BRESP）とそれに対応するBVALIDを書き込み応答チャネル（B）に送信することで完了します．マスタは，最終データを送信する際にWLASTを"H"レベルにします．

ここで，トランザクションの開始はAWチャネルへの送信ではなく，Wチャネルへの送信によっても行えることに注意してください（AWとWはどちらが先行してもかまわない）．また，スレーブはAWREADYをアサートする際に，AWVALIDまたはWVALID，もしくはその両方を待つことができます．これらの書き込みトランザクションでのハンドシェイク信号の依存関係を**図16**に示します．

● AXIトランザクション例 ～読み出しバースト～

読み出しトランザクション（**図17**）は，マスタが読み出しアドレス・チャネル（AR）に読み出しアドレス（ARADDR）を送信することで開始します．スレーブ

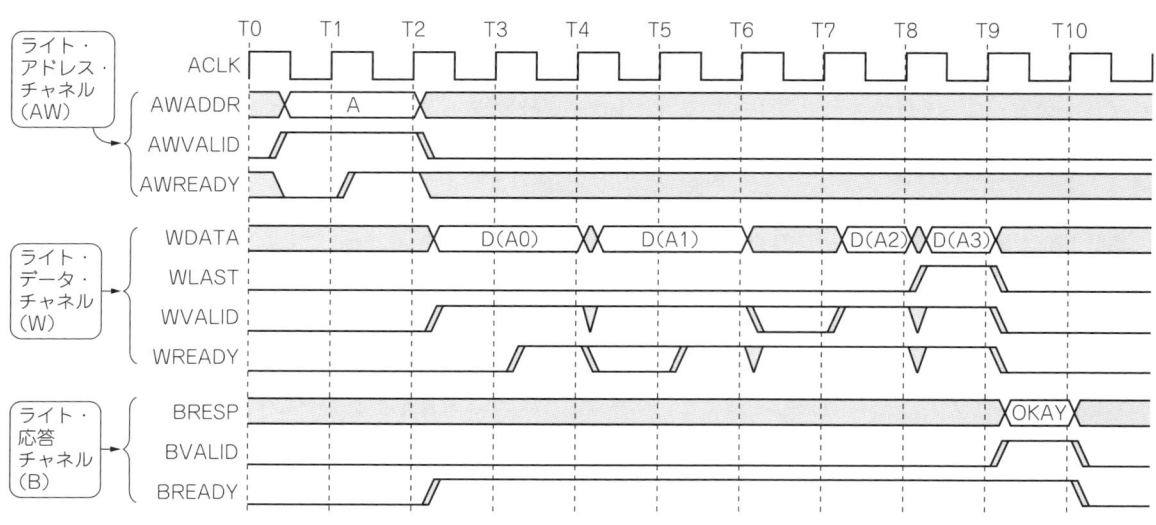

**図15 トランザクション例1**（書き込みバースト）

が一連のデータ（RDATA）を読み出しデータ・チャネル（R）へ送信し，最終データとともにRLAST信号をアサートすることにより完了します．スレーブは読み出しデータの準備ができるまで，RVALIDを"L"レベルで保持します．読み出しトランザクションでのハンドシェイク信号の依存関係を**図18**に示します．

● アドレス・チャネルの制御信号

アドレス・チャネルのAWおよびARには，転送開始アドレスAxADDR（AWADDRとARADDRをまとめてAxADDRと書く）やIDタグAxID以外にさまざまな制御情報が存在します．主な制御信号を次に示します．

(1) バースト長

アドレス・チャネルのAxLEN[3:0]で送信され，一つのバースト転送におけるデータ転送回数を指定します．バースト長はバースト・タイプによって異なり，固定とインクリメントの場合は1～16，ラッピングの場合は2，4，8，16のいずれかです．不定長のバーストは行えず，指定された転送回数に達する前にバースト転送を打ち切ることもできません．またバースト転送中にアドレスが4Kバイトのアドレス境界を越えてはいけません．

(2) バースト・サイズ

アドレス・チャネルのAxSIZE[2:0]で送信され，バースト転送中の各ビート（1回のデータ転送）で転送されるバイト数を指定します．1，2，4，8，16，32，64，128バイトのいずれかが選択できます．

(3) バースト・タイプ

アドレス・チャネルのAxBURST[1:0]で送信され，バースト転送のタイプ（**表1**）を指定します．

(4) アトミック・アクセス

AxLOCK[1:0]で送信され，通常アクセス(00)，排他アクセス(01)，ロック・アクセス(10)を示します．

(5) アクセス権限

AxPROT[2:0]で送信され，特権アクセス，セキュア・アクセス，命令/データ・アクセスの種別を示します．セキュア・アクセスは，ARMプロセッサの場合TrustZone（セキュリティ拡張）で使用されます．

● AXI3とAXI4の違い

AXI3からAXI4への主な変更点は次の3点です．

- より長いバースト長のサポート

  （AXI3では16ビートまで，AXI4では256ビートまで）

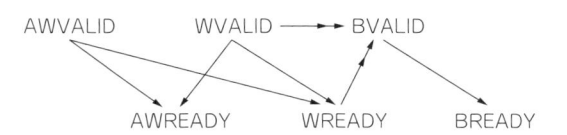

**図16** 書き込みトランザクションにおけるハンドシェイクの依存関係（二重矢印はAND条件を示す）

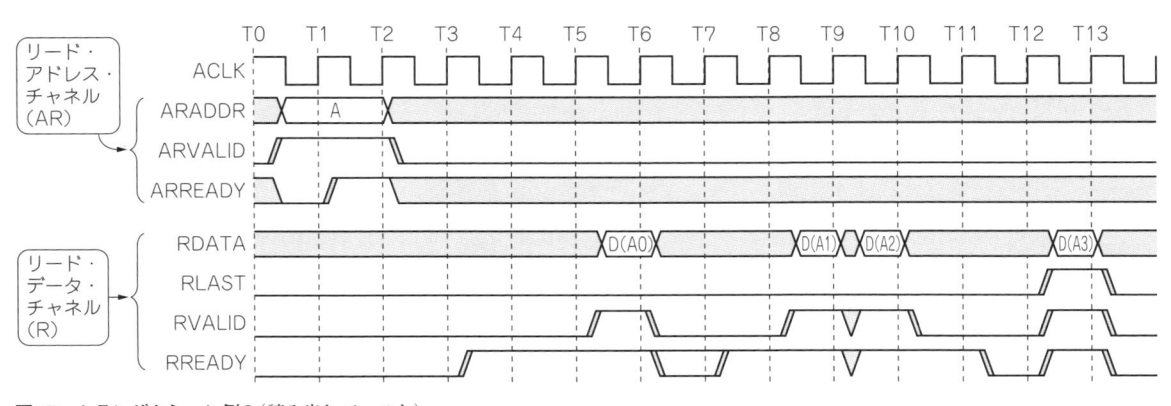

**図17** トランザクション例2（読み出しバースト）

**表1** バースト・タイプのエンコーディング

| AxBURST[1:0] | バースト-タイプ | 説明 | アクセス対象 |
|---|---|---|---|
| 00 | 固定 | 同一アドレスに対するバースト転送 | FIFO |
| 01 | インクリメント | インクリメント・アドレス・バースト | 通常のシーケンシャルなメモリ |
| 10 | ラッピング | ラップ境界で下位アドレスにラップするアドレス・インクリメント・バースト | キャッシュ・ライン |
| 11 | 予約 | — | — |

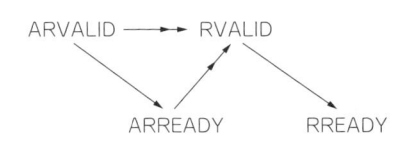

**図18** 読み出しトランザクションにおけるハンドシェイクの依存関係

バースト長の拡張は大量のデータを扱うメディア処理などで要求が多かったものです．例えばデータ幅が128ビットの場合，最大4Kバイトまで1バーストで転送できることになりますが，一つの転送が4Kバイトのアドレス境界を超えてはいけないというルールはAXI3と同じです．なお，この拡張はインクリメント・バースト・タイプだけに限定されています．

- QoS信号の追加（ARQOS［3：0］とAWQOS［3：0］）

QoS信号は，複数マスタが存在するSoCでの性能改善が期待できます．QoS信号の具体的な使い方をAMBA仕様では規定していません．しかし，CoreLink DMC-400 DDRメモリ・コントローラでは，この信号をコントローラ内のキュー割り当てやスケジューリングに利用し，メモリ帯域利用効率を高めながらレイテンシを改善しています．なお，Cortex-A15やCortex-A7自体はAxQOS信号を出力しないので，通常AxQOSはこれらプロセッサが接続されるAXIインターコネクト側で，マスタごとに設定します．

- 複数スレーブ・リージョンへの対応
（ARREGION［3：0］とAWREGION［3：0］）

複数スレーブ・リージョンとは，一つの物理的なインターフェースに複数の論理的なインターフェースを提供するものです．例えば，一つのスレーブが異なるアドレスに異なる機能を見せる場合，アドレスの上位ビットのデコードをスレーブが行う代わりにインターコネクトが行うことを想定しています．

このほかにも，次のような細かい変更が行われていますが，これらは今まであまり使われていなかった機能と代替手段がある機能の廃止，および既存仕様の明確化が目的です．

- 書き込みデータ・インターリーブの廃止
（WID信号の廃止）
- AxLOCKからロック・アクセス（2' b10）を廃止．
（AxLOCKも1ビット幅の信号に変更）
- 書き込みレスポンスに関する依存関係の追加（図19）
- オーダリングとキャッシュ属性に関する記述の更新

● AMBA仕様書の入手

AXIを含むAMBAの仕様書はARM Infocenter（http://infocenter.arm.com）から入手できます．ページ左部分の目次から，AMBA → AMBA specificationsと進んでください．執筆時点で一般向けに公開されている最新仕様はAMBA 4となっています（2013年にAMBA 5についての発表があったが，現時点では一般にはまだ仕様が公開されていない）が，過去のAMBA 3仕様に基づくIPコアを利用する場合に，AMBA 3の仕様書が必要になることもあるかと思います．Infocenterではこのどちらもダウンロードできます．

## 5 Cortex-A9 MPCoreでのAXIの使われ方

● Cortex-A9とAXIバス

ここまでAXIプロトコルについて紹介してきましたが，実際のハードウェアではどのように使用されているのでしょうか．ここではかつてのARM926EJ-Sのように多くの用途で使用されていて，かつさまざまな汎用デバイスが入手可能なCortex-A9プロセッサを例に見ていきましょう．

必要な情報はARM Infocenterから入手できるTechnical Reference Manual（通称TRM）に記載されています．マニュアルをダウンロードする際には，プロセッサの種類とリビジョン番号に注意してください．まずCortex-A9には二つの種類があります．一つは単一プロセッサのCortex-A9［図20（a）］で，もう一つはSMPを実現するために必要なL1キャッシュ間のコヒーレントを取るためのスヌープ制御回路（SCU），および複数コア間での割り込み分配のための汎用割り込みコントローラ（GIC）を含んだCortex-A9 MPCoreです［図20（b）］．後者は2コア以上で使われることが多いのですが，1コアのMPCoreという構成を選択することも可能です．

● IPコアのリビジョンに注意

各ARM IPコア製品には一般的に複数のリビジョン番号が存在します（Cortex-A9の場合r0からr4）．実際のデバイスに搭載されているのは特定のリビジョン番号のものです．ARMでは最初のリビジョン（r0）をリリースした後も継続的に製品を改善するので，新しいリビジョンの製品には追加機能が搭載されている場合があります．

マニュアルはそれぞれのリビジョンに合わせて書かれているため，お使いのデバイスに搭載されているリビジョン番号（通常各シリコンベンダが提供しているデバイスのマニュアルに記載されている）を確認の上，一致するものを参照してください．

● Cortex-A9 MPCoreのAXIバス構成

では，まずCortex-A9 MPCoreを構成している個々のCortex-A9プロセッサがどんなAXIトランザクションを発生させるのか見てみましょう．ここでは，本原稿執筆時点での最新リビジョンr4p1を参照します．ARM Infocenterの目次から，Cortex-Aシリーズ

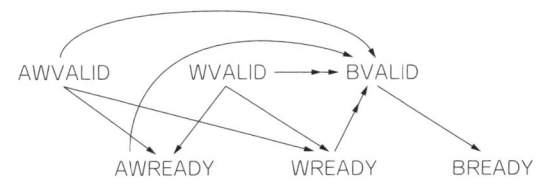

**図19 AXI4での書き込みハンドシェイク依存関係**

図20 Cortex-A9とAXIバス
(a) 単体のCortex-A9
(b) Cortex-A9 MPCore 2コア

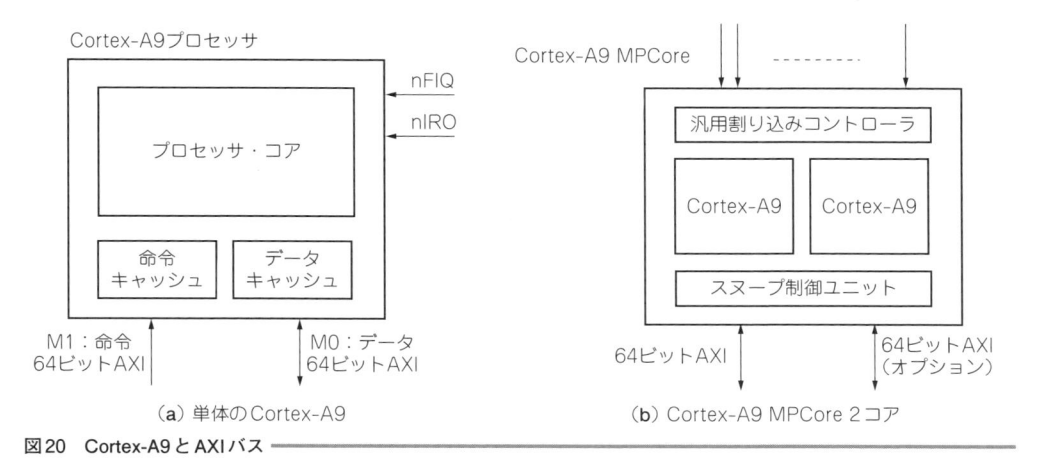

プロセッサ→Cortex-A9→Revision: r4p1→Cortex-A9 Technical Reference Manualと進んでください．AXIについて書かれているのは，「8.1.1. Cortex-A9 L2 interface」です．

これを見ると，Cortex-A9には64ビット幅のAXIマスタ・インターフェースが二つあり，M0がデータ用，M1が命令用であることが分かります．さらにM1については，命令フェッチ専用のため書き込みチャネルが存在しないということも分かります．

次にM0を詳しく見るために，「Table 8-1. AXI master 0 interface attributes」を見てみましょう．**表2**は，このTable 8-1の抜粋を日本語に訳したものです．

この表から，複数アドレス発行能力は書き込みが12個，読み出しが10個であることが分かります．ID生成に関する能力については，少し補足が必要です．書き込みおよび読み出しID能力とは，ある時点でアクティブな全ての書き込みあるいは読み出しトランザクションに対して，最大いくつ異なるID値を生成できるかを示しています．この個数が，書き込みでは2，読み出しでは3であることが分かります．

● Cortex-A9 MPCoreのトランザクション

次に，どのようなAXIトランザクションが発行されるのかを知るために，「8.1.2. Supported AXI transfers」を見てみましょう．キャッシュ可能な領域に対しては，4ビートかつ64ビット幅の読み出しラッピング・バースト・トランザクション（キャッシュへのリフィル）と，4ビートかつ64ビット幅の書き込みのインクリメント・バースト・トランザクション（キャッシュからの退避）なので，いずれも合計32バ

表2 Cortex-A9 M0インターフェースのAXIアトリビュート

| アトリビュート | フォーマット |
|---|---|
| 書き込み発行能力 | 12．これは以下を含む：<br>・8個のキャッシュ不可書き込み<br>・4個の退避 |
| 読み出し発行能力 | 10．これは以下を含む：<br>・6個のラインフィル読み出し<br>・4個のキャッシュ不可読み出し |
| 書き込みID能力 | 2 |
| 読み出しID能力 | 3 |

イトのデータ転送を意味しています．これはL1データ・キャッシュのライン長と一致していて，キャッシュ・リフィル時には必要なデータを最初に転送できることが分かります．

Cortex-A9プロセッサを複数内包するCortex-A9 MPCoreでも同様に，TRMにAXIに関する仕様が記述されています．Cortex-A9 MPCore Technical Reference Manualの「2.3.1. AXI issuing capabilities」には，Cortex-A9 MPCore全体としてのトランザクション発行能力が書かれています．このように，ARM IPコア製品のマニュアルには各インターフェースが発行できる，もしくは受け入れられるトランザクションに関する説明が記載されています．システム・レベルで複数のIPコアを接続するときには，これらの情報を確認してください．

なかじま・さとし，のじり・なおとし　アーム（株）応用技術部

# カメレオンIC PSoCの研究
## PSoC 4 Pioneer KitでPmodモジュールを制御する

浅井 剛 Takeshi Asai

Cypress Semiconductor Corporation（以下Cypress社）が提供しているPSoC（Programmable System on Chip）シリーズの評価キットPSoC 4 Pioneer Kitは，Pmod（ピーモッドと発音）と呼ばれる拡張モジュールに対応しています．今回はPSoC 4 Pioneer Kitに，そのPmodモジュールを接続したI/O機能の拡張例を紹介します．

## 1 Pmodインターフェースとモジュール

### ● Pmodとは

Pmodとは，Digilent社が規定した低周波数・少I/Oのペリフェラル・ボードを接続するための規格です．電源ピン（$V_{CC}$/GND）も含めて6ピン（6ピン×1列），8ピン（4ピン×2列），および12ピン（6ピン×2列）の3種類があり，全てピン間隔は2.54mmピッチとなっています．**図1**にPmodの仕様書を，**写真1**に12ピン（6ピン×2列）のPmodコネクタを示します．

電源は5.0Vと3.3Vの2通りですが，信号レベルはLVCMOS 3.3VもしくはLVTTL 3.3Vです．ホスト側からPmodモジュールへ供給する最大電流は明記されていませんが，おおむね100mAとしています．インターフェースは汎用I/Oとして接続するものもありますが，主にシリアル通信を前提としているようです．

Pmodコネクタを搭載したホスト・ボードは，今回使用するPSoC 4 Pioneer Kit以外に，FPGAベンダのXilinx社やLattice Semiconductor社からも提供されています．

**図1** Pmodの詳細仕様書
http://www.digilentinc.com/Pmods/Digilent-Pmod_%20Interface_Specification.pdf

**写真1** Pmodコネクタの例（6ピン×2列）

**表1** Pmod仕様書で定義しているインターフェース

| 分類 | インターフェース | ピン数 |
|---|---|---|
| I²C | | 8 |
| Type1 | GPIO | 6 |
| Type2 | SPI | 6 |
| Type2A | expanded SPI | 12 |
| Type3 | UART | 6 |
| Type4 | UART | 6 |
| Type4A | expanded UART | 12 |
| Type5 | H-Bridge | 6 |
| Type6 | dual H-Bridge | 6 |

● Pmodで定義しているインターフェース

表1にPmodの仕様書で定義しているインターフェースを示します．理由は不明ですが，I²CだけはType番号が割り付けられていません．また各インターフェースでピンごとの信号が定義されていますが，Pmodモジュールとして販売されている製品のドキュメントを見る限り，
- 完全に準拠しているもの
- 主要信号のみ使用し，それ以外は別の信号を割り当てているもの
- 電源とグラウンド以外は全くユニークとなっているもの

が存在しているので，実際の使用に当たっては注意が必要です．

● Pmodモジュールのいろいろ

筆者が調べた範囲では，本稿執筆時点でPmodモジュールを販売しているのは次の2社で，10～100ドル程度の範囲でさまざまな機能モジュールが提供されています．
- Digilent社
  http://www.digilentinc.com/index.cfm
- Maxim Integrated Products社
  http://japan.maximintegrated.com/products/evkits/fpga-modules/

これらの市販されているPmodジュールの中から，筆者はアナログICに強いMaxim Integrated Products（以下Maxim）社が提供しているモジュールに注目しました．

● Maxim社のPmodモジュール

表2にMaxim社から提供されているPmodモジュールの一覧を示します．Maxim社が提供しているアナログICの機能ごとに，代表的なデバイスを選定したラインナップとなっています．

このPmodモジュールは，単品だと約20ドル程度で販売されていますが，15種類ある全てのモジュールを一つのパッケージに収めたものが，Analog Essential Collectionと称され89.95ドルという破格の値段で提供されているので，筆者もこれを入手しました（写真2）．

今回は表2で示したモジュールで，6ピンType2（SPI）インターフェースを備えたものの中から，デュアル不揮発性ディジタル・ポテンショ・メータ（MAX5487PMB1#）を，PSoC 4 Pioneer Kitで制御してみます．

## 2　PSoC 4 Pioneer KitのPmodとMAX5487 Pmodモジュール

● PSoC 4 Pioneer KitのPmodインターフェース

図2にPSoC 4 Pioneer KitのPmodモジュール・インターフェースの回路図を示します．これから分かる

表2　Maxim社のPmodモジュール一覧
接続の○印は，PSoC 4 Pioneer Kitと接続可能であることを示している．

| 品名 | 仕様 | Pmodインターフェース | 接続 |
|---|---|---|---|
| DS1086LPMB1# | プログラマブル発振器 | 12-Pin I²C Communication (J1) | |
| | | 8-Pin I²C Expansion (J2) | |
| DS3231MPMB1# | 5ppm リアルタイム・クロック | 6-Pin I²C Communication (J1) | |
| | | 8-Pin I²C Expansion (J2) | |
| MAX3232PMB1# | RS-232 トランシーバ | 6-Pin Type4 (UART) | |
| MAX4824PMB1# | オクタル(8回路)リレー・ドライバ | 12-Pin Pmod-Compatible Connector (GPIO) | |
| MAX5216PMB1# | 高精度16ビットD-Aコンバータ | 6-Pin Type2 (SPI) | ○ |
| MAX5487PMB1# | デュアル不揮発性ディジタル・ポテンショ・メータ | 6-Pin Type2 (SPI) | ○ |
| MAX5825PMB1# | オクタル(8回路)12ビットDAC | 6-Pin I²C Communication (J1) | |
| | | 8-Pin I²C Expansion (J2) | |
| MAX7304PMB1# | 16ポートI/Oエキスパンダ | 6-Pin I²C Communication (J1) | |
| | | 8-Pin I²C Expansion (J2) | |
| MAX9611PMB1# | プログラマブル電流リミッタ | 6-Pin I²C Communication (J1) | |
| | | 8-Pin I²C Expansion (J2) | |
| MAX11205PMB1# | 高精度16ビットA-Dコンバータ | 6-Pin Type2 (SPI) | ○ |
| MAX14840PMB1# | RS-485 トランシーバ | 6-Pin Type4 (UART) | |
| MAX14850PMB1# | SPI/UARTアイソレータ | 12-Pin Pmod-Compatible Connector | |
| MAX31723PMB1# | 温度センサ/スイッチ | 6-Pin Type2 (SPI) | ○ |
| MAX31855PMB1# | 熱電対-ディジタル | 6-Pin Type2 (SPI) | ○ |
| MAX44000PMB1# | 近接検出器 | 6-Pin I²C Communication (J1) | |
| | | 8-Pin I²C Expansion (J2) | |

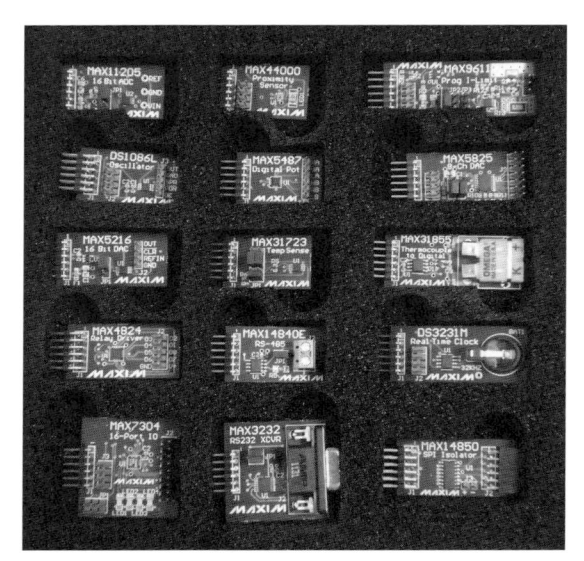

**写真2 Analog Essential Collection の全モジュール**
約21cm角のパッケージで提供される．

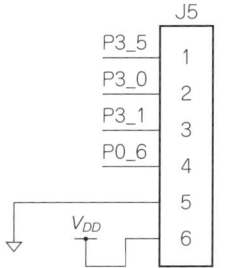

**図2 PSoC 4 Pioneer Kit の Pmod モジュール・インターフェース回路**

ように，PSoC 4 Pioneer Kit は6ピン×1列のインターフェースをサポートしています．また付属ドキュメント（CY8CKIT-042 PSoC 4 Pioneer Kit Guide）の「4.3.6 Digilent Pmod Compatible Header」には，Type2

（SPI）モードのみをサポートしていることが記されています．

写真3に基板上のPmodコネクタの位置を示します．コネクタは実装されていないので，もともと実装されているコネクタと同じ高さの6×1ピンのメス・ヘッダをはんだ付けする必要があります．

● MAX5487 Pmodモジュールの概要

写真4にMAX5487を搭載したPmodモジュールの外観を，図3にMAX5487のブロック・ダイヤグラムを示します．MAX5487は，256タップのディジタル・ポテンショ・メータが2個入ったもので，電源投入時の初期設定値を保存できる不揮発性メモリを備えています．MAX5487モジュールの反対側には，ポテンショ・メータの両側（10kΩ）と中間タップで3本，2系統で合計6本の信号が出力されており，ここを抵抗

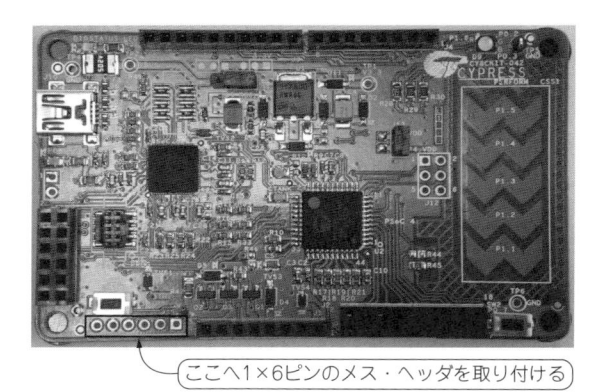

**写真3 PSoC 4 Pioneer Kit へのPmodモジュール実装箇所**
ここへ1×6ピンのメス・ヘッダを取り付ける

**写真4 MAX5487PMB1 Pmodモジュール**

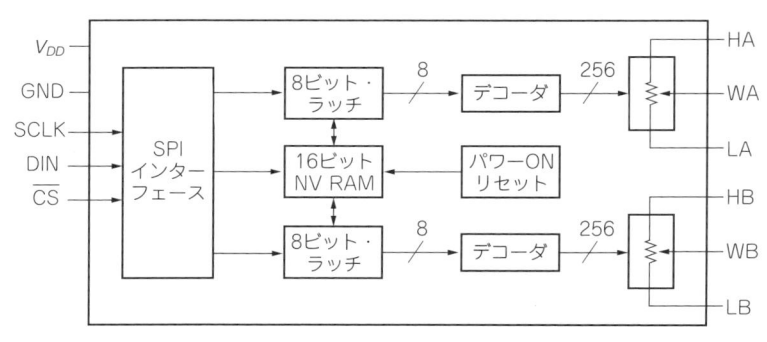

**図3 MAX5487のブロック・ダイヤグラム**

130　PSoC 4 Pioneer Kit でPmodモジュールを制御する

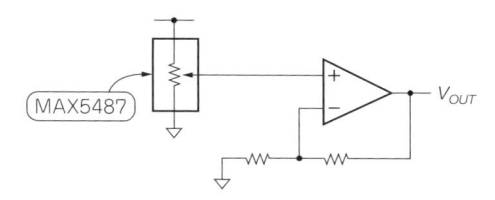

図4 MAX5487の使用例

表3 MAX5487モジュールのPmodコネクタ仕様

| ピンNo. | 信号名 | 入出力 | 定義 |
|---|---|---|---|
| 1 | SS | I | チップ・イネーブル |
| 2 | MOSI | I | 書き込みデータ |
| 3 | N.C. | — | 未使用 |
| 4 | SCK | I | 転送クロック |
| 5 | GND | — | グラウンド |
| 6 | $V_{CC}$ | — | 電源 |

値の調整が必要な回路へ接続することで，ソフトウェアで抵抗値が設定可能な回路を構成することができます（図4）．

● MAX5487モジュールの信号とデータ・フォーマット

表3にMAX5487モジュールのPmodコネクタ仕様を示します．PmodのType2（SPI）仕様では3番ピンがMISO（読み出しデータ）ですが，MAX5487が書き込み専用デバイスなので未使用になっています．なおMAX5487の最大転送クロック（SCK）は5MHzです．

表4にMAX5487への書き込みデータ・フォーマットを示します．Maxim社のデータシートではレジスタ・マップと表記されています．ポテンショ・メータ制御レジスタと初期値レジスタへのデータ書き込みと，レジスタ間のデータ転送がコマンドとして用意されています．

図5にMAX5487のSPI転送タイミングを示します．転送タイミングは，転送クロックの極性とデータの位相で4タイプあるため，ホスト側のSPIインターフェースを組み込む際に，デバイス側仕様に合わせる必要があります．図からMAX5487は，転送クロックが定常時"H"レベルで立ち上がりでデータを取り込む仕様であることが分かります．

## 3 PSoC 4のハードウェア＆ソフトウェアの設計

PSoC 4にSPIコンポーネントだけを組み込んで，ポテンショ・メータの設定値をソフトウェアで書き込

表5 スライダとポテンショ・メータの設定値

| スライダ | 設定値 |
|---|---|
| P1.1 | 0 |
| P1.2 | 64 |
| P1.3 | 128 |
| P1.4 | 192 |
| P1.5 | 255 |

表4 MAX5487の書き込みデータ・フォーマット

| クロック・エッジ | 1 | 2 | 3 | 4 | 5 | 6 | 7 | 8 | 9 | 10 | 11 | 12 | 13 | 14 | 15 | 16 |
|---|---|---|---|---|---|---|---|---|---|---|---|---|---|---|---|---|
|  | — | — | C1 | C0 | — | — | A1 | A0 | D7 | D6 | D5 | D4 | D3 | D2 | D1 | D0 |
| WiperレジスタA書き込み | 0 | 0 | 0 | 0 | 0 | 0 | 0 | 0 | D7 | D6 | D5 | D4 | D3 | D2 | D1 | D0 |
| WiperレジスタB書き込み | 0 | 0 | 0 | 0 | 0 | 0 | 1 | 0 | D7 | D6 | D5 | D4 | D3 | D2 | D1 | D0 |
| NVレジスタA書き込み | 0 | 0 | 0 | 0 | 0 | 0 | 0 | 1 | D7 | D6 | D5 | D4 | D3 | D2 | D1 | D0 |
| NVレジスタB書き込み | 0 | 0 | 0 | 0 | 0 | 0 | 1 | 1 | D7 | D6 | D5 | D4 | D3 | D2 | D1 | D0 |
| WiperレジスタAからNVレジスタAへコピー | 0 | 0 | 1 | 0 | 0 | 0 | 0 | 1 | — | — | — | — | — | — | — | — |
| WiperレジスタBからNVレジスタBへコピー | 0 | 0 | 1 | 0 | 0 | 0 | 1 | 0 | — | — | — | — | — | — | — | — |
| WiperレジスタABからNVレジスタABへコピー | 0 | 0 | 1 | 0 | 0 | 0 | 1 | 1 | — | — | — | — | — | — | — | — |
| NVレジスタAからWiperレジスタAへコピー | 0 | 0 | 1 | 1 | 0 | 0 | 0 | 1 | — | — | — | — | — | — | — | — |
| NVレジスタBからWiperレジスタBへコピー | 0 | 0 | 1 | 1 | 0 | 0 | 1 | 0 | — | — | — | — | — | — | — | — |
| NVレジスタABからWiperレジスタABへコピー | 0 | 0 | 1 | 1 | 0 | 0 | 1 | 1 | — | — | — | — | — | — | — | — |

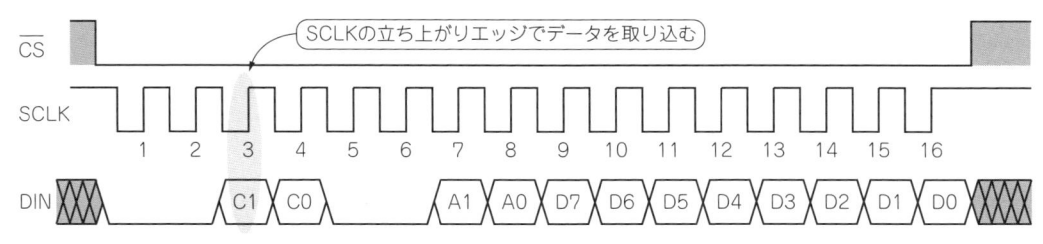

図5 MAX5487のSPI転送タイミング

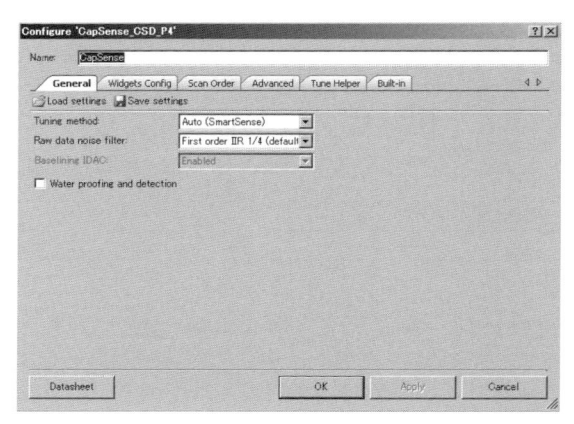

(a) Generalタブ

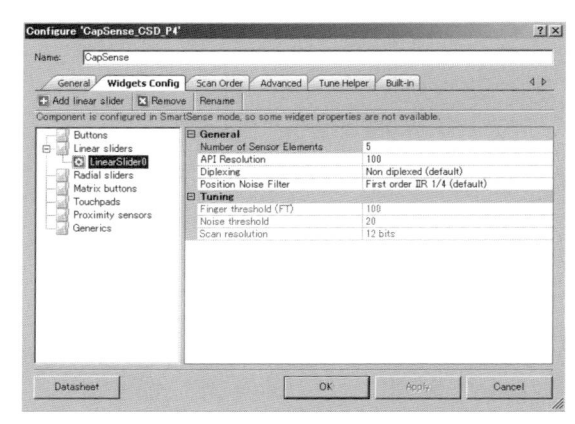

(b) Widgetsタブ

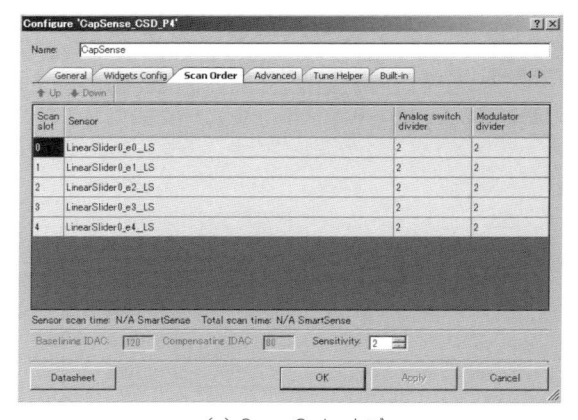

(c) Scan Orderタブ

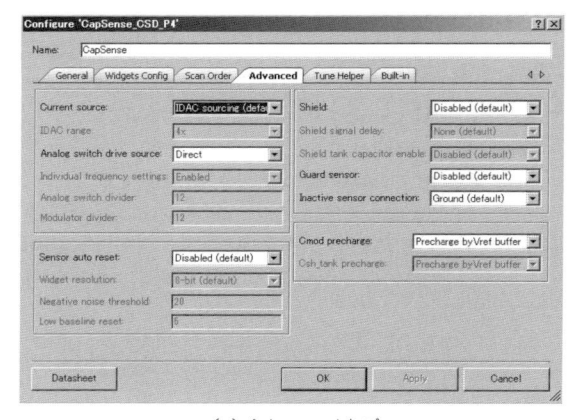

(d) Advancedタブ

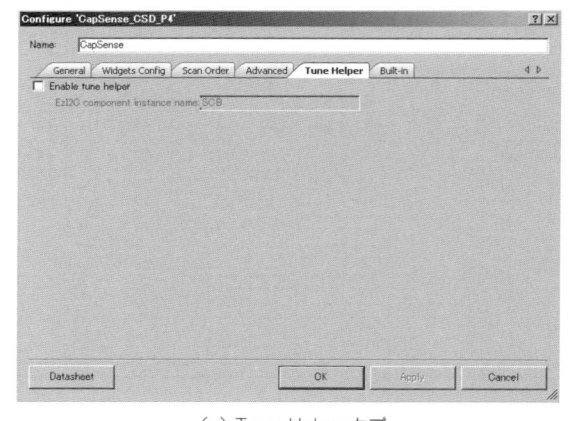

(e) Tune Helperタブ

**図6 CapSense CSDのコンフィグレーション**

● CapSense CSDのコンフィグレーション

PSoC Creatorを起動して，PSoC 4（CY8C4245AXI-483）をターゲット・デバイスとした新規プロジェクトを作成し，CapSense CSDコンポーネントを組み込みます．まずTopDesign.schを開いて，Component Catalogから「CapSense」-「CapSense CSD」を回路図上にドラッグし，シンボルをダブルクリックしてコンフィグレーションを行います（図6）．

使用するスライダは5個，API Resolutionは100，Scan Orderは単純なスライダなので0～4のScan slotを順番に設定します．

● SPIコンポーネントの組み込み

次にSPIコンポーネントを組み込みます．PSoC 3やPSoC 5LPではUDB（Universal Digital Block）領域へ実装されますが，PSoC 4にはSCB（Serial Communication Blocks）というI$^2$C/UART/SPIとして動作するハードウェア・マクロ・ブロックが搭載されており，UDBリソースは消費しません．

Component Catalogから「Communications」-「SPI」

むだけでは面白くないので，FPGAマガジン No.4で使用したCapSense CSDコンポーネント（スライダ）と組み合わせ，五つの設定値を指のタッチで切り替えられるようにします．表5にスライダとポテンショ・メータの設定値を示します．

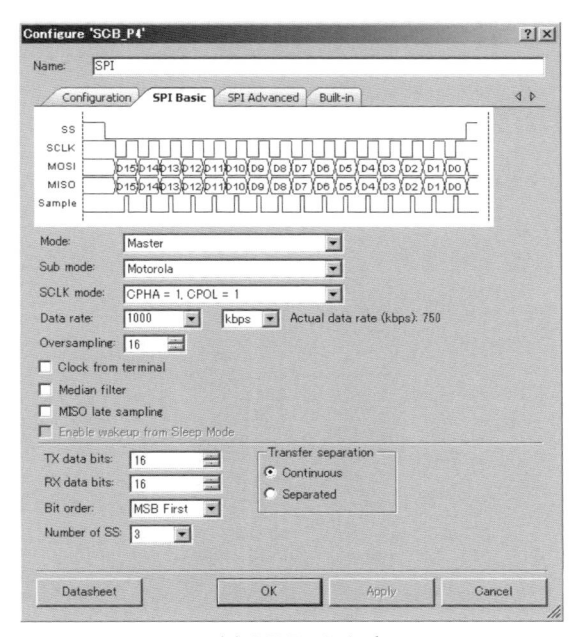

(a) SPI Basic タブ

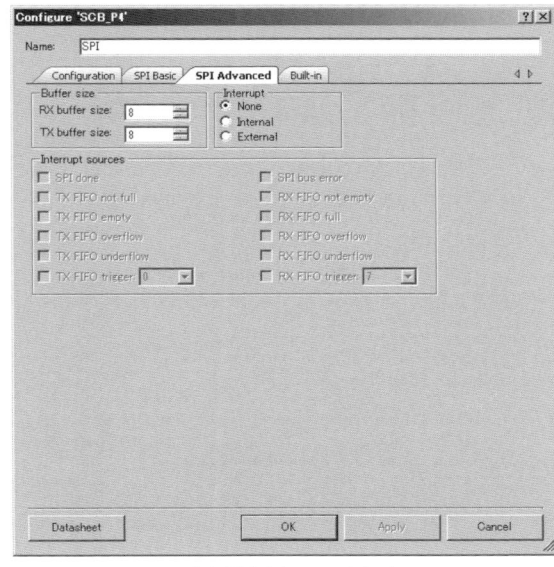

(b) SPI Advanced タブ

**図7 SPI (SCB mode) のコンフィグレーション**
設定に応じて波形表示が更新されるので確認しやすい．

図8
PSoC 4の端子割り当て

-「SPI (SCB mode)」をドラッグし，CapSenseと同じようにシンボルをダブルクリックして，コンフィグレーションを行います(図7)．"SPI Basic"タブで，"Mode"を"Master"，"SCLK mode"を"CPHA=1，CPOL=1"，"Bit order"を"MSB First"，"Number of SS"を"3"に設定します．また今回は割り込みを使用しないので，"SPI Advanced"タブの"Interrupt"を"None"に設定します．

● 端子割り当て

図8に端子割り当てを示します．SPIのチップ・イネーブルがss0_m～ss2_mの3本あるのは，図2で示したPSoC 4 Pioneer KitのPmodモジュール用コネクタのチップ・イネーブル端子に接続されているP3[5]が，SCBのss2 (ss0～3の3番目) に割り当てられているため，ss2_mを有効とするために"SPI Basic"タブの"Number of SS"を"3"に設定しています．ss0_mとss1_mは使用しませんが，使用するSCB (実際はSCB1) で端子番号は一意的に決まります．このうちss0_m (P0[7]) はキット上でユーザ・スイッチ (SW2) に接続されているので，誤って押さないように注意が必要です．

● ソフトウェア

リスト1に制御ソフトウェアのソース・リストを示します．CapSense関連についてはFPGAマガジン

3　PSoC 4のハードウェア＆ソフトウェアの設計　133

リスト1　main.cソース・リスト

```
#include <project.h>
/* Define constant for capsense slider */
#define NO_FINGER 0xFFFFu

int main()
{
  uint16 sliderPosition = NO_FINGER;
  uint16 lastPosition = NO_FINGER;
  uint32 wdata;

  /* Enable Global Interrupts */
  CyGlobalIntEnable;

  /* Start all the components */
  SPI_Start();
  CapSense_Start();

  /* Initialize CapSense baselines by scanning
                              enabled sensors */
  CapSense_InitializeAllBaselines();

  SPI_SpiSetActiveSlaveSelect(SPI_SPIM_ACTIVE_
                                          SS2);

  for(;;)
  {
    /* Update all baselines */
    CapSense_UpdateEnabledBaselines();

    /* Start scanning all enabled sensors */
    CapSense_ScanEnabledWidgets();

    /* Wait for scanning to complete */
    while(CapSense_IsBusy());

    /* Find Slider Position */
    sliderPosition = CapSense_
      GetCentroidPos(CapSense_LINEARSLIDER0__LS);

    /*If finger is detected on the slider*/
    if(sliderPosition != NO_FINGER)
    {
      if(sliderPosition != lastPosition)
      {
        /* Update the write data for MAX5487
                with the new slider position */
        switch(sliderPosition) {
          case 0 : wdata = (uint32)   0; break;
          case 25: wdata = (uint32)  64; break;
          case 50: wdata = (uint32) 128; break;
          case 75: wdata = (uint32) 192; break;
          default: wdata = (uint32) 255; break;
        }
        /* Send wdata to MAX5487 */
        SPI_SpiUartWriteTxData(wdata);

        lastPosition = sliderPosition;
      }
    }
  }
}
```

写真5　PSoC 4 Starter KitにPmodモジュールを取り付けた状態

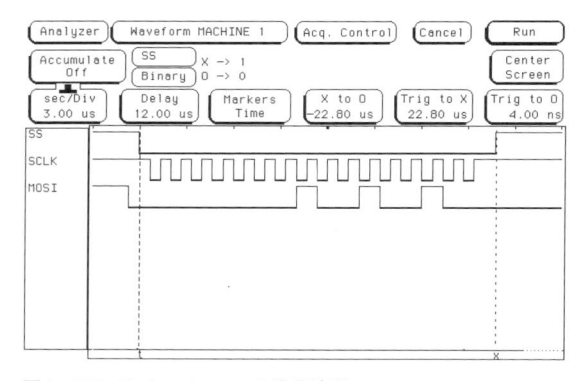

図9　SPIインターフェースの動作確認
出力データは0x0124.

No.4掲載時と特に変わるところはありません．

ローカル変数の宣言と初期化，割り込みのイネーブル，組み込んだコンポーネントの初期化後，for文による無限ループ内で，タッチの有無判定と前回値との比較を行い，前回と異なるスライダがタッチされたら，そのスライダ番号に応じた設定値をポテンショ・メータへ書き込むという単純なものです．

なお，forループ前にある SPI_SpiSetActiveSlaveSelect (SPI_SPIM_ACTIVE_SS2) は，SPIのチップ・イネーブルとしてss2_mを使用する設定です．この1行がないと，デフォルトでss0_mが選択され，正しく書き込めません．

● 動作確認

写真5にPmodモジュールを実装したPSoC Pioneer Kitの外観を示します．撮影の都合上ポテンショ・メータの抵抗値測定用の接続は外してあります．図9にSPIインターフェースの信号をロジック・アナライザで観測した波形を示します．固定値(0x0124)の書き込みデータがMSBファーストで出力され，図5で示した転送タイミングと同じ波形になっていることが確認できます．

実際に動作させる上でスライダの数が5個と少ないので，ソフトウェア中の設定値を書き換えながら，もう少し細かい間隔でW-L間の抵抗値を測定し，測定値から1タップ当たりの抵抗値変化量を計算した結果を**表6**に示します．

MAX5487は10kΩの256タップなので，計算上の1タップ当たりの変化量は次の式で求められます．

$$\frac{10 \times 10^3}{256} = 39.0625 \, [\Omega/\text{タップ}]$$

一方実測値ですが，設定値全般にわたって38～40Ωとなっています．測定を筆者保有のディジタル・マルチメータで行ったので，精度については割り引いて考える必要はありますが，おおむね仕様通りに動作していることが確認できました．なおデータシートには，設定値が0のときは"closest to L"と書かれており，確かに0Ωではありませんが少し大きい感じはします．

**表6 抵抗値の測定結果**

| 設定値 | 測定値<br>(kΩ) | 1タップ当たりの<br>抵抗値変化(Ω) |
|---|---|---|
| 0 | 0.286 | — |
| 32 | 1.563 | 39.9 |
| 64 | 2.837 | 39.8 |
| 96 | 4.120 | 40.1 |
| 128 | 5.400 | 40.0 |
| 160 | 6.660 | 39.4 |
| 192 | 7.950 | 40.3 |
| 224 | 9.220 | 39.7 |
| 255 | 10.390 | 37.7 |

\*　　\*　　\*

Cypress社のPSoC 4 Pioneer KitとMaxim社のPmodモジュールの組み合わせの例を紹介しました．アナログおよびディジタルのプログラマブル・ハードウェアを持つPSoCだけでも非常に汎用性が高いボードを組むことが可能ですが，拡張用に再利用可能なPmodモジュールの接続を念頭としたボードとすることで，初期段階でのプロタイピング費用を大幅に低減できることに間違いありません．

またPSoCに限らず，外部バスをサポートしない安価な少ピン・パッケージのマイコンでも，シリアル通信インターフェースを備えていれば，Pmodモジュールを組み合わせることができます．

ASSPのような高機能なモジュールが入った高価なマイコンを使うのではなく，必要な機能だけを上手く組み合わせてコスト・パフォーマンスの高いシステムを構築してみませんか．

◆参考文献◆

(1) PSoC 4 4200 Family Data Sheet, April 2013, Cypress Semiconductor Corporation.
(2) PSoC 4 Pioneer Kit Guide, May 2012, Cypress Semiconductor Corporation.
(3) PSoC 4 Capacitive Sensing (CapSense CSD) Component Datasheet, August 2013, Cypress Semiconductor Corporation.
(4) PSoC 4 Timer Counter Pulse Width Modulator (TCPWM) Component Datasheet, April 2013, Cypress Semiconductor Corporation.
(5) MAX5487PMB1 Peripheral Module Rev 0, May 2012, Maxim Integrated Products, Inc.
(6) Dual 256-Tap Nonvolatile SPI-Interface Linear-Tapper Digital Potentionmeters MAX5487-MAX5489 Rev 4, Apr. 2010, Maxim Integrated Products, Inc.

あさい・たけし　（株）ネクスト・ディメンション

## 無償で使えてよりどりみどり！オープン・ソースIPコアの研究
# 画面表示コントローラを実装してディスプレイ表示！

横溝 憲治 Kenji Yokomizo

> 今回はOpenCoresで公開されているVGA/LDCコントローラIPコアを使い，アナログRGB対応ディスプレイにグラフィックス画面を表示する方法を紹介します．さらにFPGAマガジンNo.1で紹介されているDVI変換回路を使って，DVI対応ディスプレイにも対応します．

## 1 ディスプレイ表示と同期信号

### ● アナログRGB表示の信号

まずアナログRGBでのディスプレイ表示に必要な信号を説明します．図1に，表示画像と各信号の関係を示します．

VSYNC（垂直同期信号）は，1画面分の表示ごと（フレーム）に1回パルスが発生します．HSYNC（水平同期信号）は横1ラインごとに1回パルスが発生します．画素データ信号によって有効エリアの各画素の色が指定されます．

画素データ信号は，アナログRGBでは赤，緑，青の3本があり，$0.7V_{p-p}$のアナログ信号になります．画素データは，FPGA内では複数ビット数のディジタル信号として取り扱い，FPGAの外部でD-A変換してアナログ信号にします．

各信号のタイミングは規格として決められています．表1はVGAとSVGAのタイミングです．

### ● ディジタルDVI信号

DVI表示のディジタル信号になっても，基本的な信号の考え方は先ほどのアナログRGB表示と同じです．

画素データは8b10b符号にエンコードして，シリアルの差動信号として出力します．水平垂直同期のタイミングは画素データのブランク期間に埋め込まれます．

今回のサンプルでは，FPGAマガジンNo.1で紹介されたDVI変換回路を利用しています．詳細は，同書を参照してください．なお，HDMIの画像信号とDVIの画像信号は同等なので，HDMI出力にもDVI用信号を使用しています．

## 2 VGA/LCDコアの概要

### ● ディスプレイ表示IPコアの概要

OpenCoresには，ディスプレイ表示用IPコアとしてVGA/LCDコア（以降VGAコア）が公開されています．機能は，同期信号の出力，画像メモリ上のデータの読み出し，画素データ信号の出力です．VGAコアの設計データはOpenCoresのサイトでユーザ登録するとダウンロード可能になります．RTLコードはダウンロード・データのtrunk/rtl/verilogフォルダの下にあり，トップ・モジュールはvga_enh_top.vです．

VGAコア単体での回路規模は，Altera社CycloneⅢでは1421LE/822DFFの場合，評価ボードDE0搭載

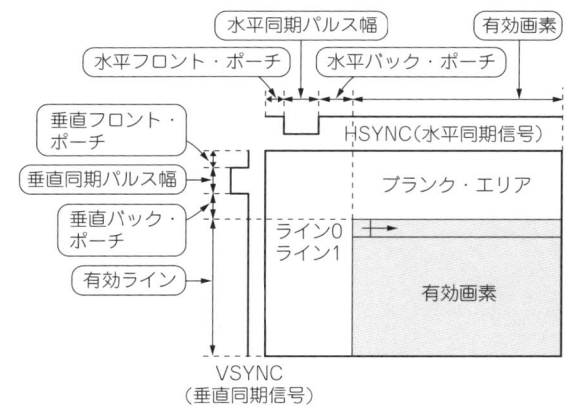

**図1 表示画像と各信号の関係**
画素データは左上を先頭として水平方向へ出力され，右端まで出力すると1ライン下の左端に移る．ブランクエリアでは0（黒）になる．

**表1 VGAとSVGAのタイミング**

| 名　称 | VGA | SVGA |
|---|---|---|
| ピクセル・クロック周波数（MHz） | 25.175 | 40 |
| 垂直フロント・ポーチ（クロック数） | 10 | 1 |
| 垂直同期幅（クロック数） | 2 | 4 |
| 垂直バック・ポーチ（クロック数） | 33 | 23 |
| 有効ライン数（クロック数） | 480 | 600 |
| 水平フロント・ポーチ（クロック数） | 16 | 40 |
| 水平同期幅（クロック数） | 96 | 128 |
| 水平バック・ポーチ（クロック数） | 48 | 88 |
| 有効ピクセル数 | 640 | 800 |

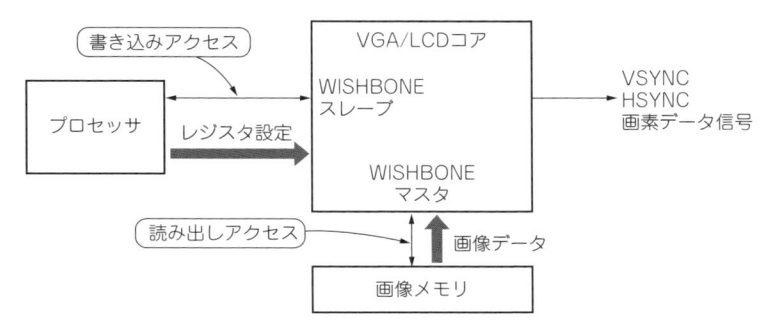

図2 VGAコアの動作イメージ

表2 VGAコアの入出力端子

| 信号名 | ビット幅 | 入出力 | 機　能 |
|---|---|---|---|
| rst_i | 1 | I | 非同期リセット |
| clk_p_i | 1 | I | ピクセル・クロック入力 |
| clk_p_o | 1 | O | ピクセル・クロック出力 |
| vsync_pad_o | 1 | O | 垂直同期信号 |
| hsync_pad_o | 1 | O | 水平同期信号 |
| csync_pad_o | 1 | O | 複合同期信号 |
| blank_pad_o | 1 | O | ブランク信号 |
| r_pad_o | 8 | O | 赤色データ |
| g_pad_o | 8 | O | 緑色データ |
| b_pad_o | 8 | O | 青色データ |
| wbs_* | — | — | WISHBONEバス・スレーブ系信号 |
| wbm_* | — | — | WISHBONEバス・マスタ系信号 |
| wb_clk_i | 1 | I | WISHBONEバス・クロック |
| wb_rst_i | 1 | I | WISHBONEバス・リセット |
| wb_inta_o | 1 | O | WISHBONEバス　割り込み要求 |

のEP3C16での使用率は9%でした．Xilinx社Spartan-6では934LUT/747DFFになり，評価ボードMicroBoard搭載のXC6SLX9での使用率は16%になります．

VGAコアの動作イメージは図2のようになります．WISHBONEバスのスレーブ側から設定用レジスタにタイミング・パラメータ，画像メモリ上のデータの位置，使用モードなどを設定し，出力をイネーブルにします．するとVGAコアは，同期信号VSYNC/HSYNCを生成し，WISHBONEバスのマスタ側から画像メモリ上のデータを読み出し，画素データ信号として出力します．

● VGAコアの入出力端子

表2はVGAコアの入出力端子の一覧です．rst_iはVGAコア全体の非同期リセットです．clk_p_iは画像用のピクセル・クロックです．表示する解像度に合わせた周波数をコアの外部で作成して入力します．hsync_pad_oからcsync_pad_oまでは同期信号，r_pad_o，g_pad_o，b_pad_oは画素データ信号で，各色8ビット幅になります．

信号名がwbから始まる信号はWISHBONEバス用信号です．wbs_*はスレーブ系信号で，プロセッサからアクセスに使用されます．wbm_*はマスタ系信号で，VGAコアから画像メモリへのアクセスに使用します．wb_clk_iとwb_rst_iはマスタとスレーブで共通のクロックと同期リセットです．

● VGAコアの設定用レジスタ

設定レジスタを表3に示します．ここでは主に使うレジスタを簡単に説明します．

・CTRLレジスタ

CTRLはコントロール・レジスタです．VEN（ビット0）は1に設定することでディスプレイ用の信号出力が開始されます．各種レジスタの設定中は0にしておきます．VBL（ビット8～7）は画像メモリにアクセスする際のバースト長を指定します．CD（ビット10～9）は色のビット幅指定になります．設定値"00"で8ビット・モード，設定値"01"で16ビット・モード，設定値"10"で24ビットです．HSL（ビット12）はHSYNCの極性の指定．VSL（ビット13）はVSYNCの極性の指定．HSLおよびVSLは設定値が'0'の場合は正論理になり，通常は信号値が'0'で同期パルスは

表3 VGAコアのレジスター覧

| 名　前 | オフセット | ビット幅 | r/w | 機　能 |
|---|---|---|---|---|
| CTRL | 0x00 | 32 | RW | コントロール・レジスタ |
| STAT | 0X04 | 32 | RW | ステータス・レジスタ |
| HTIM | 0x08 | 32 | RW | 水平タイミング |
| VTIM | 0x0C | 32 | RW | 垂直タイミング |
| HVLEN | 0x10 | 32 | RW | 水平，垂直レングス |
| VBARa | 0x14 | 32 | RW | ビデオ・メモリAのベース・アドレス |
| VBARb | 0x18 | 32 | RW | ビデオ・メモリBのベース・アドレス |
| C0XY | 0x30 | 32 | RW | カーソル0のX，Y座標指定 |
| C0BAR | 0x34 | 32 | RW | カーソル0のベース・アドレス |
| C0CR | 0x40〜5C | 32 | RW | カーソル0の色設定 |
| C1XY | 0x70 | 32 | RW | カーソル1のX，Y座標指定 |
| C1BAR | 0x74 | 32 | RW | カーソル1のベース・アドレス |
| C1CR | 0x80〜9C | 32 | RW | カーソル1の色設定 |
| PCLT | 0x800〜FFC | 32 | RW | 8ビット・モードの色指定テーブル |

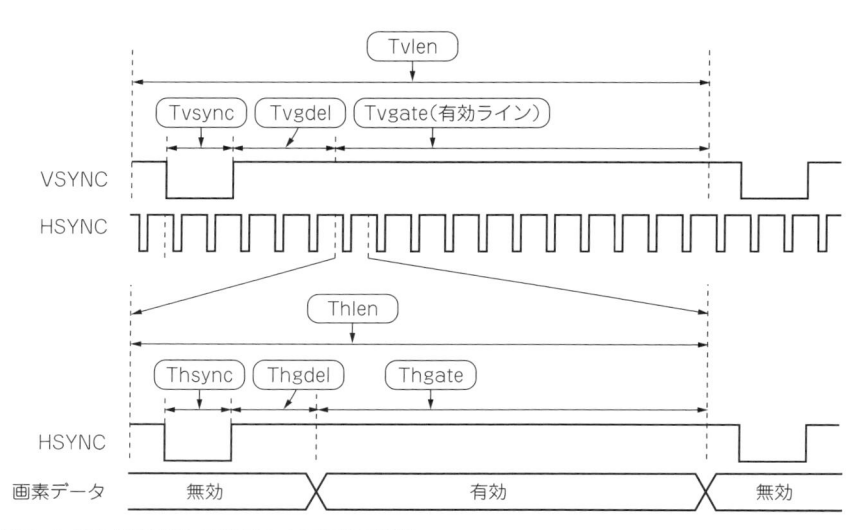

図3　レジスタ設定値とHSYNC，VSYNCの関係

'1'になります．'1'の場合は負論理になり，通常は信号値が'1'で同期パルスは'0'になります．

• HTIMレジスタ

HTIMは水平方向のタイミングを設定します．Thgate（ビット15〜0）は水平方向の有効画素数指定，Thgdel（ビット23〜16）は水平同期パルスの終わりから有効画素が出力されるまでのクロック数指定，Thsync（ビット31〜24）は水平同期パルスのクロック数の指定になります．各レジスタには実際のクロック数 − 1の値を設定します．

• VTIMレジスタ

VTIMには垂直方向のタイミングを設定します．Tvgate（ビット15〜0）は垂直方向の有効ライン数指定，Tvgdel（ビット23〜16）は同期パルスの終わりから有効ラインが出力されるまでのライン数指定，Tvsync（ビット31〜24）は垂直同期パルスのライン数指定になります．各レジスタには実際のライン数 − 1の値を設定します．

• HVLENレジスタ

HVLENのTvlen（ビット15〜0）はブランク・エリアも含めた垂直方向のライン数 − 1を設定します．Thlen（ビット31〜16）はブランク・エリアも含めた1ラインの画素数 − 1を設定します．これらのレジスタ値とHSYNC，VSYNCの関係は図3になります．

• VBARa，VBARbレジスタ

VBARa，VBARbにはVGAコアのWISHBONEバスのマスタ側での画像メモリ先頭アドレスを指定してします．指定アドレスが有効画素の1ライン目の先頭に

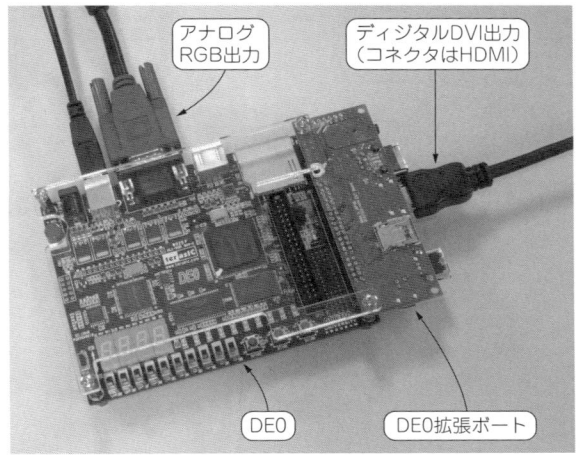

(a) DE0（Terasic社）とDE0拡張ボードDE0-EXT1（CQ出版社）
DE0拡張ボードDE0-EXT1：http://shop.cqpub.co.jp/hanbai/books/I/I000088.html

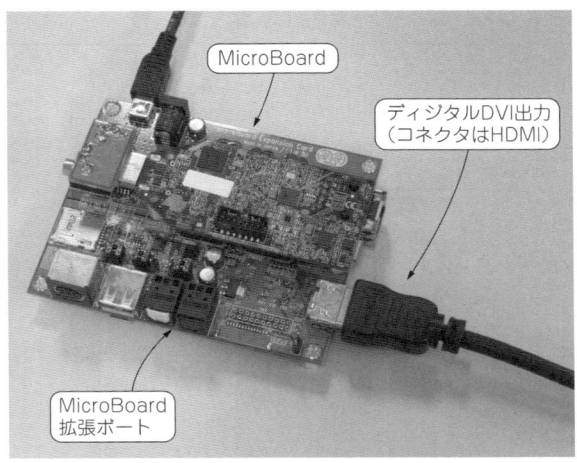

(b) MicroBoard（Avnet社）＋MicroBoard拡張ボード（エム・アイ・エー）
MicroBoard拡張ボード：http://www.miajapan.com/product_MB_Exp.html

**写真1　使用したFPGA評価ボード**

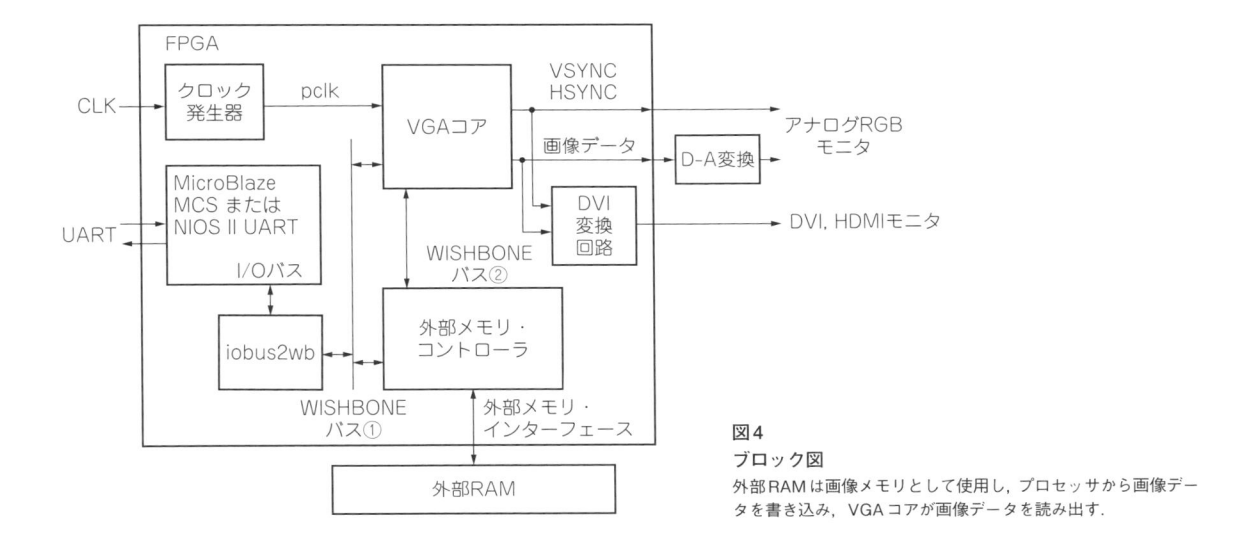

**図4　ブロック図**
外部RAMは画像メモリとして使用し，プロセッサから画像データを書き込み，VGAコアが画像データを読み出す．

なります．

レジスタの詳細はOpenCoresのWebサイトからダウンロードした設計データに含まれるドキュメントを参照してください．

## 3　VGAコアの評価ボードへの実装と動作確認

● 評価ボードDE0とMicroBoardに実装

今回使用したFPGA評価ボードを写真1に示します．一つはDE0（Terasic社）とDE0拡張ボードDE0-EXT1（CQ出版社）の組み合わせを，もう一つはMicroBoard（Avnet社）とMicroBoard拡張ボード（エム・アイ・エー）の組み合わせを使用しました．

図4はFPGAの内部ブロック図です．OpenCoresのIPコア評価用にこれまで使ってきた回路をベースにして，VGAコアと外部メモリ・インターフェース回路，DVI変換回路を追加しています．外部メモリは画像データを格納する画像メモリとして使用します．

使用したプロセッサですが，DE0ではAltera社のNios IIを，MicroBoardではXilinx社のMicroBlazeMCSを使用しています．プロセッサ周辺や外部メモリ，DVI変換回路は，それぞれのデバイスに合わせた回路になっています．WISHBONEバスへ接続する回路は共通仕様にしてあります．

表4 アドレス・マップ一覧

| MicroBoardアドレス | DE0アドレス | VGAコア WISHBONEマスタ | 接続回路 |
|---|---|---|---|
| 0x0000〜0x7FFF | 0x0000〜0x7FFF | — | FPGA内部メモリ |
| 0xC0000000〜0xC00EA5FF | 0x40000000〜0x400EA5FF | 0x0〜0xEA5FF | 外部メモリ（画像メモリ） |
| 0xD0000000 | 0x50000000 | — | GPIO |
| 0xD0001000〜0xD0001FFF | 0x50001000〜0x50001FFF | — | VGA/LCDコア |

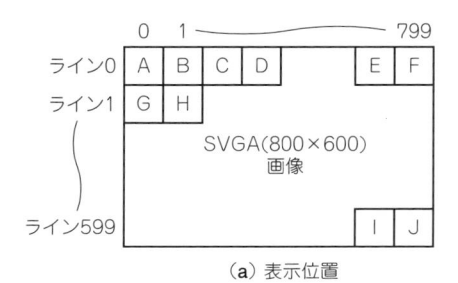

図5 画素位置と画像メモリの関係

（a）表示位置　　（b）画像メモリ内のデータ

色指定16ビット・モードでは1ピクセルで2バイトを使用．ビット15〜11が赤，ビット10〜5が緑，ビット4〜0が青のデータとなる．

● WISHBONEバスは2系統

　WISHBONEバスは2系統あります．一方はプロセッサ側がマスタになり，VGAコアのスレーブ側および外部メモリ・インターフェースに接続しています．もう一方はVGAコアがマスタになり，外部メモリ・インターフェースに接続しています．外部メモリ・インターフェースはプロセッサからの画像データの書き込みアクセス，VGAコアからの画像データの読み出しアクセスを受け付けることになります．

　表4はアドレス・マップです．外部メモリにアクセスする場合は，プロセッサ側とVGAコアのマスタ側ではアドレスが違っていることに注意してください．

　VGAコアからディスプレイ表示信号は，DVI変換回路を経由して拡張ボードのHDMIコネクタに接続しています．DE0にはアナログRGB用D-A変換回路とVGAコネクタがあるので，こちらにもディスプレイ表示信号を接続してあります．MicroBoardでアナログRGBディスプレイを使用する場合は，ユーザ用外部端子が足りないので端子配置を変更して外部のD-A変換回路に接続します．

● サンプル・プログラムの流れ

　FPGAに搭載したプロセッサ用プログラムでは，VGAコアのレジスタの設定と画像メモリへ画像データの書き込みをしています．リスト1はMicroBlaze MCSのプログラムの一部です．

　①はマクロ定義，②はUARTへ起動時のメッセージを送信しています．そして③で画像メモリにバックグラウンドとして紫色を書き込み，④〜⑧ではVGAコアのレジスタ設定でSVGA（800×600）表示に設定しています．④はHTIMでHSYNCのタイミング設定，⑤はVTIMでVSYNCのタイミング設定，⑥はHSYNCとVSYNCの周期設定です．⑦画像メモリのベース・アドレス指定で，このアドレスはVGAコアのマスタ側WISHBONEバス上のアドレスを指定します．⑧では信号極性と色ビット数を指定し，信号出力をイネーブルにしています．色ビット数は16ビットに指定してあります．以上で初期化は終了です．

　⑨のループ文内で画像メモリに描画するデータを書き込んでいます．80×80のサイズのブロックを横8個，縦6個描画しています．1画面分データを書き込むと，色を赤→緑→青→白…の順で変更します．⑩では座標から画像メモリ上のアドレスを計算しています．色のビット数は16ビットなので，1画素当たり2バイトを使用します．ベース・アドレスに画素の位置を2倍した値を加算して書き込みアドレスを算出しています．

　図5に，画素位置と画像メモリの関係を示します．

● 評価ボードとディスプレイの接続

　今回の実装では，アナログとディジタルの両方の表示に対応しています．

　アナログRGBディスプレイを使用する場合は，DE0では評価ボード上のVGA端子に接続します．MicroBoardではMicroBoard拡張ボードを使わずに，評価ボード上の拡張コネクタPmod端子を使い，簡易D-A変換回路を介して接続します（詳細はInterface誌2013年8月号掲載「お手軽MicroBoardからカラー・ディスプレイ表示する裏ワザ!」を参照のこと）．

　ディジタルで表示する場合は，DE0ではDE0拡張

リスト1　プログラムの一部

```c
～省略～
//①マクロ定義 IOバスでのアドレス
#define VRAM_BASEADDR    0xC0000000
#define SGPIO_BASEADDR   0xD0000000
#define VGA_BASEADDR 0xD0001000
//VGAコア のレジスタ定義
#define VGA_CTRL    (*(volatile unsigned int *) (VGA_BASEADDR +   0x0))
#define VGA_HTIM    (*(volatile unsigned int *) (VGA_BASEADDR +   0x8))
#define VGA_VTIM    (*(volatile unsigned int *) (VGA_BASEADDR +   0xC))
#define VGA_HVLEN   (*(volatile unsigned int *) (VGA_BASEADDR + 0x10))
#define VGA_VBARA   (*(volatile unsigned int *) (VGA_BASEADDR + 0x14))
#define VGA_VBARB   (*(volatile unsigned int *) (VGA_BASEADDR + 0x18))
#define VGA_VRAM_BASEADDR 0x0
int main()
{
～途中省略～
    //②UARTに起動メッセージ送信
    print("Start mbmcs_vga_ap v1.00 800x600 60Hz \n\r");
    //③VRAMにバックグランドを書き込む
    for(lp_v=0;lp_v<600;lp_v++){
        for(lp_h=0;lp_h<800;lp_h++){
            p_adr = VRAM_BASEADDR + (lp_v*800 + lp_h)*2;
            (*(volatile unsigned short int *)(p_adr)) = 0x4010; //薄紫
        }
    }
    // VGA/LCDコア SVGA(800x600) 40MHz
    //④ HTIM h_tmg plus=0x7f=127 delay=0x57=87 gate=0x31f=799
    VGA_HTIM = 0x7f57031f;
    //⑤ VTIM v_tmg plus=3 delay=0x16=22 gate=0x257=599
    VGA_VTIM = 0x03160257;
    //⑥ HVLEN  h_len=0x41f=1055 v_len=0x273=627
    VGA_HVLEN = 0x041f0273;
    //⑦ VBARa =0x0
    VGA_VBARA = VGA_VRAM_BASEADDR;
    //VBARb =0x0
    VGA_VBARB = VGA_VRAM_BASEADDR;
    //⑧ CTRL VLS=1 HLS=1 CD=11 VBL=11 VEN=1
    VGA_CTRL = 0x3381;
    while(1){
        //⑨ 画像データ書き込み
        for(lp_c=0;lp_c < 4;lp_c++){//色変更
            for(lp_v=0;lp_v<6;lp_v++){//縦ブロック指定
                for(lp_h=0;lp_h<8;lp_h++){//横ブロック指定
                    for(lp_y=0;lp_y<80;lp_y++){//ブロック内y座標
                        for(lp_x=0;lp_x<80;lp_x++){//ブロック内x座標
                            //⑩アドレス計算 ベースアドレス +((y座標)*800+(x座標))*2 <-16ビットモードなので2倍
                            p_adr = VRAM_BASEADDR + ((lp_v*100 + lp_y+10)*800+(lp_h*100 + lp_x + 10))*2 ;
                            if (lp_c==0)
                                (*(volatile unsigned short int *)(p_adr)) = 0xf100;//赤
                                else if (lp_c == 1)
                            (*(volatile unsigned short int *)(p_adr)) = 0x7e0; //緑
                                else if (lp_c == 2)
                            (*(volatile unsigned short int *)(p_adr)) = 0x1f;  //青
                                else
                            (*(volatile unsigned short int *)(p_adr)) = 0xffff;//白
                        }
                    }
                }
            }
        }
    }
～以下省略～
```

ボードを接続し，DE0拡張ボード上のHDMIコネクタから出力します．MicroBoardではMicroBoard拡張ボードを接続し，MicroBoard拡張ボード上のHDMIコネクタから出力します．どちらも出力コネクタはHDMIですが，実際に出力している信号はDVI相当なので，HDMI→DVI変換ケーブル，または変換コネクタなどを使用して，DVI入力対応のディスプレイに接続してください（一般的な液晶TVのHDMI入力では表示できない場合が多い）．

● 実機による評価

FPGAへコンフィグレーション・データをダウンロードし，ソフトウェア開発ツールからプロセッサ用のプログラムを実行すると，写真2に示すような画像がディスプレイに表示されます．プロセッサ用プログ

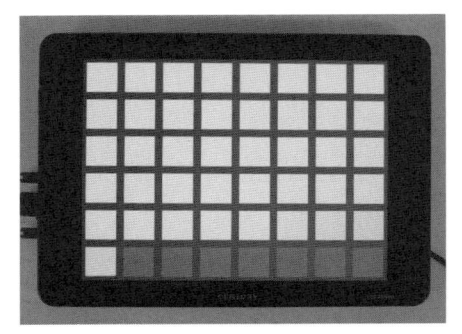

**写真2　ディスプレイ表示の様子**
SVGA（800×600）のディスプレイに，80×80ピクセルの正方形を横に8個，縦に6個描画している．1画面分の正方形を描画後に，色を赤，緑，青，白と変更して繰り返し描画している．

ラムの描画データを変更すると，表示する画像も変更できます．

＊　＊　＊

　今回，設計に使用したOpenCoresのVGAコアIPの設計データは，OpenCoresにユーザ登録をするとダウンロードできます．IPコア以外のサンプル回路設計データは，本書のサポート・ページ，または筆者のサイト（http://www.hmwr-lsi.co.jp/index.htm#s_data）からダウンロード可能です．

よこみぞ・けんじ　設計コンサルタント

---

## コラム　MicroBoardのクロック発生器について

### ● MicroBoardのクロック構成

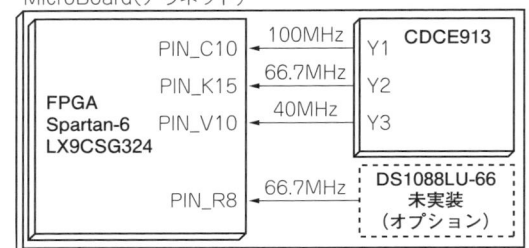

　MicroBoardのクロック構成を図Aに示します．プログラマブル・クロック・シンセサイザCDCE913（Texas Instruments社）から100MHz，66.7MHz，40MHzのクロックが供給されます．オプションとして66.7MHzクロックが用意されていますが，この部品は未実装です．CDCE913の資料を見るとスペクトラム拡散クロッキング機能（spread-spectrum clocking，以降SSC）を持っています．SSCは回路のノイズのピークを低減させるためにクロック周波数をわずかに変動させる機能であり，この機能が有効になっていると，写真Aのように画面表示がぶれてしまいます．そこで，この機能をOFFにするためのFPGAコンフィグレーション・データを作成しました．

### ● CDCE913設定プログラム

　リストAはMicroBlaze MCS上で実行される設定用プログラムの一部です．書き込みに失敗した場合を考慮して，全レジスタを書き換えています．工場出荷状態から値を変更したのはSSC用レジスタのみで，0xFFから0x00に変更しています．0x6番地はCDCE913のEEPROMへの書き込み指示です．ビット0を'0'から'1'に書き換えることで設定内容がEEPROMに書き込まれて電源を切っても設定が保たれます．

### ● ディスプレイ表示もばっちり

　書き換え作業手順の詳細は，本書サポート・ページのダウンロード・データに説明書を同梱するので，そちらを参照してください．
　この書き換えによって，MicroBoard＋MicroBoard拡張ボードでも，写真Bのようにディスプレイ表示が正常に動作します．

**図A　MicroBoardのクロック構成**

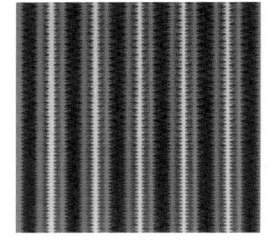

**写真A　画面表示がぶれる**　　**写真B　画面表示がぶれない**

**リストA　CDCE913設定プログラム**

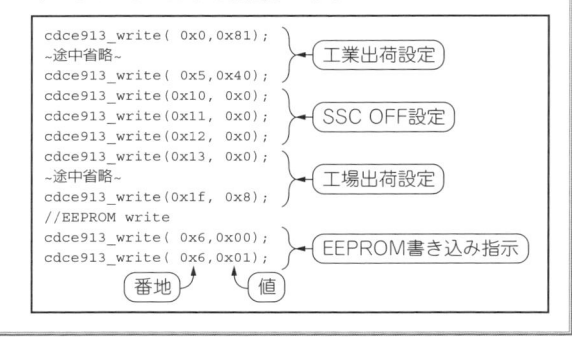

```
cdce913_write( 0x0,0x81);        工業出荷設定
~途中省略~
cdce913_write( 0x5,0x40);
cdce913_write(0x10, 0x0);
cdce913_write(0x11, 0x0);        SSC OFF設定
cdce913_write(0x12, 0x0);
cdce913_write(0x13, 0x0);
~途中省略~
cdce913_write(0x1f, 0x8);        工場出荷設定
//EEPROM write
cdce913_write( 0x6,0x00);        EEPROM書き込み指示
cdce913_write( 0x6,0x01);
   番地    値
```

- ●本書記載の社名，製品名について ― 本書に記載されている社名および製品名は，一般に開発メーカーの登録商標または商標です．なお，本文中では™，®，©の各表示を明記していません．
- ●本書掲載記事の利用についてのご注意 ― 本書掲載記事は著作権法により保護され，また産業財産権が確立されている場合があります．したがって，記事として掲載された技術情報をもとに製品化をするには，著作権者および産業財産権者の許可が必要です．また，掲載された技術情報を利用することにより発生した損害などに関して，CQ出版社および著作権者ならびに産業財産権者は責任を負いかねますのでご了承ください．
- ●本書に関するご質問について ― 直接の電話でのお問い合わせには応じかねます．文章，数式などの記述上の不明点についてのご質問は，必ず往復はがきか返信用封筒を同封した封書でお願いいたします．ご質問は著者に回送し直接回答していただきますので，多少時間がかかります．また，本誌の記載範囲を越えるご質問には応じられませんので，ご了承ください．
- ●本書の複製等について ― 本書のコピー，スキャン，デジタル化等の無断複製は著作権法上での例外を除き禁じられています．本書を代行業者等の第三者に依頼してスキャンやデジタル化することは，たとえ個人や家庭内の利用でも認められておりません．

JCOPY〈(社)出版者著作権管理機構委託出版物〉本書の全部または一部を無断で複写複製（コピー）することは，著作権法上での例外を除き，禁じられています．本書からの複製を希望される場合は，(社)出版者著作権管理機構（TEL：03-3513-6969）にご連絡ください．

# FPGAマガジン No.5

| 編 集 | インターフェース編集部 |
| --- | --- |
| 発行人 | 寺前 裕司 |
| 発行所 | CQ出版株式会社 |
| | 〒170-8461 |
| | 東京都豊島区巣鴨1-14-2 |
| 電 話 | 編集 03-5395-2122 |
| | 販売 03-5395-2141 |
| 振 替 | 00100-7-10665 |
| ISBN978-4-7898-4615-8 | |

2014年5月1日 初版発行
2014年8月1日 第2版発行
©CQ出版株式会社 2014
（無断転載を禁じます）
定価は裏表紙に表示してあります
乱丁，落丁はお取り替えします

編集担当者　村上真紀
印刷・製本　大日本印刷株式会社
DTP　クニメディア株式会社
Printed in Japan

# "PDF版" FPGAマガジンのご案内

いつでもどこでも読める

● 本書のディジタル版を同時発売

　FPGAマガジンでは，PDFファイル形式の電子版（PDF版）も用意しています．本書の紙のイメージのままPDF化しており，内容は本書と全く同じです（図1）．
　PDFファイル自体にはコピー制限機能などは設定していません．お手持ちのスマートフォンやタブレット端末，電子書籍端末などで参照することも可能です（写真1）．

▶ PDF版だけの特別企画

　PDF版だけの特別企画として，本書記事ページの後にLinuxのインストール方法の説明などが追加されています（図2）．

● PDF版の機能やセキュリティの設定

- しおり：あり
- 目次から各ページのリンク：あり
- URL文字列からWebページへのリンク：あり
- テキスト検索，印刷：可能
- それ以外の操作（テキストのコピーや抽出，注釈挿入など）：不可

写真1
電子書籍端末"Kindle Fire HD"で閲覧している様子

図1
FPGAマガジン
No.4 PDF版の様子

購入はFPGAマガジンのホームページから！
(http://fpga.cqpub.co.jp/)

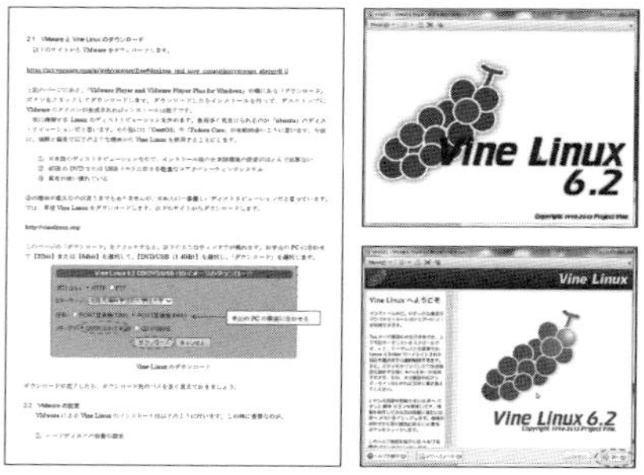

図2
PDF版特別企画のページ

## 読者プレゼント

　本書Webページ（http://fpga.cqpub.co.jp/）で読者アンケートを行っています．アンケートにお答えいただいた方の中から抽選で，下記をプレゼントいたします．アンケート結果は本書作成のための貴重な資料として活用させていただきます．ご協力のほどよろしくお願いいたします．なお，当選者の発表は発送をもって代えさせていただきます．

■ 応募締め切り：2014年7月30日

アルテラSoCでLinux/Androidを走らせよう！

（1）アルテラSoC搭載
評価ボードHelilo（1名）

（2）Zynq搭載FPGA評価ボード
ZedBoard（1名）
提供：アヴネット・インターニックス(株)

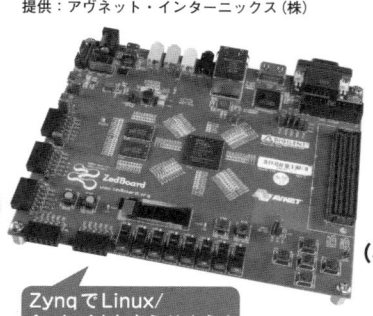

ZynqでLinux/Androidを走らせよう！

OpenCoresのVGAコアを動かすのに最適！

（3）MicroBoard + MicroBoard
拡張ボードのセット（2名様）
製品紹介ページ▶ http://www.miajapan.com/product_MB_Exp.html